조리·영양 입문자를 위한 식품학

주향란 저

Preface

급속한 경제성장과 함께 바쁘게 살아가는 현대인들의 최대 관심사 중 하나는 단연 웰빙이다. 과거보다 윤택해진 생활 속에서 보다 건강한 삶을 영위하려는 욕구는 당연한 것이고, 매일 먹는 음식에 대한 관심도 그중 하나일 것이다.

몸에 좋은 음식을 잘 선택해서 건강에 도움이 되도록 조리하는 문제는 비단 일반인뿐만 아니라 음식을 다루는 전문가들에게도 큰 관심거리일 거라 생각한다. 즉, 식품과 관련된 분야에서 일을 하는 영양사나 요리를 다루는 조리사들은 일반인들보다 더 많은 식품에 대한 올바른 이해와 전문적인 지식이 필요하다고 생각한다.

저자는 대학에서 조리계열을 전공하는 학생들에게 식품학을 강의해오면서 학생들이 복잡한 화학기호나 유기화학 용어들을 어려워하는 것을 느끼게 되었다. 그래서 어떻게 하면 학생들에게 식품학의 내용을 조금 더 쉽게 이해시킬 수 있을까 고민하면서 강의내용을 만들어왔고, 또 매년 내용을 수정해오면서 이번에 책으로 만들게 되었다.

본 책은 광범위한 식품학의 내용 중에서 기본적으로 식품을 이루고 있는 주요 성분, 즉 수분, 탄수화물, 지질, 단백질, 무기질, 비타민의 특징 및 성질을 기술하였다. 더불어 식품 내에서 일어나는 효소의 종류와 작용, 식품의 색, 맛, 냄새에 관한 특징과 변화, 식품에 미치는 영향 등에 대해 기술하여 조리사나 영양사들이 꼭 알아야 할 내용을 중점적으로 다루었다. 그리고 마지막 부분에서는 식품의 영양 및 품질의 손실을 줄이기 위해 식품의 보존·저장 과정 중에 나타나는 성분의 변화에 대해 기술하였다. 따라서 본 책은 식품영양학과, 식품공학과, 식품가공학과, 조리학과 등 식품과 조리에 관련된 학생들에게 도움이 될 거라 생각한다.

동양의학에 보면 약식동원(藥食同源)이라는 말이 있는데, 이는 음식과 약은 그 근원이 같다는 의미이다. 건강한 삶을 추구하는 웰빙시대에 사람을 대상으로 식품을 대하는 영양사나 조리인들이 식품학에 대한 전문지식을 습득하여 약과 같이 우리 몸의 건강에 도움이 되는 음식을 만든다면 보다 수준 높은 전문인이 되는 데 도움이 되지 않을까 생각한다.

아무쪼록 본 졸저가 식품학에 관심이 있는 일반인이나 대학에서 식품과 관련된 전공을 하는 학생들에게 작으나마 도움이 되길 바란다. 또한 앞으로 계속적인 보완을 통하여 더욱 새롭고 알기 쉬우며 실용성 있는 교재로 만들어 나갈 것을 여러 독자 제현에게 약속한다.

끝으로 흔쾌히 책을 발간해 주신 도서출판 효일 김홍용 회장님과 편집부 직원 여러분께 진심으로 감사드린다.

저 자

Contents

제1장 서론 • 9

1. 식품 / 9
2. 식품의 성분 / 10
3. 식품의 분류와 기초 식품군 / 10
4. 식품 및 그 선택의 기본요소 / 13

제2장 수분(Moisture) • 15

1. 물의 구조와 특성 / 15
2. 수분의 작용 / 16
3. 자유수와 결합수 / 16
4. 수분활성 / 17
5. 등온흡습 및 탈습곡선 / 18

제3장 탄수화물(Carbohydrate) • 21

1. 탄수화물의 분류 / 21
2. 당류의 화학적 구조 / 22
3. 단당류 / 27
4. 소당류 / 34
5. 올리고당 / 37
6. 다당류 / 41
7. 당질의 변화 / 53

제4장 지질(Lipid) • 61

1. 지질의 분류와 구조 / 62
2. 유지의 성질 / 77
3. 유지의 변화 / 85
4. 식용유지 / 90

제5장 단백질(Protein) • 99

1. 아미노산 / 100
2. 아미노산의 성질 / 108
3. 단백질의 구조 / 109
4. 단백질의 분류 / 114
5. 단백질의 성질 / 119
6. 단백질의 변화 / 123

제6장 비타민(Vitamin) • 129

1. 비타민의 분류 / 131
2. 비타민의 측정단위 / 133
3. 지용성 비타민 / 133
4. 수용성 비타민 / 140

제7장 무기질(Mineral) • 155

1. 무기질의 분류 / 155
2. 무기질의 기능과 특징 / 158
3. 알칼리성 식품과 산성 식품 / 158
4. 무기질의 변화 / 160

제8장 식품과 효소(Enzyme) • 163

1. 효소의 분류와 명명 / 165
2. 효소의 특이성 / 167
3. 효소반응에 영향을 주는 인자 / 169
4. 효소의 식품 산업적 이용 / 170
5. 효소반응의 억제와 식품저장 / 175

Contents

제9장 식품의 갈변 • 177

1. 효소적 갈변 / 178
2. 비효소적 갈변 / 182

제10장 식품의 색소 • 189

1. 식품색소의 분류 / 190
2. 식물성 식품의 색소 / 191
3. 동물성 식품의 색소 / 208

제11장 식품의 맛 • 215

1. 맛의 분류 및 맛의 역치 / 216
2. 미각에 영향을 미치는 요인 / 218
3. 미각의 생리현상 / 219
4. 맛 성분의 종류 / 221

제12장 식품의 냄새 • 237

1. 냄새의 분류 / 238
2. 냄새의 종류와 발향단 / 238
3. 식물성 식품의 냄새 / 244
4. 동물성 식품의 냄새 / 245
5. 냄새 성분의 변화 / 246

제13장 식품의 보존 및 저장과 식품성분의 변화 • 251

1. 식품의 품질에 영향을 미치는 요인과 억제 / 251
2. 식품의 보존 및 저장 시 식품성분의 변화 / 268

- 참고문헌 / 274
- 찾아보기 / 276

제1장

서론

Point

① 식품의 정의를 이해한다.
② 식품의 성분을 이해한다.
③ 식품의 생산수단이나 기초식품군에 따른 분류를 이해한다.
④ 식품선택의 기본 요소를 이해한다.

1. 식품

사람은 건강하고 즐거운 생활을 영위하기 위해 외부로부터 필요한 물질을 섭취하고 이를 분해하여 체조직의 구성 및 기능의 조절을 할 수 있다. 이와 같이 섭취된 물질 중에 들어 있는 성분을 영양소(nutrient)라 하고, 생리작용을 유지하는 물질적인 현상을 영양(nutrition)이라고 한다.

식품(food material)이란 사람에게 필요한 영양소를 한 가지 또는 그 이상을 함유하고 인체에 해가 없는 천연식품, 반조리식품, 조리식품 및 가공식품의 총칭이다.

식품에 함유되어 있는 영양소는 여섯 종류로 나눌 수 있다. 에너지 생성 영양소인 탄수화물, 지방, 단백질은 물처럼 식품의 주된 구성성분인 반면에, 비타민과 무기질은 에너지를 내지 않지만 체내 대사 조절에 꼭 필요하며 식품에 소량 함유되어 있다.

2. 식품의 성분

식품의 화학적 조성은 수분과 단백질, 지방, 탄수화물, 비타민, 무기질을 함유하고 있는 일반 성분과 식품의 색, 냄새, 맛, 효소, 독성 성분을 이루고 있는 특수 성분으로 크게 분류할 수 있다. 일반 성분은 사람에게서 영양적인 가치를 나타내고, 특수 성분은 기호적인 가치를 나타내는 특징을 가지고 있다(**그림 1-1**).

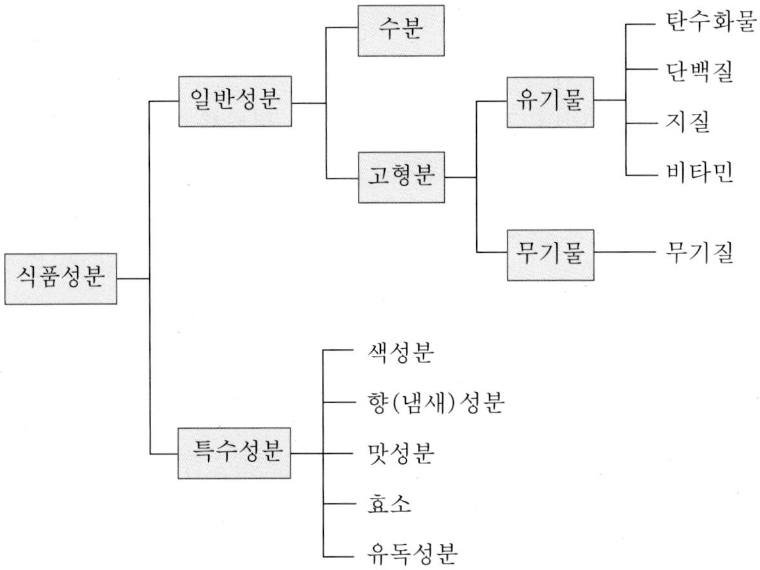

그림 1-1 식품의 성분

3. 식품의 분류와 기초 식품군

사람이 섭취하고 있는 일상적인 식품은 약 300여 종이 되고, 자연재해, 기근 등에 의해 식용되고 있는 구황식품을 포함하면 약 2,000여 종 이상이 된다. 이와 같이 식품에는 여러 가지가 있으므로 관점에 따라 일반적으로 다음과 같이 분류할 수 있다.

(1) 식품의 생산 수단에 의한 분류

① 농산식품: 곡류, 두류, 서류, 과실류, 버섯류 등
② 축산식품: 식육류, 우유 및 유제품, 알류, 벌꿀 등
③ 수산식품: 어류, 갑각류, 연체동물, 해조류 등
④ 발효식품: 주류, 장류 등
⑤ 가공식품: 식용유지, 기호 식품 및 조미료, 인스턴트 식품 등

(2) 영양에 의한 분류

① 단백질 공급원 식품: 육류, 어패류, 난류, 콩류 등
② 열량 공급원 식품: 곡류, 서류, 전분류, 설탕류, 유지류, 견과류 등
③ 비타민과 무기질 공급원 식품: 녹황색 채소, 담황색 채소, 과일류, 해조류 등
④ 기호 식품: 조미료, 주류, 과자, 차, 커피, 청량음료 등

(3) 공급원에 의한 분류

① 식물성 식품: 곡류, 서류, 두류, 채소류, 과일류, 해조류, 버섯류 등
② 동물성 식품: 수조육류, 어패류, 유(乳)류, 난류 등

(4) 소비성에 의한 분류

① 영양강화 식품(enriched food)
② 인스턴트 식품(instant food)
③ 치료 식품(diet food)
④ 구황 식품(emergency food)
⑤ 진공동결 식품(vacuum freeze dried food)
⑥ 우주 식품(space food)

(5) 기초 식품군

한국인의 일상생활에서 섭취하고 있는 식품류를 살펴보면 영양소와 체내에 미치는 영향에 따라 **표 1-1**과 같이 다섯 가지 기초 식품군으로 분류할 수 있다. 이 식품 구성에 따라 균형 잡힌 식사를 계획하거나 식사 구성안을 평가할 때에도 용이하게 사용할 수 있다.

표 1-1 다섯 가지 기초 식품군에 함유된 주요 영양소와 식품

체내 작용	군별	주요 영양소	식품군	식품
체조직 구성	1	단백질	육류, 어류, 난류 및 콩류	고기, 생선, 조개, 굴, 두부, 콩, 된장, 달걀, 햄, 베이컨, 어묵
	2	칼슘	우유 및 유제품 뼈째 먹는 식품	멸치, 뱅어포, 사골, 우유, 유제품, 요구르트, 아이스크림
생리작용 조절	3	비타민, 무기질	채소 및 과일류	상추, 당근, 시금치, 고추, 부추, 김, 배추, 토마토, 미역, 다시마, 파래, 양배추, 귤, 감, 딸기, 포도, 수박, 배
에너지 생성	4	탄수화물	곡류 및 서류	쌀, 보리, 옥수수, 밀, 고구마, 감자, 토란, 밤, 밀가루, 국수류, 과자류, 캔디
	5	지방	유지류	참기름, 옥수수기름, 들기름, 콩기름, 깨, 잣, 호두, 쇼트닝, 버터, 마가린

4. 식품 및 그 선택의 기본요소

(1) 영양성

건강한 식생활을 위한 기본 지침으로서 다양한 식품을 적당한 양으로 섭취하고 영양의 균형을 맞추는 것이 가장 중요하다. 즉, 인간이 식품을 섭취하는 목적은 신체의 성장·유지 및 체내 신진 대사에 필요한 성분이나 에너지원이 되는 성분의 보충이다. 그러므로 식품의 영양소가 서로 조화를 이루고 체내에서 소화·흡수도 용이하게 이루어져야 한다.

(2) 안전성

건강을 유지하고 생명을 지키는 데 가장 기본이 되는 것은 식품이기에 안심하고 먹을 수 있어야 한다. 식품 위생에 기준한 식품 첨가물들의 안전성, 식품 저장 중에 영양소들의 변화에 의한 유해물질의 발생과 미생물에 의한 독소의 생성, 식품 자체의 독소 성분 등을 충분히 고려해야 한다.

(3) 기호성

영양성과 안전성이 아무리 높다 하여도 색, 냄새, 질감 등의 기호성이 나쁘면 식욕이 감퇴된다. 즉, 이러한 기호성에 의해 식욕을 일으켜 만복감을 부여하여 쾌감을 줄 수 있고, 체내 소화액의 분비를 촉진하여 다양한 영양소들의 흡수율도 증진시킬 수 있어야 한다.

(4) 경제성

위의 세 가지 요소를 만족하는 동시에 경제성을 고려하지 않을 수 없다. 식품의 값은 생산량, 풍미, 외관 등에 의해 좌우되기 때문에 식품의 유통정보를 정확히 파악한 후 맛있고 위생적이며 질 좋은 식품을 저렴하게 구입하는 것이 필요하다.

제2장

수분(Moisture)

Point

① 식품 내 수분의 특성을 이해한다.
② 식품 내 수분의 형태는 자유수와 결합수가 존재한다는 것을 이해한다.
③ 수분활성이란 식품 중 자유수의 비율을 나타내는 수치라는 것을 이해한다.
④ 식품의 등온흡습탈습곡선을 이해한다.

1. 물의 구조와 특성

(1) 물의 구조

물은 수소 원자 2개와 산소 원자 1개가 공유 결합하여 분자(H_2O)를 이루고 이 분자들이 서로 엉켜서 액체 상태를 이루고 있다(**그림 2-1**).

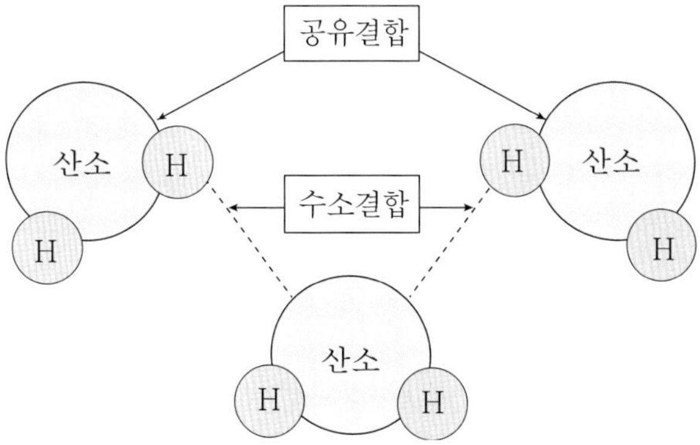

그림 2-1 **물분자의 구조와 결합**

(2) 물의 특성

① 물은 4℃에서 밀도(kg/m^3)가 가장 크다.

② 얼음이 되면 밀도가 작아지기 때문에 부피가 커지게 된다.

③ 식품을 냉동하게 되면 물이 팽창되어 조직이 파괴되고 생선의 경우 해동 시 드립현상이 나타나 식품의 선도를 급격히 떨어뜨린다.

④ 물은 용매성이 있기에 식품 내 향미성분이나 당분을 녹일 수 있다.

2. 수분의 작용

식품 속 수분의 작용은 가용성인 염이나 당을 용해하여 운반하고, 친수성 고분자 물질과 콜로이드(colloid)용액을 만들어 함수량에 따라 가역적으로 졸(sol)과 겔(gel)을 형성한다. 신선한 식품에서는 그 식품의 생리 작용에 관여하여 변질을 일으킬 수 있고, 미생물의 성장에 이용되어 식품의 저장성에 영향을 미친다. 일반적으로 많은 양의 수분을 함유하고 있는 신선한 채소와 과일에는 90%, 생선에는 70~85%, 육류에는 50~70%, 곡류에는 8~16% 정도의 수분이 함유되어 있다.

3. 자유수와 결합수

식품 내의 물은 보통 자유수(유리수: free water)와 결합수(bound water)의 두 형태로 존재한다. 자유수는 식품 성분과 결합하여 있지 않고, 유리의 상태로 존재하는 보통 형태의 물을 말하고, 결합수는 식품 내의 성분과 결합되어 있는 물로서 이들 성분과 수소결합을 하고 있어 쉽게 분리시킬 수 없는 물을 말한다(**표 2-1**).

표 2-1 자유수와 결합수의 차이점

성질	자유수	결합수
용매성	수용성 성분의 용매로 작용	용질의 용매로 작용하지 않음
증발	건조로 쉽게 제거 가능	100℃ 이상으로 가열하여도 제거되지 않음
동결	0℃ 이하에서 쉽게 동결	0℃ 이하에서도 쉽게 동결되지 않음
미생물 증식	미생물의 생육·증식에 이용	미생물의 번식에 이용되지 않음
존재 상태	주변 환경에 따라 변동하는 동적인 물로서 자유 상태	식품 중의 탄수화물이나 단백질 분자들과 강하게 결합
화학변화	지질산화, 효소반응에 관여 노화 촉진	화학변화에 관여하지 않음

4. 수분활성

수분활성이란 식품 중에 함유되어 있는 수분이 순수한 물로서의 역할을 얼마나 하고 있는지를 나타내는 것이다. 식품에 존재하는 물의 함량은 밀폐된 용기에 들어 있는 경우를 제외하고 대기 중에 방치할 경우 수분이 서로 교환되어 평형 상태를 이루게 된다. 즉 수분 함량이 높은 식품은 외부의 습도가 낮으면 수분이 감소하게 되고, 반대로 수분 함량이 낮은 식품이 외부의 습도가 높은 곳에 있으면 수분의 함량이 증가하게 된다. 따라서 식품 중의 수분 함량은 식품 자체의 수분 함량과 대기의 상대습도 간의 상관관계에 의해서 이루어지고 있다. 그러므로 식품 중 물의 함량을 올바르게 표시하려면 대기 중의 상대습도를 고려한 수분활성도(water activity, Aw)로 표시하는 것이 바람직하다. 이것은 같은 온도에서 식품의 수증기압(P)과 순수한 물의 수증기압(P_0)의 비율로 정의된다. 또한, 식품의 수증기압은 그 식품 안에 함유된 수분(n)에 녹아 있는 용질(n_1)의 종류와 양에 영향을 받기 때문에 수분활성도는 아래와 같이 표기할 수 있다.

$$\text{수분활성도(Aw)} = \frac{P}{P_0} = \frac{n}{n+n_1}$$

여기서 물을 식품이라고 가정하면 $P=P_0$가 되어 수분활성은 1이 되나, 일반적으로 식품은 단백질, 전분 등의 고형물이 함유되어 있어 상대적으로 수분 함량이 적기 때문에 P가 P_0보다 작아 수분활성은 1보다 작다. 쌀, 콩과 같이 수분이 적은 건조식품의 수분활성은 0.60~0.64이고, 생선, 채소, 과일과 같이 수분이 많은 식품의 수분활성은 0.9 이상이다.

수분활성이 낮으면 식품 중에 존재하는 대부분의 수분이 결합수로 존재하는 것을 의미하므로 미생물의 이용이 불가능하여 저장성이 길지만, 너무 낮으면 식품의 기호적인 가치가 하락할 수 있다. 반대로 수분활성이 높으면 미생물이 번식하기 쉬우므로 저장성이 떨어진다. 미생물이 번식할 수 있는 수분활성은 보통 세균 0.90~0.94, 효모 0.88, 곰팡이 0.6이다.

5. 등온흡습 및 탈습곡선

식품을 일정한 온도에서 각종 상대습도에 두면 식품의 수분은 상대습도와 평형에 이르게 되며 이때의 수분 함량을 평형수분함량(equilibrium moisture content)이라 한다. 식품이 대기 중에서 수분을 흡수하여 평형수분함량에 도달하는 곡선은 등온흡습곡선(moisture sorption isotherm), 수분을 방출하여 얻어지는 곡선은 등온탈습곡선(moisture desorption isotherm)이라 한다. 식품 중 수분의 함량은 대기의 상대습도(%)를 횡축, 그때 식품의 평형수분함량(%)을 종축으로 연결하여 등온흡습곡선으로 나타낼 수 있다. 대부분의 동식물성 식품의 등온흡습 또는 탈습곡선은 일반적으로 역S자형(sigmoid)의 곡선이다(**그림 2-2**). 한편, 대부분의 식품에 있어서는 수분의 등온흡습곡선과 탈습곡선은 일치하지 않으며 이를 이력현상(hysteresis)이라고 한다. 이 현상은 등온곡선의 굴곡점에서 가장 크다.

이들 곡선은 일반적으로 3가지 영역으로 구분되어 식품 중 수분의 상태를 알 수 있다.

I영역은 수분 함량이 5~10%에 해당되며 식품의 조직 성분과 단단히 결합하여 단분자층을 형성하는 결합수이다. 즉, 식품의 단층수(monolayer water) 구

간으로 수분은 식품 중의 카르복실기나 아미노기와 이온 결합되어 있다. Ⅱ영역은 상대습도의 증가에 따라 수분 함량이 급격하게 증가하는 영역으로 식품 중의 물 분자가 식품성분 중 이온화되지 않고 있는 여러 기능기들과 수소결합으로 인해 다분자층을 형성하는 준결합수에 해당하며, 식품의 가용성 성분을 용해한다. Ⅲ영역은 물이 식품의 다공질 구조에 응축된 자유수로서 여러 식품 성분에 대해 용매로 작용한다. 또한 이 영역의 물에 의해 식품의 품질 저하를 가져오는 여러 가지 반응들이 촉진되고 미생물의 증식도 일어날 수 있다. 그리고 등온흡습곡선의 경사와 굴곡점은 그 식품의 수분과의 결합력(water binding capacity) 또는 자유수와 결합수의 상대적인 양과 비율을 나타내어 준다. 즉, 이들 곡선은 식품을 변패시키지 않고 안전하게 저장할 수 있는 최적의 수분 함량 결정에 널리 이용된다.

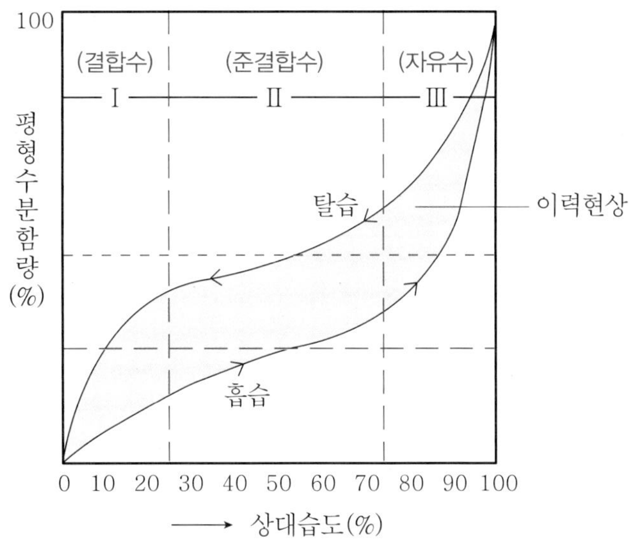

그림 2-2 **식품의 전형적인 등온탈흡습곡선과 이력현상**

제3장

탄수화물(Carbohydrate)

Point

① 탄수화물의 특성을 이해한다.
② 탄수화물을 구성하고 있는 단당류, 이당류, 올리고당, 다당류 성분을 이해한다.
③ 탄수화물의 구성성분의 구조를 이해한다.
④ 전분의 호화와 노화에 대해 이해한다.
⑤ 탄수화물의 성분 중 식이섬유의 종류 및 특성을 이해한다.

탄수화물은 5대 영양소에 포함되는 중요한 성분으로서 일반적으로 $Cm(H_2O)n$으로 표시되고 있으나, 탄소와 물이 결합된 화합물이 아니고 감미를 가지고 있기 때문에 당질(glucosides)이라고도 한다. 탄수화물은 식물의 광합성으로부터 합성되고 인간이나 동물은 탄수화물을 섭취하여 에너지원으로 이용한다. 식품 중에는 열량원으로서 설탕(sucrose)이나 전분(starch) 등 여러 가지 형태로 포함되어 있고, 열량원은 아니지만 식물체의 주요 성분인 셀룰로오스(cellulose), 헤미셀룰로오스(hemicellulose), 펙틴(pectin)과 같은 식이섬유(dietary fiber)가 있다. 또 탄수화물은 식품 가공에서 감미료나 식품 첨가제로 이용된다.

1. 탄수화물의 분류

탄수화물은 구성하고 있는 당의 수에 따라 가장 간단한 구성단위인 단당류(monosaccharides)와 단당류가 2개에서 10개 결합한 소당류(oligosaccharides) 그리고 그 이상 결합한 다당류(polysaccharides)로 분류된다.

① 단당류는 더 이상 가수분해되지 않는 당류로서 탄소수에 따라 3탄당(triose), 4탄당(tetrose), 5탄당(pentose), 6탄당(hexose) 등으로 구별된다.

- 3탄당: glyceraldehyde, dihydroxyacetone
- 4탄당: erythrose, threose
- 5탄당: ribose, deoxyribose, xylose, arabinose
- 6탄당: glucose, fructose, mannose, galactose

② 소당류는 구성 단당류의 수에 따라 2당류(disaccharide), 3당류(trisaccharide), 4당류(tetrasaccharide) 등으로 구분한다.

- 2당류: sucrose, maltose, lactose, cellobiose, gentiobiose, melibiose, trehalose
- 3당류: raffinose, meleatose, gentianose
- 4당류: stachyose

③ 다당류는 단당류가 수백 또는 수천 개 축합된 것으로 한 가지 단당류만으로 구성된 단순다당류(simple polysaccharides)와 두 종류 이상의 단당류들로 구성된 복합다당류(conjugated polysaccharides)로 구분한다.

- 단순다당류: glucan(전분, glycogen, cellulose), fructan(inulin), pentosan (araban, xylan)
- 복합다당류: hemicellulose, pectin, plant gum, alginic acid, mannan

<참고>

숫자를 표시하는 그리스어인 접두사를 알면 화합물의 명칭을 이해하는 데 편리하다.

1: mono	2: di	3: tri	4: tetra	5: penta
6: hexa	7: hepta	8: octa	9: nona	10: deca

2. 당류의 화학적 구조

단당은 분자 내에 적어도 2개 이상의 수산기(-OH)와 한 개의 알데히드기(-CHO)를 갖는 것을 알도오스(aldose)라 하고, 2개 이상의 수산기와 한 개의 케톤기(=CO)를 갖는 것을 케토오스(ketose)라고 한다. 단당류 중 6탄당인 포도당(glucose), 과당(fructose), 갈락토오스(galactose), 만노오스(mannose)는 일반적으로 화학식이 $Cm(H_2O)n$으로 같은 구조식을 나타내지만 성질이 서로 다른 당이다. 그러므로 그 성질의 차이점은 평면구조가 아닌 입체구조로 설명할 필요가 있다(**그림 3-1**). 단당류는 수산기, 알데히드기, 케톤기와 부제탄소원자를 가지므로 다음과 같은 성질을 나타낸다.

글리세르알데히드　　디히드록시아세톤

그림 3-1 단당류의 화학적 구조

(1) 부제탄소와 이성체

단당은 카르보닐기와 부제탄소원자(asymmetric carbon atom)를 가지고 있기 때문에, 분자식이 같아도 여러 개의 이성체(isomer)가 있을 수 있다. 부제탄소원자란 4개의 다른 원자 또는 원자단이 결합되어 있는 탄소를 말한다. 부제탄소원자를 가진 단당류로 가장 간단한 당인 3탄당의 글리세르알데히드(glyceraldehyde)는 중앙탄소에 있는 4개의 결합손에 서로 다른 4개의 원자 또는 원자단이 결합되어 있으므로 이 탄소원자는 부제탄소원자(*표시)가 되고, 2개의 이성체가 생긴다. 따라서 부제탄소와 결합한 수산기가 오른쪽에 있으면 D-형, 왼쪽에 있으면 L-형이라고 한다(**그림 3-2**).

D-글리세르알데히드　　L-글리세르알데히드

그림 3-2 부제탄소의 구조 Ⅰ

탄소수가 증가함에 따라 이성체 수가 증가하여 부제탄소수가 n개가 되면 2^n개의 입체이성체가 존재하게 된다. 이것을 Van't Hoff법칙이라고 한다.

수산기가 많은 당의 경우에는 알데히드기나 케톤기로부터 가장 멀리 있는 부제탄소와 결합한 수산기의 위치에 따라 D-형과 L-형이 결정된다(**그림 3-3**).

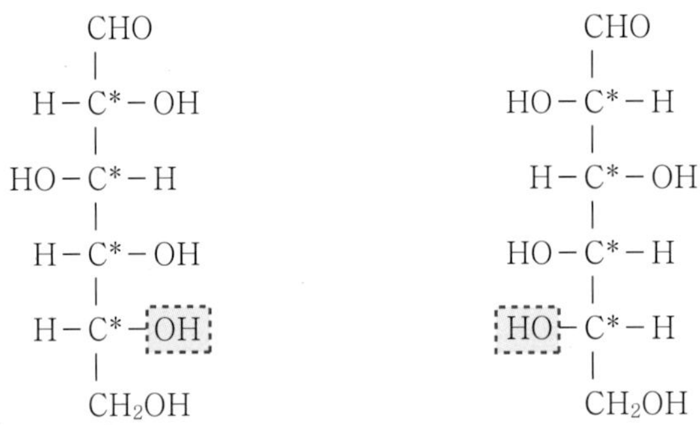

D-포도당 L-포도당

그림 3-3 부제탄소의 구조 II

(2) 우선성과 좌선성

당을 용해시킨 용액에 편광을 통과시키면 빛의 방향이 회전하게 되는데 이를 선광(rotation of light)이라 하고, 입체이성체는 선광이 다르다.

부제탄소를 갖는 이성체들은 편광면을 회전시키는 광학적인 성질이 있어 광학이성체(optical isomer)라고도 하며, 편광면을 오른쪽으로 회전시키면 우선성(dextrorotatory)으로 (+)를, 왼쪽으로 회전시키면 좌선성(levorotatory)으로 (-)를, 당의 이름 앞에 각각 붙여 D(+)-포도당[D(+)-glucose]로 표시하고, 그 회전시키는 크기를 선광도(specific rotation: α)로 나타낸다.

(3) 당의 쇄상구조와 환상구조

당의 구조는 쇄상구조(chain structure)와 환상구조(ring structure)가 있다. 단당류 분자는 주로 환상구조를 가지고 있고, 쇄상구조는 용액 중에 미량으로 존재한다. 또한, 쇄상구조는 분자의 위치 배치를 표시하는 방법으로 사용되고,

환상구조는 당의 성질이나 반응을 설명하는 데 필요하기에 호어스(Howorth)식 구조를 사용하고 있다.

환상구조는 알도오스의 경우 C_1의 알데히드기가 같은 분자 내의 다른 수산기와 결합하여 고리를 만들기 때문에 알데히드기의 부분이 =CO·OH로 바뀌어 결합하고 있다. D-포도당을 예를 들어 설명하면 **그림 3-4**와 같다.

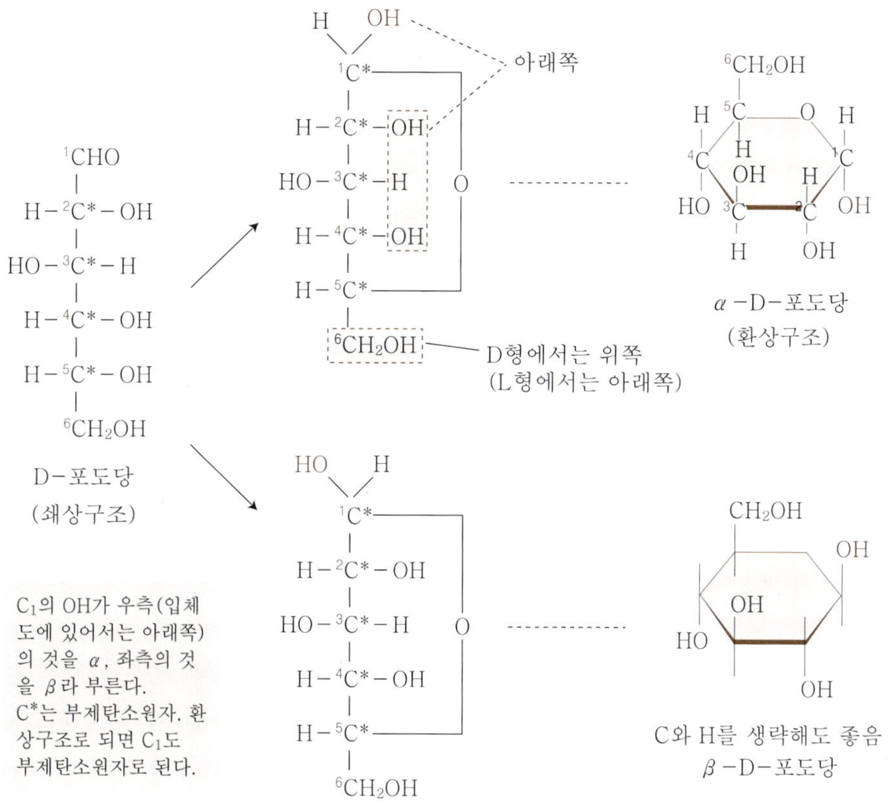

그림 3-4 포도당의 쇄상구조와 환상구조

포도당 분자 내에는 알데히드기와 수산기를 각각 가지므로 분자 내 환상구조의 헤미아세탈(hemiacetal)을 형성한다. 당이 환상구조를 만들면서 새로 생긴 수산기(-OH)를 헤미아세탈(hemiacetal)성-OH 또는 글리코시드(glycoside)성-OH라 한다. 즉, 포도당의 탄소사슬의 C_1이 C_5에 접근하면 C_1의 알데히드기와 C_5의 수산기는 헤미아세탈을 형성하여 6원환(six-membered ring)을 만든다.

케토오스의 경우 **그림 3-5**와 같이 D-과당(D-fructose)은 C_2의 케톤기(=CO)와 C_5의 수산기가 환을 만들어 오각형의 환상구조(five-membered ring: 5원환)로 되면 C_2가 새로운 부제탄소로 된다.

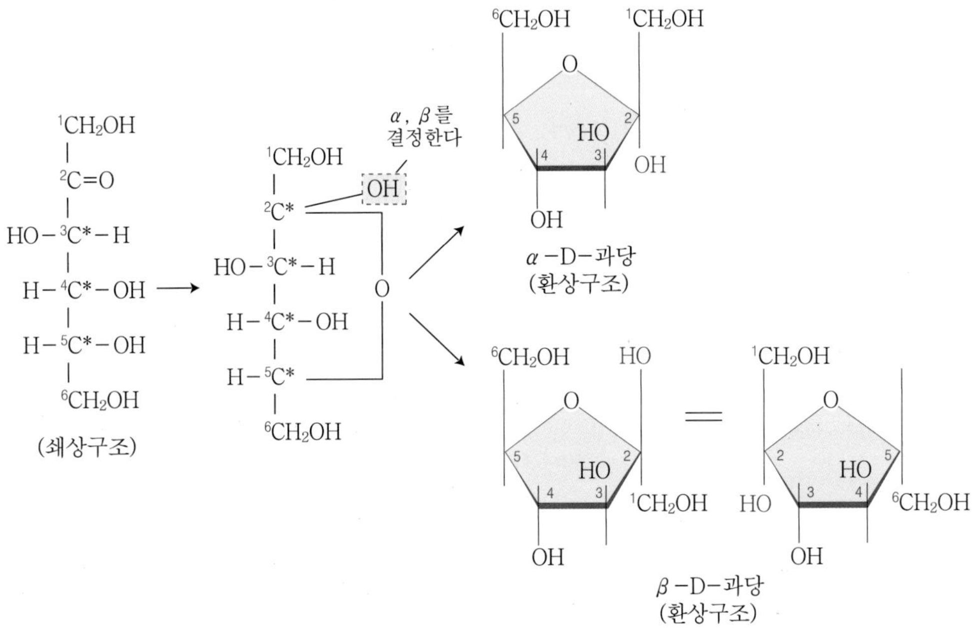

그림 3-5 **과당의 쇄상구조와 환상구조**

포도당을 환상구조로 나타내면 C_1은 부제탄소로 되고, **그림 3-4**와 같이 C_1에 결합된 −OH의 위치에 따라 α−형과 β−형의 2개 이성체가 생긴다. C_1에 결합된 −OH가 아래로 배치되면 α−형, 위로 배치되면 β−형이라 하고, 보통 당의 수용액에서는 α−형과 β−형이 평형상태를 이루고 있다. 또한, 환상구조에서 6원환을 피라노오스(pyranose)형이라 하고, 5원환을 푸라노오스(furanose)형이라 한다. 보통 푸라노오스형은 불안정하여 자연 상태에서는 결합형으로 존재한다.

(4) 글리코시드 결합

앞에서 설명한 바와 같이 쇄상구조에서 환상구조로 되면서 새로 생긴 수산기

(글리코시드성-OH)는 다른 탄소에 붙어있는 수산기보다 반응성이 높으며 환원성이 강하다. 단당류 두 개가 결합된 이당류는 하나의 단당류의 글리코시드성-OH가 다른 하나의 단당류의 수산기와 결합하는데 이것을 글리코시드 결합(glycoside bond)이라 한다.

(5) 당의 환원성

일반적으로 단당은 알데히드기나 케톤기가 유리상태로 존재하므로 다른 물질을 환원시키는 성질을 갖는다. 이당류에서도 다당류와 달리 카르보닐기가 유리상태로 존재하면 환원력이 있다. 이와 같이 환원력이 있는 당을 환원당(reducing sugar), 환원력이 없는 당을 비환원당(nonreducing sugar)이라고 한다.

특히, 단당류와 이당류는 글리코시드성-OH의 유무에 따라 환원당과 비환원당으로 구분한다. 즉, 모든 단당류와 맥아당, 유당은 각각 글리코시드성-OH가 있어서 환원성이 있으므로 환원당이라 하지만, 설탕(sugar)은 글리코시드성-OH가 없기 때문에 비환원당이라고 한다.

당의 환원성은 당류의 정성 또는 정량시험에 이용된다. 예를 들면, 포도당을 황산구리($CuSO_4$)의 알칼리용액에 가하면 Cu^{2+}가 환원되어 Cu^{+}인 아산화동(Cu_2O)의 적색 침전이 생긴다(Fehling's test). 한편, 설탕은 비환원당이므로 이 반응은 일어나지 않는다.

3. 단당류

단당류는 더 이상 가수분해되지 않는 탄수화물로서 분자 중의 탄소수에 따라 구분되며 D-포도당과 D-과당은 비교적 천연에 유리상태로 많이 존재하나, 그 밖의 단당류는 유리상태로 소량만 존재하고, 소당류나 다당류, 배당체의 성분으로서 결합상태로 존재한다. 식품에서 중요한 단당류는 주로 5탄당과 6탄당이다.

(1) 5탄당

5탄당은 자연계에 유리상태로 거의 존재하지 않고 주로 다당류나 핵산의 구성성분으로 존재한다. 5탄당에 대한 소화효소를 인체 내에 가지고 있지 않기 때문에 영양성분으로는 가치가 없다. 5탄당은 강한 환원력을 가지나 효모에 의해 발효되지 않는다. 식품과 관계있는 것은 자일로스(D-xylose), 아라비노오스(L-arabinose), 리보오스(D-ribose)가 중요하다(**그림 3-6**).

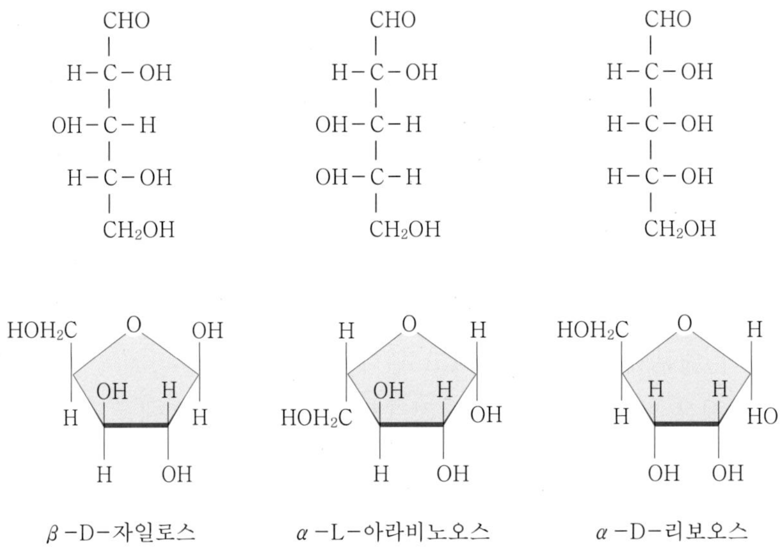

그림 3-6 5탄당의 종류

1) 자일로스(D-xylose)

식물의 잎, 볏짚, 목재, 종자류의 껍질 등에 들어 있는 다당류인 xylan의 구성 단당류이다. 설탕 60% 정도의 단맛이 있어서 당뇨병 환자 등의 저칼로리 감미료로 사용하기도 한다. 자일로스의 환원형인 자일리톨은 현재 껌의 원료로 이용되고 있는데 충치 예방효과가 있는 것으로 알려져 있다.

2) 아라비노오스(L-arabinose)

아라비아 검(arabia gum)의 성분인 아라반(araban)의 구성 단당류이며, 펙틴(pectin), 헤미셀룰로오스(hemicellulose) 등의 구성성분으로 존재한다. 식품의 점착성, 유화안정성을 증진하여 식품의 물성이나 촉감을 향상시키기 위해 식품첨가물로 이용되고 있다.

3) 리보오스(D-ribose)

자연계에 유리상태로 존재하지 않고, 세포에 존재하는 RNA(ribonucleic acid), ATP(adenosine triphosphate), CoA(coenzyme A), 비타민 B_2의 구성성분으로 생체 내에서 중요한 물질의 구성성분이다.

(2) 6탄당

동식물계에 유리상태로 널리 분포되어 있으며 탄수화물의 주요 구성단위이기도 하다. 이것은 식품 가공 및 저장 중에 중요한 역할을 하는 단당류로서 대체로 강한 단맛을 가지고 있으므로 일부는 감미료로서 널리 이용되고 있다. 대표적인 당류로는 알도오스(aldose)인 포도당(D-glucose), 갈락토오스(D-galactose), 만노오스(D-mannose)와 케토오스(ketose)인 과당(D-fructose) 등이 있고, 모두 효모에 의해 발효되므로 지모헥소오스(zymohexose)라고도 한다(그림 3-7).

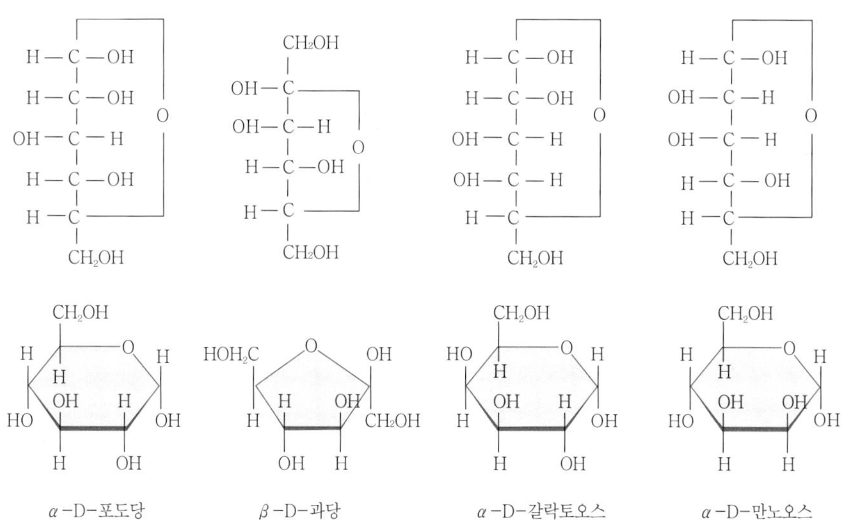

그림 3-7 6탄당의 종류

1) 포도당(glucose)

포도당은 유리형 또는 결합형으로 식물체에 널리 분포되어 있다. 유리상태로는 과일, 감자류, 채소류 등에 분포되어 있고, 결합형태로는 맥아당, 유당, 전분, 글리코겐, 셀룰로오스 등의 구성 단당류로 존재한다.

2) 과당(fructose)

과당은 포도당과 함께 유리상태로 과일이나 꽃 중에 널리 존재하는 단당류로서 특히 벌꿀에 많으며, 결합상태로는 포도당과 결합하여 설탕을 형성하고, 과당이 다수 결합하여 돼지감자나 달리아 뿌리에 많이 들어 있는 다당류인 이눌린(inulin)의 구성성분으로 함유되어 있다. 마늘을 구울 때 단맛으로 변하는 것은 굽는 동안 이눌린이 가수분해되어 과당을 생성하기 때문이다.

과당은 천연당류 중에서 단맛이 가장 강하고, 상쾌하여 감미료로 사용되고 있으며, 용해도가 커서 결정화되기 어렵다. 또한 포도당이나 설탕보다 점도는 작고 흡수성은 크다.

과당은 결합상태일 때는 푸라노오스(furanose)형이고, 유리형일 때는 푸라노오스와 피라노오스(pyranose)의 두 형으로 존재한다. 과당은 환원당이며 α-형과 β-형 두 개의 이성체가 존재한다.

3) 갈락토오스(galactose)

자연계에서 유리상태로 존재하지 않고, D-형과 L-형이 있다. 갈락토오스는 포도당과 결합하여 젖당이 되며, 그 밖의 올리고당의 구성성분으로 존재하고, 한천(agar), 식물검(gum), 헤미셀룰로오스(hemicellulose)의 구성 단당류이다. 갈락토오스도 환원당으로 α, β형의 두 이성체가 존재하며, 단맛은 설탕을 100으로 했을 경우 32 정도이다.

4) 만노오스(mannose)

자연계에 유리상태로 거의 존재하지 않고 식물 세포벽의 헤미셀룰로오스의 성분이며, 곤약이나 효모의 다당류인 만난(mannan)의 구성 단당류이다. 만노오스 역시 환원당이며 α, β형의 두 이성체가 존재하고, 단맛이 있으나 약하다.

(3) 단당류의 유도체

단당류의 반응하기 쉬운 부분이 산화·환원반응에 의한 것과 아미노기가 결합된 것 또는 비당류와 결합된 것에 의해 유도체가 생긴다. 가장 많이 이용되는 포도당에서 유도되는 유도체를 다음과 같이 나타내었다(**그림 3-8**).

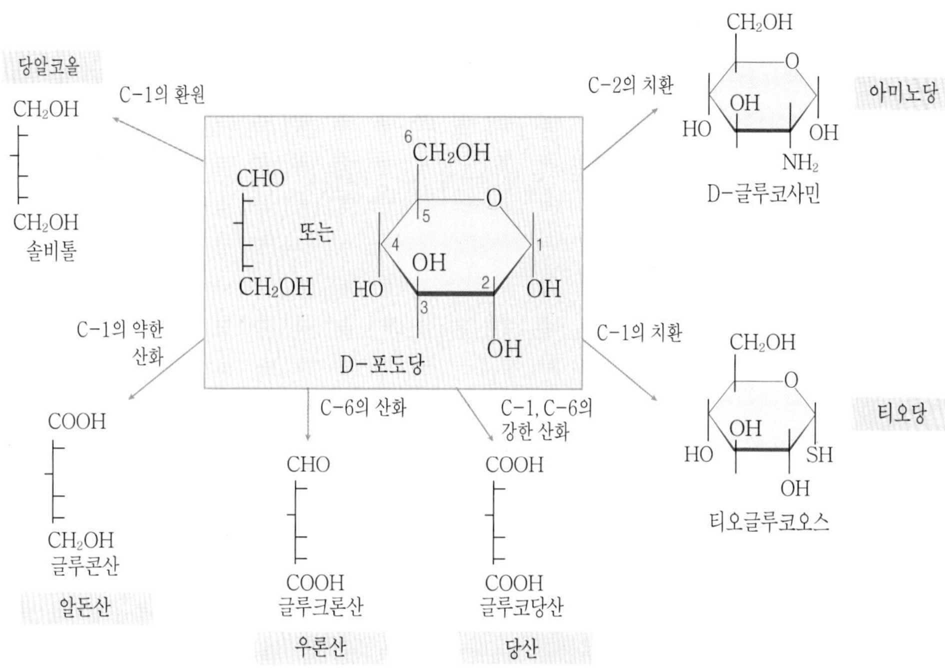

그림 3-8 D-포도당의 중요한 반응과 그 유도체

1) 당알코올(sugar alcohol)

단당류의 알데히드기(-CHO)가 알코올기(-CH_2OH)로 바뀐 화합물을 당알코올이라고 한다. 식물체에 존재하며 감미료나 보습제로 식품에 이용된다. 대표적으로 다음과 같은 종류가 있다.

① 솔비톨(D-sorbitol): 포도당이 환원된 것으로 각종 과일에 존재하며, 단맛은 설탕의 50% 정도로 낮다. 저칼로리이며 혈당으로 전환되지 않는 특성

이 있어 당뇨병 환자의 감미료로 이용된다. 그 외에도 식이성 감미료, 비타민 B_2의 구성성분, 수분의 흡수 성질이 있어 보습제로 사용되며, 비타민 C의 합성원료로도 쓰인다.

② 만니톨(D-mannitol): 만노오스가 환원된 것으로 해조류, 버섯류에 존재하고, 고구마나 곶감 표면의 흰 가루 성분이다. 단맛(설탕의 70%)이 강하고 체내에서 이용되지 않아 당뇨병 환자의 감미료로 사용된다.

③ 이노시톨(inositol): 비타민 B 복합체의 일종으로 환상구조의 당알코올이다. 동물의 근육이나 내장 등에 존재하므로 근육당이라고도 하며, 뇌, 간, 난황, 대두, 소맥배아 등의 인지질의 구성성분이다.

2) 아미노당(amino sugar)

단당류 6탄당에서 C_2의 수산기(-OH)가 아미노기($-NH_2$)로 치환된 것이다.

① 글루코사민(D-glucosamine): 새우, 게와 같은 갑각류 껍질의 주성분인 키틴(chitin)의 구성성분이며, 관절이나 연골 관련 건강기능식품 원료로 사용되기도 한다.

② 갈락토사민(D-galactosamine): 연골이나 당단백질의 콘드로이틴황산염(chondroitin sulfate)의 구성성분이다.

3) 티오당(thio sugar)

C_1의 수산기(-OH)가 티올기(-SH)로 치환된 것이며 무, 마늘, 고추냉이의 매운맛 성분인 시니그린(sinigrin)의 구성당이다.

4) 우론산(uronic acid)

단당류의 C_6의 제1급 알코올기($-CH_2OH$)가 산화되어 카르복실기(-COOH)로 된 것으로 환원성이 있다. 갈락투론산(D-galacturonic acid)은 펙틴의 성분으로 식물 세포막 중에 존재한다. 최근 김치의 숙성과정 중 갈락투론산을 첨가하면 비타민 C의 생합성이 효소의 작용에 의해 촉진되어 비타민 C의 증가에 효과가 있는 것으로 보고되었다.

5) 당산(saccharic acid)

단당류의 C_1의 알데히드기(−CHO)와 C_6의 제1급 알코올기($-CH_2OH$)가 산화되어 카르복실기(−COOH)가 된 당으로서 식물체에 존재한다.

6) 알돈산(aldonic acid)

단당류의 C_1의 알데히드기(−CHO)가 산화되어 카르복실기(−COOH)로 된 당으로서 곰팡이나 세균에 존재한다.

(4) 배당체(glycoside)

단당류의 글리코시드성 수산기(−OH)와 당이 아닌(非糖) 부분의 수산기 또는 티올기(−SH)가 물분자를 잃고 결합하는 것을 배당체(glycoside)라고 한다. 배당체의 비당질부분을 아글리콘(aglycone) 또는 제닌(genin)이라고 하는데, 이 아글리콘의 종류에 따라 여러 종류의 배당체가 생길 수 있다. 배당체에는 **표 3-1**과 같이 색, 맛, 냄새 등의 기호성에 관여하는 성분이나 독성을 나타내는 성분들이 많다.

표 3-1 중요한 식품의 배당체

배당체	소재	결합당	비고
Anthocyanin	검은콩, 홍당무, 뽕나무 열매	glucose, galactose(1～3개)	붉은색
Rutin (Flavonoid)	메밀, 레몬, 오렌지	glucose, L-rhamnose (deoxy-L-mannose) (1개씩)	황색, 비타민 P
Stevioside	Stevia(국화과)	glucose(3개)	단맛
Naringin	밀감류의 껍질	glucose, rhamnose(1개씩)	쓴맛
Sinigrin	고추냉이	glucose(1개)	냄새
Solanine	감자의 싹	glucose, galactose, rhamnose (1개씩)	유해물질
Amygdalin	청매, 비파의 미숙열매	glucose(2개)	유해물질

배당체의 역할은 당의 저장, 해독작용, 삼투압 조절 작용, 대사에 필요한 물질의 공급조절, 아글리콘의 안정화 등을 들 수 있다.

4. 소당류

단당류(2~10개)가 글리코시드 결합에 의해 결합한 당으로서, 구성된 단당류의 수에 따라 2당류, 3당류, 4당류, 5당류 등이 있는데 식품 중에는 이당류가 대부분이다. 이당류에서 중요한 것으로는 맥아당(maltose), 설탕(sucrose), 젖당(lactose) 등이 있으며 식품의 성분이나 식품의 제조 및 가공에 중요한 당이다.

(1) 맥아당(maltose)

맥아당은 포도당 두 분자가 α-1,4 결합된 이당류로 엿기름이나 물엿에 많이 함유되어 있다. 또한 맥아당은 전분(starch)이나 글리코겐(glycogen)을 아밀라아제(amylase)로 가수분해하면 생기고, 산이나 효소(maltase)로 가수분해하면 두 분자의 포도당을 얻을 수 있다(**그림 3-9**).

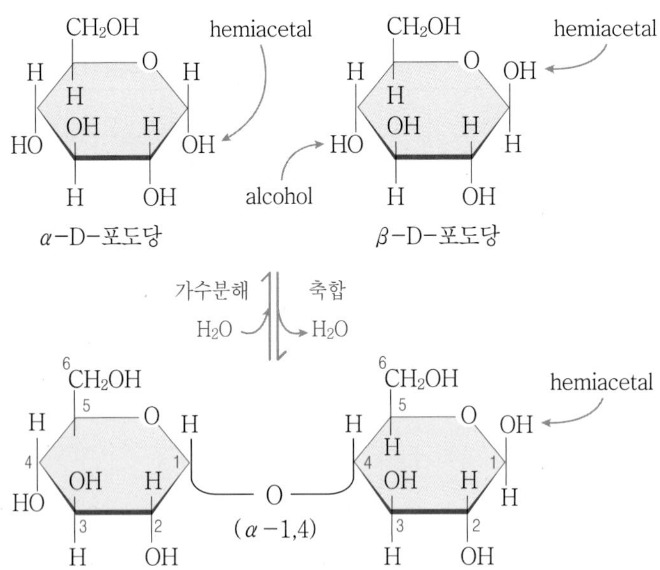

그림 3-9 맥아당의 반응

맥아당의 구조상 결합된 오른쪽 포도당의 C_1의 글리코시드성 수산기(-OH)가 유리된 상태이므로 환원력이 있으며, α-맥아당(α-maltose)과 β-맥아당(β-maltose)이 존재한다.

맥아당은 감미도가 설탕을 기준으로 60 정도이며, 위의 점막에 자극을 주지 않고 영양가가 높아서 어린이나 환자의 영양식품으로 널리 이용된다.

(2) 설탕(sucrose)

설탕은 서당, 자당이라고도 하며, 포도당(glucose)과 과당(fructose)이 결합한 이당류로서 꽃, 과실, 종자 등에 널리 분포되어 있다. 특히, 사탕무나 사탕수수에 고농도로 함유되어 있어 이것을 공업적으로 즙을 농축한 후 결정화(crystallization)시켜 얻을 수 있다.

설탕은 알파-디-포도당(α-D-glucose)의 C_1의 글리코시드성 수산기와 베타-디-과당(β-D-fructose)의 C_2의 글리코시드성 수산기가 결합하였기 때문에 환원력을 가지고 있지 않아서 비환원당(nonreducing sugar)이 된다(**그림 3-10**). 즉, α형과 β형의 이성체가 존재하지 않고 시간과 온도에 따른 감미의 변화가 없이 일정하기 때문에 감미도의 표준물질로 이용되고 있다. 그러나 이것을 가수분해시키면 유리상태의 글리코시드성 수산기가 생겨서 환원당으로 된다.

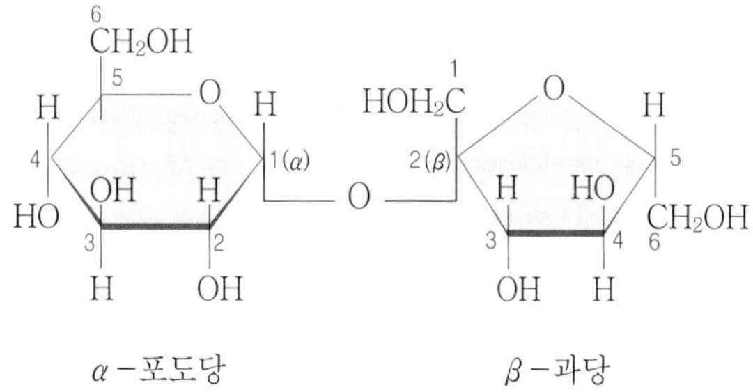

그림 3-10 설탕의 반응

설탕은 산이나 효소(sucrase, invertase)에 의해 쉽게 가수분해(전화, inversion)되어 포도당과 과당이 각각 동량 얻어지고, 이것을 전화당(invert sugar)

이라고 한다. 설탕의 감미도를 100이라고 하면 전화당은 130 정도로 포도당(74)과 과당(173)의 평균값(124)보다 높게 나타난다.

자연식품으로는 꿀 속에 전화당이 다량 함유되어 있는데, 이것은 벌의 타액 중에 들어 있는 효소(invertase)에 의해 설탕이 전화되어 있기 때문이다. 전화당은 수분을 보유하는 성질이 있기 때문에 캔디(candy) 제조 시 건조되는 것을 방지하는 목적으로 많이 사용된다.

(3) 젖당(lactose)

젖당은 모유나 우유와 같은 포유동물의 유즙 중에 존재하는 이당류로 한 분자의 갈락토오스(galactose)와 포도당(glucose)이 β-1,4 결합한 이당류이다(**그림 3-11**).

젖당은 포도당의 글리코시드성 수산기가 유리된 상태이므로 환원력이 있으며, α-락토오스와 β-락토오스 두 이성체가 존재한다.

젖당의 감미도는 설탕을 기준으로 보면 16 정도이다. 식품 내에 젖당이 존재하면 젖산균의 발육이 촉진되어 유해세균의 발육이 억제되므로 정장작용의 효과가 있다.

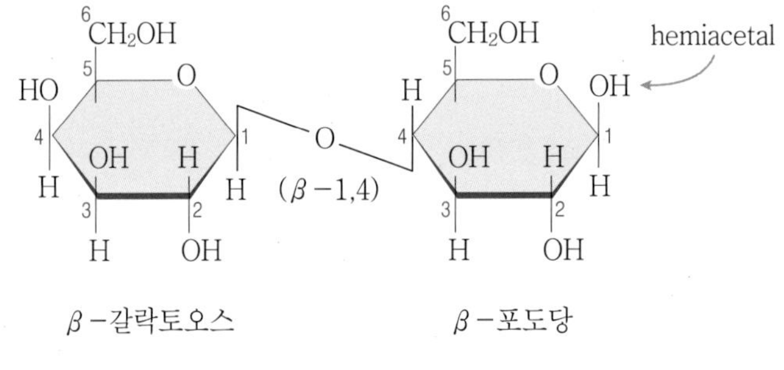

그림 3-11 젖당의 반응

5. 올리고당

올리고당은 2~10개의 단당류가 결합한 것으로, 천연에 존재하는 올리고당의 주체는 2당류이다. 대부분 전분이나 셀룰로오스(cellulose) 등 다당류의 분해물로서 얻어지고 탄수화물 관련효소의 전이작용에 의한 합성도 행해지고 있다. 항충치성이나 비피더스균 증식촉진활성 등의 생리작용을 갖고 있어 식품 중의 기능성 소재로서 기대되고 있다.

(1) 시클로덱스트린(cyclodextrin)

D-포도당이 α-1,4 결합으로 환상결합한 말토올리고당의 총칭이다. 공업적으로 바실러스(*Bacillus*)속 유래의 시클로덱스트린 합성효소(cyclodextrin glucanotransferase, CGTase)에 의해 제조되며, 중합도 6, 7, 8의 α-, β-, γ-cyclodextrin이 있다. 이 환상분자의 안쪽 부분은 소수성이고 외부가 친수성이기 때문에, 안쪽에는 소수성분자가 결합하여 안정한 포접 화합물을 형성한다(**그림 3-12**). 그러므로 휘발성물질의 불휘발화, 산화 방지와 광분해성 물질의 보호, 물성 개량, 유화 등의 기능을 갖고 있기 때문에 폭넓게 이용되고 있다.

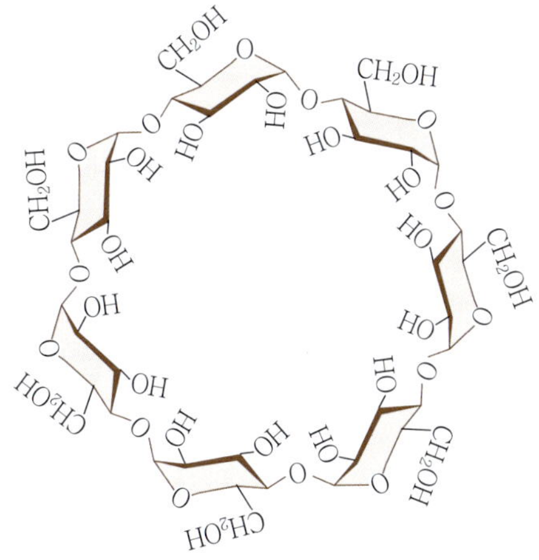

그림 3-12 시클로덱스트린의 구조

(2) 말토올리고당(malto oligosaccharide)

맥아당이 주체이고 설탕에 효소(CGTase)를 작용시키면 **그림 3-13**과 같이 포도당 측에 포도당이 α-1,4 결합으로 1개에서 3개 결합한 G_2F, G_3F, G_4F 등의 말토올리고당이 얻어진다(coupling sugar). 감미도는 40~60 정도이고 점도가 높으며 침투압이 낮기 때문에 식품의 윤기를 내는 데 쓰이고, 환원말단이 비환원성의 과당이기 때문에 아미노산과 가열해도 갈변하기 어렵다는 특징을 갖는다.

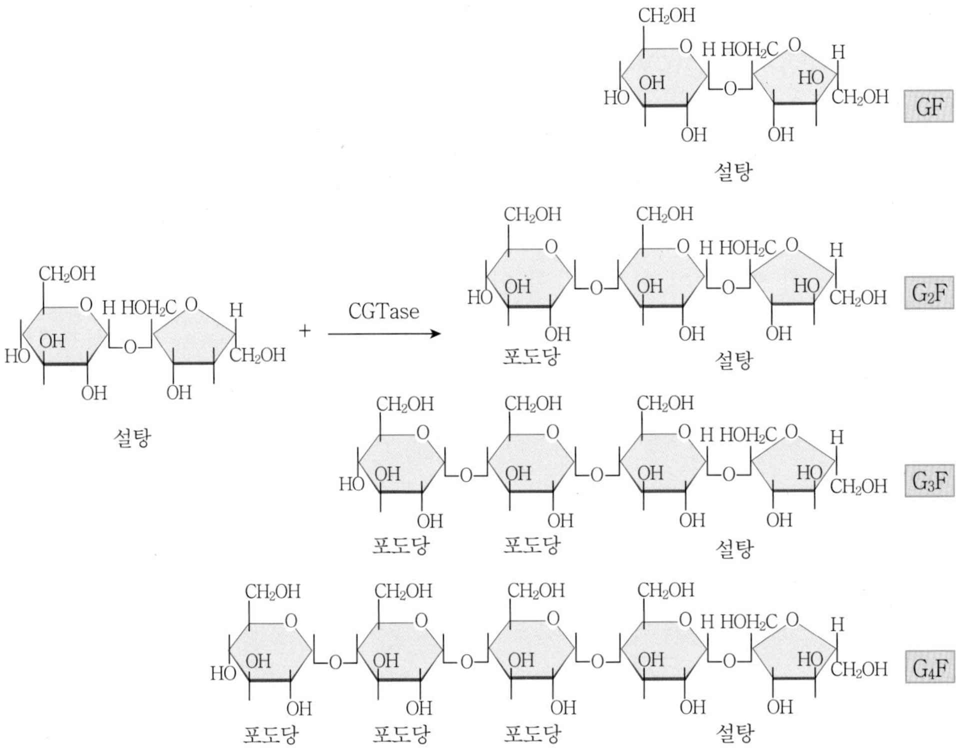

그림 3-13 말토올리고당의 합성

(3) 프락토올리고당(fructo oligosaccharide)

고농도의 설탕용액이며 아스퍼질러스 니제르(*Aspergillus niger*) 유래의 효소(β-fructofranosidase, FFase)를 작용시키는 것으로 당 전이작용에 의한 설탕의 과당 부분에 과당이 1~3개가 결합한 GF_2(kestose), GF_3(nystose),

GF$_4$(fractofranosyl nistose) 등 프락토올리고당의 혼합물이 얻어진다(**그림 3-14**). 감미도는 30~60 정도로 난소화성인 동시에 저충치성이며 혈당치나 혈중인슐린을 상승시키지 않고 비피더스균 증식효과를 갖는다.

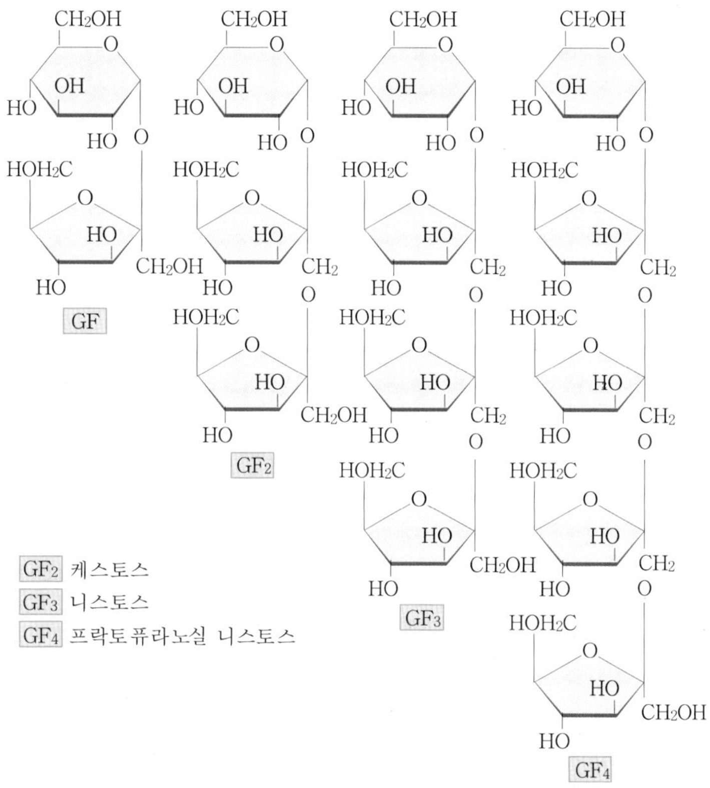

그림 3-14 **프락토올리고당의 구조**

(4) 갈락토올리고당(galacto oligosaccharide)

갈락토오스를 1분자 이상 포함하는 호모(homo) 및 헤테로(hetero) 올리고당이다. 자연계에서 볼 수 있는 헤테로 올리고당은 젖당, 라피노오스(raffinose), 스타키오스(stachyose) 등이 있다(**그림 3-15**). 젖당의 분해에는 당 전이활성이 낮은 효모(*Saccharomyces lactis*) 유래의 효소를 사용하고, 갈락토올리고당의 생산에는 당 전이활성이 강한 곰팡이(*Aspergillus oryzae*)나 효모(*Cryptococcus* *laurentii* OKN4주) 유래의 효소를 사용한다. 이들의 갈락토올리고당은 젖당과 같은 정도의 감미도를 보이며 난소화성인 동시에 비피더스균 증식 촉진작용을 갖는다. 또한, 저칼로리이며 저충치성이다. 열안정성 및 pH안정성에 뛰어나며 캔디, 푸딩, 비스킷, 잼, 기능성 음료 등에 이용되고 있다.

라피노오스(raffinose)는 설탕 다음으로 식물계에 널리 분포하는 올리고당으로 양적으로는 적지만 일상적으로 음식물로부터 섭취되고 있다. 그 구조는 설탕의 포도당의 6번 탄소에 α-D-갈락토오스가 α-1,6 결합을 하고 있으며, 당밀로부터 제조되어 흡습성이 낮은 고순도 분말제품을 얻고 있다. 또한 분말, 과립, 정제, 캡슐(capsule) 등으로 가공되어 이용되고 있다.

스타키오스(stachyose)는 라피노오스와 같이 채소 및 기타 식물계에 분포되어 있으며, 라피노오스의 갈락토오스 6번 탄소에 또 하나의 α-D-갈락토오스가 α-1,6 결합을 하고 있다. 이 당도 비환원당이고 효모에 의해서 부분적으로 가수분해되며, 장내 세균의 발효에 의해 가스를 형성한다. 그러나 비피더스균의 활성을 증가시키며 간기능의 보호, 변비방지, 혈압강하, 항암효과가 있는 것으로 기능성 올리고당류에 사용되고 있다.

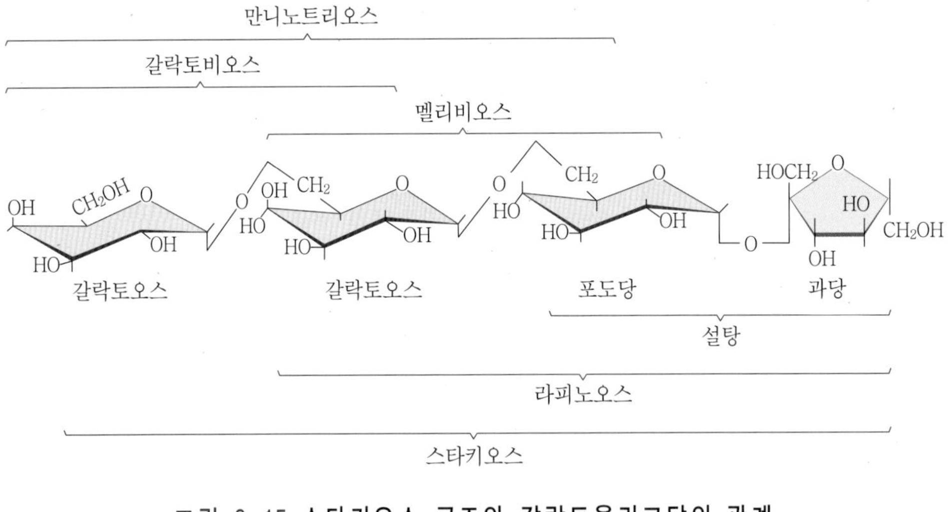

그림 3-15 스타키오스 구조와 갈락토올리고당의 관계

6. 다당류

다당류는 다수의 단당류나 단당류 유도체가 글리코시드 결합한 것으로 고분자 탄수화물이며, 생물계에 널리 분포되어 있다. 한 가지 단당류로만 구성된 다당류를 단순다당류(simple polysaccharide)라 하고, 두 가지 이상의 당류로 되어 있는 다당류를 복합다당류(complex polysaccharide)라 한다. 글리코시드 결합에는 α-와 β-가 있고 결합위치도 1→2, 1→3, 1→4, 1→6 등 여러 가지 모양이 있고, 분자 모양도 직선형, 가지형 등이 있다(**그림 3-16**).

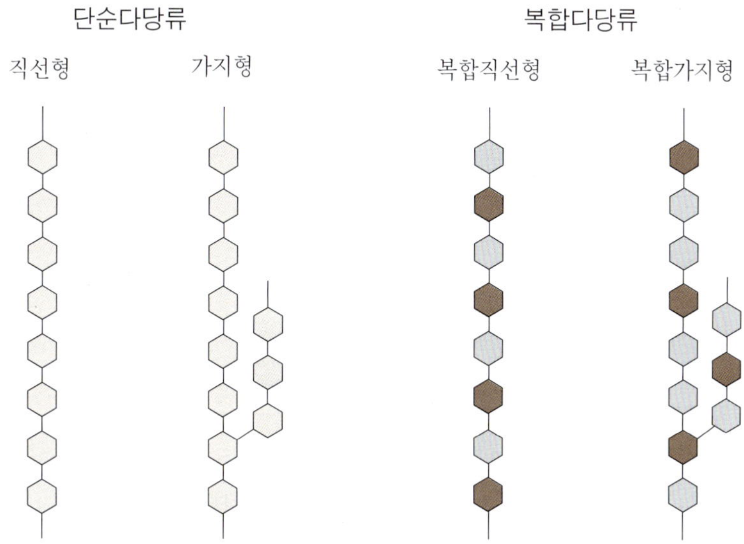

그림 3-16 다당류의 종류와 모양

단순다당류에는 전분(starch), 덱스트린(dextrin), 글리코겐(glycogen), 셀룰로오스(cellulose) 등이 있으며, 복합다당류에는 펙틴(pectin), 헤미셀룰로오스(hemicellulose), 한천(agar), 이눌린(inulin) 등이 있다.

(1) 전분(starch)

전분은 포도당이 수백, 수천 개가 중합된 식물성 저장 탄수화물로서, 곡류, 서류, 콩류 등에 특히 많이 함유되어 있다.

1) 전분의 성질

전분은 무색, 무미, 무취의 흰색 분말로서 물에 녹지 않고 비중이 물보다 무거워 현탁액이 형성된다. 전분은 물과 함께 가열하면 팽윤되고, 60~70℃에서 호화되어 점착성을 갖게 된다. 전분은 식물의 종류에 따라 그 모양과 크기가 두드러지게 다르다(**그림 3-17**).

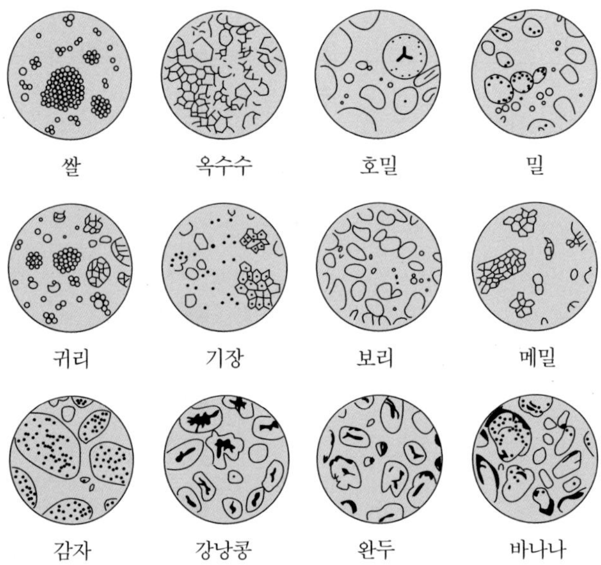

그림 3-17 **각 전분입자의 형태**

일반적으로 곡류에서 얻은 전분입자들은 소형이고, 그 대소의 차이가 적은 반면에 감자, 고구마 등의 근경류(roots and tubers)의 전분입자는 대형이며 대소의 차이가 심하다. 같은 전분이라도 종류에 따라 이화학적 성질이 다르기 때문에, 그 특징을 살려서 식품의 제조·가공 시 주원료 및 부원료로 이용된다(**표 3-2**).

2) 전분의 분자 구조

전분은 다수의 포도당이 중합된 것으로 분자식이 $(C_6H_2O)n$으로 표시된다. 전분은 포도당만이 α-1,4 결합으로 연결된 아밀로오스(amylose)와 아밀로오스

표 3-2 전분의 용도

용도	사용례
증점제(thickening agent)	소스, 수프, 육즙
겔화제(gelling agent)	푸딩
안정제(stabilizing agent)	음료, 시럽, 샐러드드레싱
결착제(binding agent)	소시지, 햄
보습제(moisteuring agent)	캔디, 과자류
피막제(coating agent)	빵, 케이크
조형제(moulding agent)	젤리, 케이크
희석·유동 촉진제(diluent, flow-aid)	베이킹파우더

사슬의 군데군데에서 α-1,6 결합에 의하여 가지를 친 형태의 아밀로펙틴(amylopectin)이라고 하는 두 종류의 구조가 다른 동족체의 혼합물이다(**그림 3-18**과 **그림 3-20**).

3) 아밀로오스와 아밀로펙틴의 특이성

아밀로오스와 아밀로펙틴의 함량 비율은 일반적으로 20:80 정도로 구성되어 있으나, 찹쌀, 찰옥수수 등의 전분은 거의 아밀로펙틴으로만 되어 있다(**표 3-3**).

표 3-3 대표적 전분의 아밀로오스와 아밀로펙틴의 함량(%)

전분의 종류	아밀로오스 함량	아밀로펙틴 함량
쌀	18	82
보리	27	73
밀	25	75
옥수수	27	73
수수	26	74
메밀	28	72
찰옥수수	0~2	96~100
찹쌀	0	100
감자	22	78
고구마	18	82
타피오카(tapioca)	18	82

① 아밀로오스

아밀로오스 분자는 부분적으로는 알파-디-포도당(α-D-glucose)끼리 C_1과 C_4 위치에서 결합하여 직쇄상으로 연결되어 있으나, 전체적으로는 포도당 6개의 분자가 모여 하나의 나선을 형성하면서 회전하여 길게 연결된 나선상의 구조(α-helical structure)를 이루고 있다. 아밀로오스는 분자 중에서 환원성 말단과 비환원성 말단을 한 개씩 갖고 있다(**그림 3-18**).

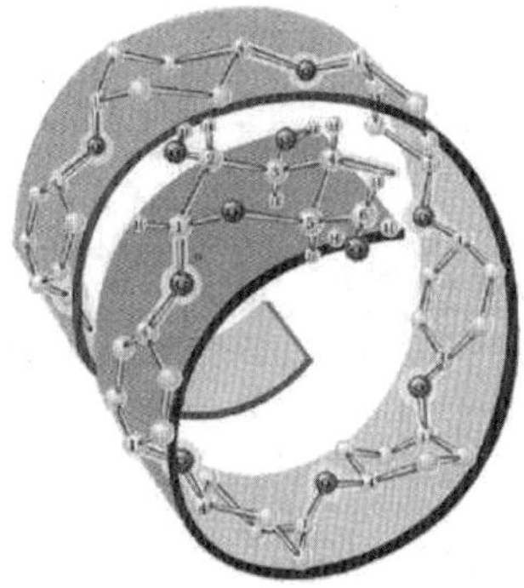

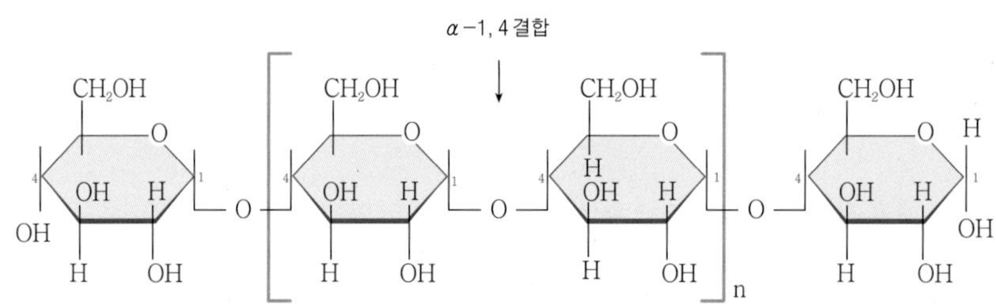

<아밀로오스의 구조>

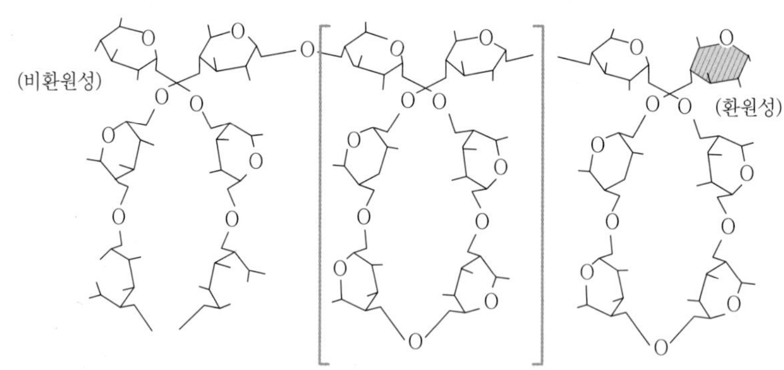

<아밀로오스의 나선구조>

그림 3-18 아밀로오스의 구조

아밀로오스 분자는 곁사슬이 없으므로 직선구조를 한 중합체로서 분자 내 포도당의 수는 전분의 종류에 따라 다르지만 평균 420~980 정도이다. 아밀로오스는 나선의 내부공간에 지방산 분자나 요오드 분자가 포합되어 포접화합물(inclusion compounds)을 형성하는 경우가 있다. 아밀로오스에 요오드를 반응시키면 요오드 분자들이 이 공간에 들어가 포접화합물과 작용하여 특유한 청색의 요오드 정색반응(요오드-전분 반응)을 일으킨다. 아밀로오스의 사슬이 길수록 색깔은 짙어지고, 짧아짐에 따라 무색으로 변하게 된다(**그림 3-19, 표 3-4**).

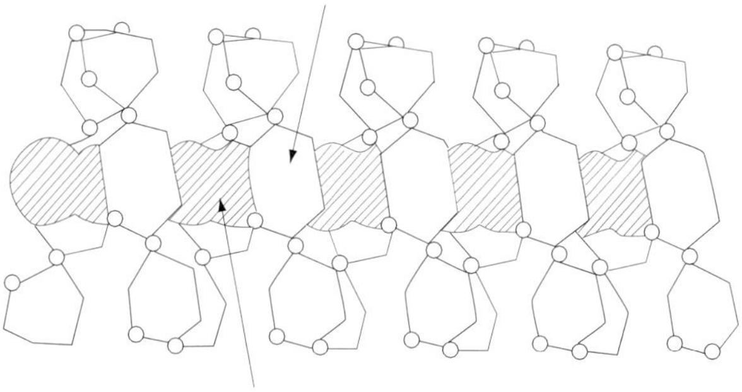

그림 3-19 나선형 구조를 가진 아밀로오스 분자 중에 수용된 요오드 분자

표 3-4 나선형 사슬 길이와 요오드 색깔 사이의 관계

포도당 수(사슬 길이)	나선구조 회전 수	요오드 색깔
12	2	무색
12~15	2	갈색
20~30	3~5	적색
35~40	6~7	자색
45 and over	9	청색

② 아밀로펙틴

아밀로펙틴은 포도당(α-D-glucose)이 α-1,4 결합으로 연결된 아밀로오스 사슬의 군데군데에 α-1,6 결합을 이루고 있는 가지(branch) 형태를 지닌 분자구조이며, 전체적으로 그물 모양의 구조를 이루고 있다. 아밀로펙틴은 분자 중에 환원성 말단 1개와 여러 개의 비환원성 말단을 가지고 있으며, 포도당 18~27개마다 1개의 가지를 갖게 된다(**그림 3-20**).

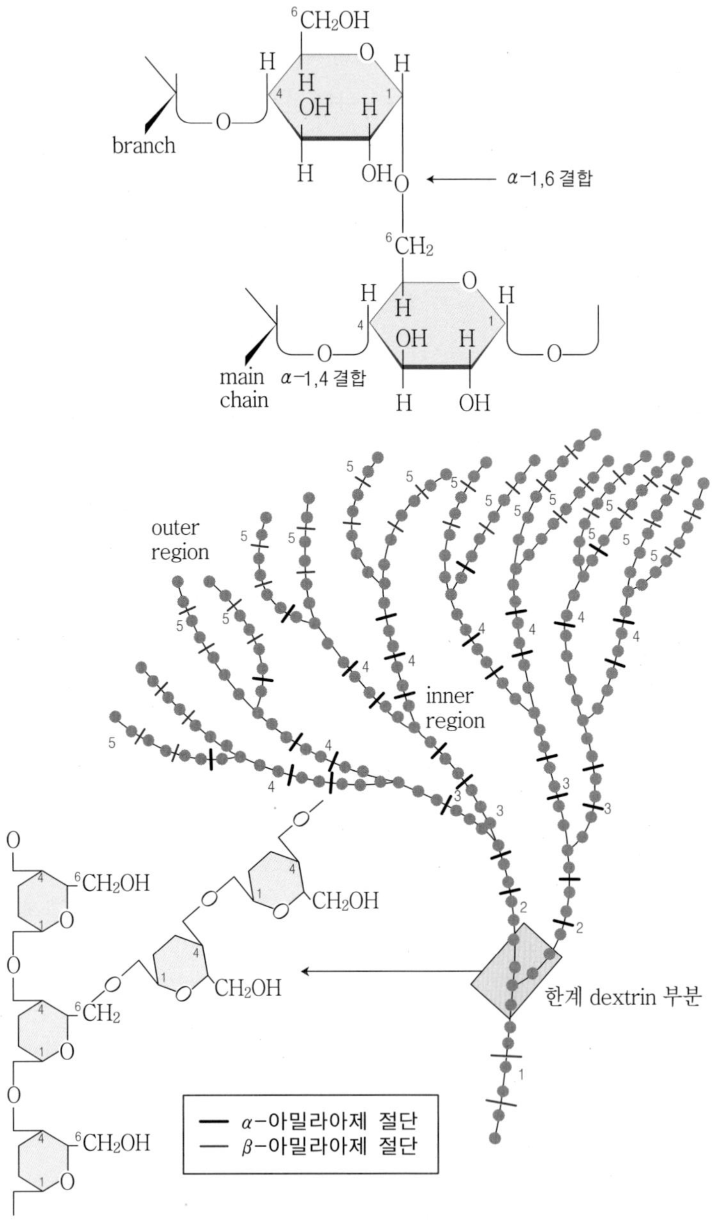

그림 3-20 아밀로펙틴의 분자구조

아밀로펙틴 분자 중의 포도당 중합도는 전분의 종류에 따라 차이는 있으나, 일반적으로 6,000~37,000 정도로 아밀로오스보다는 훨씬 크다. 그리고 아밀로펙틴에 있어서 분지된 가지의 포도당 잔기 수는 말단 가지에서 20개 내외, 중간 가지에서는 5~9개 정도로 추정되고 있다. 아밀로펙틴은 나선상의 형태를 이루고 있지 않기 때문에 포접화합물을 형성하지 않으며 요오드와 거의 반응하지 않고 아밀로오스와 달리 그 정색반응은 자색(purple)을 나타낸다.

아밀로펙틴은 β-아밀라아제(β-amylase)로 가수분해하면 가지 말단에서부터 말토오스(maltose) 단위로 가수분해가 이루어지면서 α-1,6 결합인 가지 부분에 이르면 이상 분해되지 않는다. 이것을 한계 덱스트린(limit dextrin)이라고 하고, 전분 전체 중 약 40%에 해당된다(**그림 3-20**).

(2) 덱스트린(dextrin)

전분을 묽은 산이나 효소로 가수분해하면 맥아당이나 포도당으로 되는데 이들의 분해를 중간에 정지시키면 가수분해 정도에 따라 여러 가지 중합도를 가진 중간 생성물을 얻게 된다. 이때 맥아당이나 포도당이 되기 전의 모든 중간 생성물을 총칭하여 덱스트린(dextrin)이라고 한다. 이 덱스트린은 가수분해 진행 정도에 따라 가용성 전분(soluble starch), 아밀로덱스트린(amylodextrin), 에리트로덱스트린(erythrodextrin), 아크로덱스트린(achrodextrin), 말토덱스트린(maltodextrin) 등이 만들어진다. 덱스트린은 일반적으로 물에 녹고, 전분처럼 겔을 형성하지 않으며 단맛이 있다. 물엿에는 약 40%의 덱스트린이 함유되어 있다(**표 3-5**).

표 3-5 각종 덱스트린의 성질 비교

종류	I_2 반응	$[\alpha]$	환원력 maltose=100	침전에탄올 농도
amylodextrin	청색, 자색	190~195°	0.6~2.0	40%
erythrodextrin	적갈색	194~196°	3~8	65%
achrodextrin	담황색, 무색	192°	10	70%(가용)
maltodextrin	무색	181~182°	20~43	70%(가용)

(3) 글리코겐(glycogen)

동물성 전분이라고 불리며, 동물의 간과 근육에 주로 많이 함유되어 있고, 조개류, 효모, 미생물에도 들어 있다. 아밀로펙틴과 유사한 구조(α-1,4 결합, α-1,6 결합)를 가지고 있지만, 분지가 더 많으며 아밀로펙틴(대개 17~27개)에 비해 짧은 사슬(대개 8~16개)을 가지고 있다. 요오드반응은 적갈색의 정색반응을 나타내고 호화와 노화현상도 없다. 글리코겐은 무정형의 분말로 맛과 냄새가 없으며 찬물에 녹아 교질용액이 된다. 또한 전분과 같이 에너지원으로도 유용하다.

(4) 식이섬유(dietary fiber)

식이섬유는 자연계에 널리 분포되어 있는 다당류인데 주로 식물성 세포막의 주성분을 이루고 있다. 식이섬유는 인체 내의 소화 효소에 의해 β-1,4결합을 분해할 수 없기 때문에 에너지원으로 이용할 수 없는 다당류이며 주로 채소, 과일, 해조류 등에 많이 들어있는 물질이다. 식이섬유는 물에 녹느냐에 따라 수용성 식이섬유와 불용성 식이섬유로 나눌 수 있다. 수용성 식이섬유는 펙틴, 구아검, 알긴산 등이 있고, 불용성 식이섬유는 셀룰로오스, 헤미셀룰로오스, 리그닌 등이 있다.

1) 섬유소(cellulose)

섬유소는 자연계에 널리 분포되어 있는 다당류이며 주로 식물세포벽의 구성성분이다. 섬유소는 포도당이 β-1,4 결합에 의해 직쇄상으로 연결되어 생성된 고분자 탄수화물로서 구성단위체는 이당류인 셀로비오스(cellobiose)이다(**그림 3-21**).

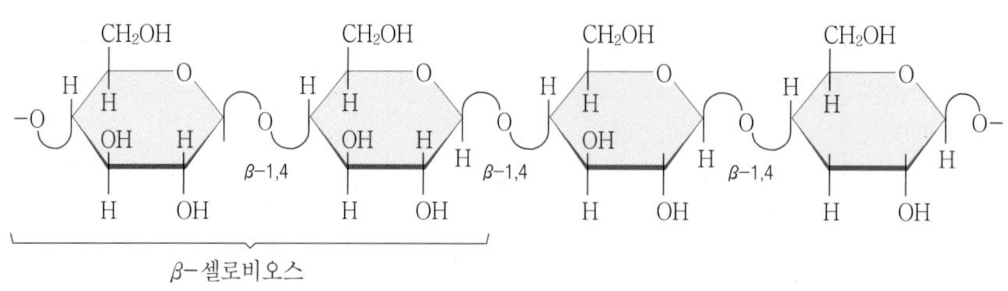

그림 3-21 섬유소의 구조

사람은 이것을 소화시키는 효소가 없기 때문에 영양적인 가치는 없으나 장관의 운동을 자극하여 변통을 좋게 하는 효과가 있다. 저칼로리 식품제조에 사용되고, 염색성이 좋은 점을 이용하여 식품첨가물의 착색안료로 이용된다. 그리고 보향성이 좋아서 식품에 첨가하여 휘발성이 강한 향기 성분을 흡착, 유지하는 데 이용하고 있다.

2) 펙틴(pectin)

펙틴은 식물 조직의 세포벽이나 세포막 사이에서 섬유소와 함께 존재하는 복합다당류이다. 펙틴물질은 프로토펙틴(protopectin), 펙틴산(pectic acid), 펙티닌산(pectinic acid), 펙틴(pectin)으로 구분되며, 이들은 모두 기본단위가 갈락투론산(galacturonic acid)과 그 메틸 에스테르(methyl ester, $-COOCH_3$)유도체가 결합된 복합다당류이다(**그림 3-22**). 펙틴은 결착제의 작용을 갖고 있으며, 채소류나 과실류의 가공·저장 중의 조직이나 신선도를 유지하는 역할을 한다. 또한 펙틴은 pH 3.0~3.5 및 50% 이상의 당과 함께 가열하면 젤리화하는 특성을 가지고 있기 때문에, 사과, 딸기, 밀감류를 사용하여 적당량의 설탕과 산을 가하고 끓여 잼이나 젤리, 마멀레이드(marmalade)를 만드는 데 이용한다.

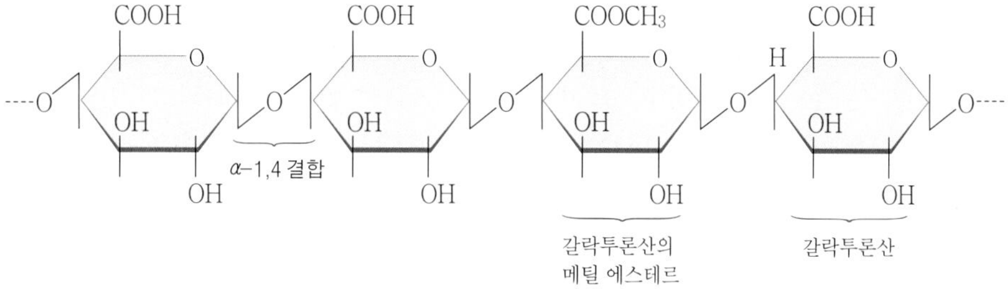

그림 3-22 펙틴의 구조

3) 헤미셀룰로오스(hemicellulose)

헤미셀룰로오스의 화학구조나 성분은 규명되어 있지 않으나, 식물세포의 비섬유성 물질로 섬유성 물질인 섬유소와 함께 있으며, 일반적으로 식물의 조직으로부터 온수로 추출하고 남은 부분은 묽은 알칼리로 추출할 수 있다. 그 구성성분으로는 자일로오스(xylose), 아라비노오스(arabinose), 포도당(glucose), 만노오스(mannose), 갈락토오스(galactose), 우론산(glucuronic acid, galacturonic acid) 등이 알려져 있다.

4) 글루코만난(glucomannan)

글루코만난은 곤약만난(konjak mannan)이라고도 불리며, 만노오스(mannose)와 포도당이 약 3:2로 결합된 복합다당류이다. 난소화성으로 인체에 거의 흡수되지 않기 때문에 저칼로리 식품의 원료로서 많이 사용되고 있다.

5) 한천(agar)

한천은 우뭇가사리와 같은 홍조류(red algae)에서 추출된 다당류로 갈락토오스(galactose)를 주체로 하는 복합다당류이다. 한천은 홍조류를 건조한 후 뜨거운 물에 녹여 동결 건조시켜서 만든다. 이것은 고온에서 잘 견디고, 겔 형성 능력이 강하기 때문에 빵제품, 과자류는 물론 우유, 유제품, 청량음료 등의 안정제로 사용되며, 젤리의 원료 등에 이용된다.

6) 알긴산(alginic acid)

알긴산은 미역이나 다시마와 같은 갈조류의 점성을 나타내는 성분으로 당유도체인 만누론산(mannuronic acid)과 글루쿠론산(glucuronic acid)으로 이루어진 복합다당류이다. 갈조류에서 추출된 가용성인 알긴은 불용성인 알긴산의 Na^{+}, Ca^{++}, Mg^{++}과 같은 염의 혼합물을 말하며, 가장 일반적인 것은 Na염이다. 알긴산은 겔 형성제로 사용하기보다는 잼이나 아이스크림 등에 첨가하여 점성 증가에 이용되기도 하고, 맥주의 거품 안정제로 쓰이기도 한다.

7) 키틴(chitin)

키틴은 게, 새우, 바닷가재, 곤충 등의 껍질에 존재하는 단단한 갑각 성분이다. 키틴의 구조는 섬유소와 유사한데 구성단위인 포도당의 글루코사민 아세틸

화합물(C_2 위치의 수산기 대신 $-NHCOCH_3$로 치환)이 β-1,4 결합을 하고 있는 복합다당류이다(**그림 3-23**).

키틴을 40% NaOH용액으로 처리하면 키토산(chitosan)이 되는데, 여러 가지 생리활성물질로 인정되는 키토산은 건강보조식품의 여러 용도로 이용하기도 한다. 키토산은 세포활성화제, 식품재료, 화장품 보습제, 점도 조절제, 점착제, 응집제로 이용되어 왔는데, 최근에는 항암성, 항균 활성, 면역 활성, 콜레스테롤 저하 등의 효과가 보고되고 있어 그 이용이 증가하고 있다.

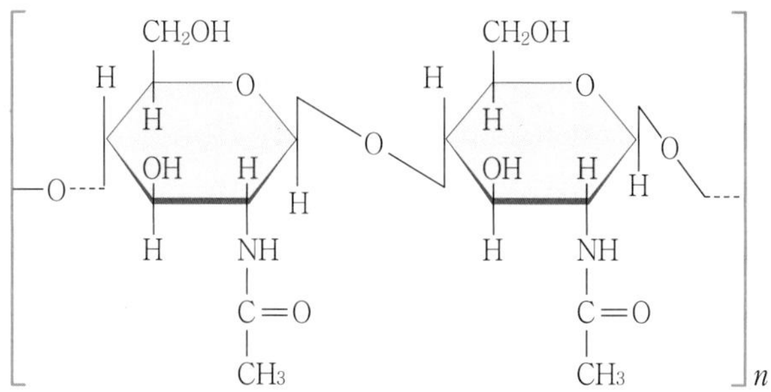

그림 3-23 **키틴의 구조**

8) 이눌린(inulin)

이눌린은 프룩탄(fructan)이라고도 하며, 우엉, 돼지감자, 백합 뿌리, 달리아 뿌리 등 구근류에 많이 함유된 다당류로 β-과당(β-fructose)이 β-1,2 결합으로 이루어진 중합체이다(**그림 3-24**). 사람은 이눌린을 분해하는 효소가 없기 때문에 영양적인 가치는 없으나 과당의 제조 원료에 쓰이고 있다.

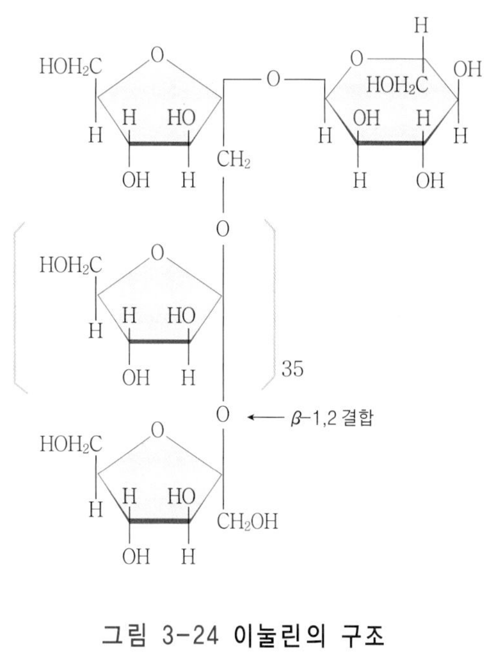

그림 3-24 **이눌린의 구조**

9) 리그닌(lignin)

리그닌은 방향족 물질들의 중합체로서 식물세포 사이의 결착제 역할을 하며, 식물이 성숙함에 따라 세포벽의 목질화(lignification)에 기여한다. 이것은 육제품, 치즈 등의 훈연공정(smoking process)에 의해 독특한 풍미와 방부성을 부여하며, 광택의 개선효과와 산패 억제효과가 있다.

10) 덱스트란(dextran)

덱스트란은 미생물이 생성하는 고무질 중 대표적인 것으로서 류코노스톡(*Leuconostoc*)속에 속하는 세균이 설탕 또는 과당을 소비하여 생산한다. α-D-포도당이 α-1,6 결합에 의해 연결되어 있으며 포도당 10~20개마다 α-1,3 결합에 의해 가지가 달린 구조를 하고 있는 다당류이다(**그림 3-25**). 김치를 담글 때 설탕을 많이 넣으면 덱스트란이 많이 생겨 국물이 걸쭉해지는 현상이다. 덱스트란은 점성이 매우 크며 대용혈청으로 이용된다. 또한 이것의 철복합체와 황산에스테르(ester)는 각각 철보급제, 혈액응고 저지제로 이용한다. 식품에서는 시럽, 아이스크림, 과자류의 안정제로 사용되고 있다.

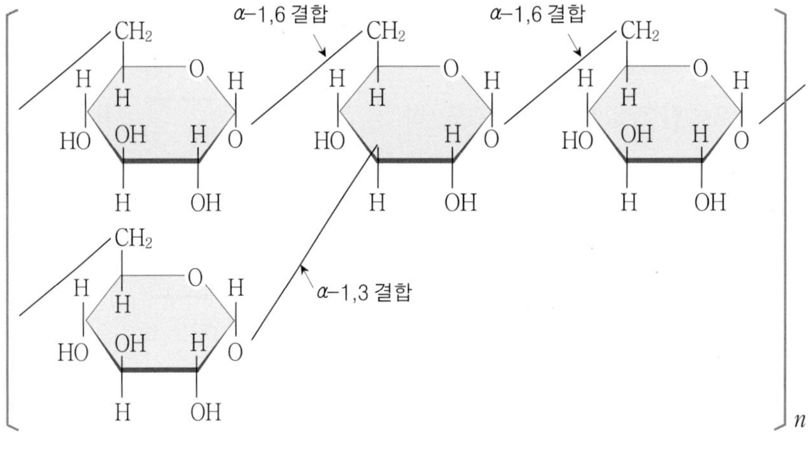

그림 3-25 덱스트란의 구조

11) 아라비아 검(arabia gum)

아라비아 검은 아카시아 나무껍질에서 얻어지는 추출물로서 Ca, Mg, K과 염을 만들고 있는 복합다당류이다. 강한 겔을 만드는 성질이 있어서 아이스크림, 셔벗 등의 안정제, 빵, 껌, 과자류의 기초제, 유화제 등으로 사용된다.

12) 잔탄검(xanthan gum)

잔탄검은 포도당 수용액에 크산토모나스 캄페스트리스(*Xanthomonas campestris*) 균주를 접종하여 배양하면 β-D-포도당이 β-1,4 결합으로 연결된 주사슬에 2개의 만노오스(mannose)와 한 개의 글루쿠론산(glucuronic acid)으로 가지가 연결되어 얻어진다. 잔탄검은 식품에 사용되는 검질 중 가장 의사가소성이 강한 검질이며, 염류나 산에 의해서 이들의 용해도와 안정도에 영향을 미치지 않는 것으로 알려져 있다. 그러나 강하게 교반할수록 외관상의 점성이 감소하는 성질을 가지고 있다. 잔탄검은 오렌지 주스의 현탁 안정제, 과일파이 충전제의 안정제, 냉장 샐러드드레싱의 유동성 보조제 등 매우 다양하게 이용된다.

7. 당질의 변화

(1) 전분의 효소에 의한 변화

보통 전분은 산 또는 효소로 가수분해하여 덱스트린이나 맥아당을 거쳐 포도당을 얻어낼 수 있다. 전분을 분해하는 대표적인 효소에는 다음과 같은 종류가 있다.

1) α-아밀라아제(α-amylase)

α-아밀라아제는 타액, 췌장액, 맥아 등에 존재하고, 미생물 중에서 세균, 곰팡이류에 분포되어 있다. α-아밀라아제는 전분의 α-1,4 결합을 무작위적으로 가수분해하여 보다 작은 분자인 덱스트린을 형성하게 하고, 계속해서 맥아당과 포도당을 생성한다. 즉, 전분의 점도는 급속히 저하되고, 저분자화되면

서 환원성이 증가하게 된다. 이 효소는 α-1,4 결합에만 작용하므로 아밀로오스(amylose)에 가하게 되면 거의 90%의 맥아당(maltose)을 생성하게 된다. 그러나 α-1,6 결합은 가수분해가 힘들고, α-1,6 결합 주위의 α-1,4 결합도 분해하기 힘들기 때문에 아밀로펙틴에서는 작용하지 못하며, 결국 α-아밀라아제 한계 덱스트린(α-limit dextrin)을 생성하게 된다. α-아밀라아제는 전분 분자들을 가수분해하여 용액상태로 만들 수 있기에 액화효소(liquefying enzyme)라고도 한다. 이는 원료의 물리적 성질을 변화시켜 풍미(flavor)를 향상시키는 작용이 있어서 이 작용을 물엿이나 결정포도당을 만드는 데 이용하기도 하고 제빵 공업에서 가스 생성(팽창성) 촉진과 빵 껍질(crust) 개선에 사용되기도 한다.

2) β-아밀라아제(β-amylase)

β-아밀라아제는 맥아로부터 분리하여 널리 사용된 효소로서, 감자류, 곡류, 두류와 같은 식물에 존재한다. β-아밀라아제는 전분의 α-1,4 결합만을 비환원성 말단으로부터 맥아당 단위로 순차적으로 가수분해하고, α-1,6 결합과 그 외의 결합은 가수분해할 수 없다. 아밀로오스에서는 β-아밀라아제의 작용이 잘 진행되나, 아밀로펙틴의 경우는 α-1,6 결합 또는 그 부근에서 가수분해가 중단되기 때문에 β-아밀라아제 한계 덱스트린(β-limit dextrin)을 생성하게 된다. 이 효소가 작용하면 맥아당과 포도당의 함량이 증가하여 단맛이 증가하므로 당화효소(saccharifying enzyme)라고도 한다. β-아밀라아제는 α-1,4 결합에만 작용하며, α-아밀라아제와 β-아밀라아제를 다같이 함유하는 엿기름에서 추출된 효소를 디아스타아제(diastase)라고 하고, 식품가공 공장에서 널리 이용되고 있다.

3) 글루코아밀라아제(glucoamylase, γ-amylase)

글루코아밀라아제는 γ-아밀라아제라고도 하며, 이 효소는 곰팡이(*Aspergillus niger*), 효모(*Saccharomyces dia staticus*), 세균(*Clostridium acetobutylicum*)과 동물의 간조직에 다량 존재한다. 글루코아밀라아제는 전분의 α-1,4 결합, α-1,6 결합은 물론 α-1,3 결합까지도 포도당 단위로 비환원성 말단에서부터 순서대로 가수분해하는 세포외 효소(exoenzyme)이다. 따라서 α-1,4 결합만으로 이루어진 아밀로오스는 100% 분해하고 아밀로펙틴은 80~90% 분해할 수 있는 특징이 있어 전분을 원료로 하는 고순도의 결정포도당을 생산하는 데 이용한다.

(2) 전분의 호화(gelatinization of starch, α화)

전분은 아밀로오스와 아밀로펙틴이 서로 밀착되어 미셀(micelle)을 이루고, 이 미셀들이 모여서 전분층을 형성하며, 이와 같은 전분층들이 겹겹이 쌓여서 전분입자를 만들고 있다. 이 전분입자를 생전분 또는 β-전분이라고 한다. 그림 3-26과 같이 생전분에 물을 가하고 가열하면 미셀 구조의 일부에 틈이 생기고, 물분자가 전분입자 내부의 일부와 결합하게 되는데 이처럼 미셀 구조가 흐트러진 전분을 호화전분 또는 α-전분이라고 한다. 즉, β-전분이 α-전분으로 변하는 것을 호화(gelatinization) 또는 α화라고 한다.

1) 호화과정

① 제1단계: 수화현상(hydration)

전분을 물에 담그면 물분자가 미셀 내부로 스며들게 된다. 전분입자들은 현탁액의 온도가 높아짐에 따라 전분 중량의 20~30% 물을 흡수하며 가역적이지만, 건조되면 원상태로 된다.

② 제2단계: 팽윤(swelling)

수화현상이 일어난 후 계속해서 현탁액의 온도가 상승하면 분자들의 결합이 붕괴되는 동시에 흡수성이 급격히 증가되어 전분입자가 급속하게 팽윤하게 된다. 팽윤된 입자들은 붕괴하기 직전에 중량의 25배 수분을 흡수하며 이 현상은 비가역적이다.

③ 제3단계: 교질(호화)용액 형성(colloid)

호화에 필요한 최저 온도는 60℃이고, 온도가 계속 상승하여 호화온도에 도달하면 전분입자는 붕괴되어 교질용액(colloid)으로 변한다. 이 용액을 급속히 냉각하면 반고체의 겔이 형성되며 완만하게 냉각하면 전분분자들은 침전하여 규칙성을 가진 형태를 형성한다. 이때 겔을 가열하면 졸(sol) 상태로 가역적으로 변화한다.

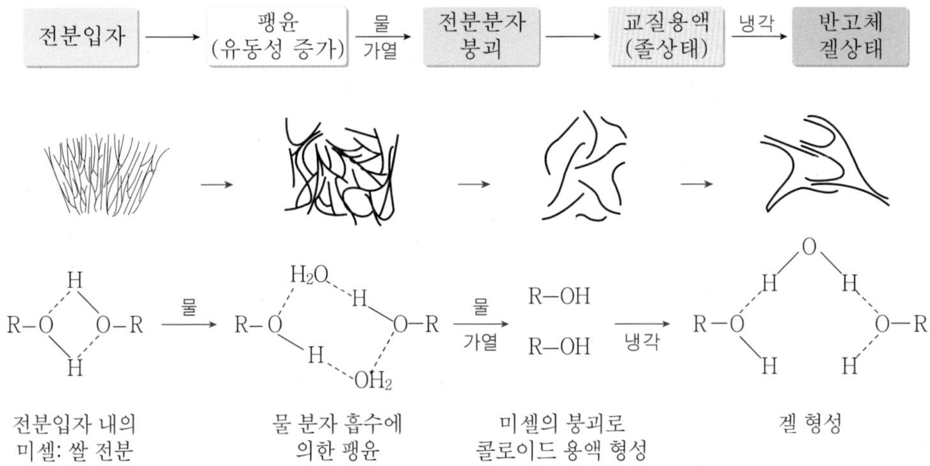

그림 3-26 전분의 호화과정

2) 호화에 영향을 미치는 요인

① 전분의 종류

전분입자의 구조와 크기, 형태, 아밀로오스와 아밀로펙틴의 함량 등과 밀접한 관계가 있다. 예를 들면, 곡류 전분(쌀, 수수)의 호화온도는 서류(감자, 고구마)의 호화온도보다 높고, 전분입자가 작으면 작을수록 호화온도가 높아지며(서류 70℃, 곡류 98℃), 아밀로펙틴의 함량이 높을수록 호화속도는 느리다.

② 수분 함량

수분 함량이 많을수록 전분입자의 팽윤이 잘 일어나므로 전분의 수분 함량이 많을수록 호화가 잘 일어난다.

③ pH

다량의 OH 이온은 전분의 수화를 촉진하고 노화를 저지한다. 즉, 알칼리성에서 팽윤과 호화속도가 증가한다.

④ 온도

호화에 필요한 온도는 전분의 종류나 수분의 양에 따라 다르나, 대개 60℃ 전후이고, 온도가 높으면 호화시간이 빠르다.

⑤ 염류

염류는 수소결합에 영향을 주므로 거의 대부분의 염류는 전분의 호화를 촉진한다. 그리고 일부 염류들은 팽윤제(swelling agents)로 알려져 있다. 한편, 황산염(sulfate, O_4S)은 호화를 억제한다.

(3) 전분의 노화(retrogradation of gelatinized starch, β화)

호화전분(α-전분)을 낮은 온도에서 장시간 방치하면 전분분자들이 다시 회합되어 미세한 결정을 형성하여 침전되는 현상을 볼 수 있다. 이 현상을 노화 또는 β화라고 한다. 즉 노화과정은 호화상태에서 불규칙적인 배열을 하고 있던 졸 상태(α-전분)일 때 온도가 낮아지면 전분입자가 결정화되어 반결정상태의 침전을 형성하므로 겔 상태(β-전분)의 미셀 구조로 다시 되돌아가게 된다.

1) 노화에 영향을 미치는 요인

① 전분의 종류

전분입자의 크기나 형태와 밀접한 관계가 있다. 전분입자가 작으면 노화가 쉬우므로 곡류(쌀, 밀, 옥수수) 전분은 노화가 쉬우며 근경류(감자, 고구마, 타피오카) 전분은 노화가 어렵다. 아밀로오스의 함량이 높을수록 노화되기 쉽다. 즉 찹쌀이나 찰옥수수 등 아밀로펙틴만으로 된 녹말은 호화와 노화가 모두 어렵다. 즉 아밀로오스는 아밀로펙틴에 비해 호화와 노화가 빠르다.

② 수분 함량

수분 함량이 30~60%일 때 노화가 가장 쉽고, 10% 이하 혹은 60% 이상이면 노화가 일어나기 어렵다.

③ pH

호화에서도 말한 바와 같이 알칼리성일수록 호화는 촉진되고 노화는 억제된다.

일반적으로 산성에서는 노화가 촉진된다. 즉 수산화나트륨(NaOH) 첨가로 전분이 즉시 수화하고 묽은 염산(HCl)이나 황산(H_2SO_4)의 용액은 노화를 촉진한다.

④ 온도

노화는 0~5℃의 냉장온도에서 가장 잘 일어나고, 60℃ 이상 혹은 냉동상태(-20℃ 이하)에서는 거의 일어나지 않는다.

⑤ 염류

대부분의 염류는 호화를 촉진하는 반면 노화를 억제하는데 황산염은 노화를 촉진한다.

2) 노화억제 방법

① 수분 함량

수분 함량 10% 이하에서는 노화가 일어나지 않는다. 즉 α-전분을 80℃ 이상의 고온에서 수분을 급격히 제거하거나 0℃ 이하로 냉각시켜 탈수(동결건조)시키면 수분이 15% 이하로 감소되어 노화가 억제된다. 예를 들면 라면, 비스킷, 건빵 등이 있다.

② 냉동(freezing)

-20~-30℃에서는 노화가 거의 일어나지 않는다. 따라서 α-전분을 빙점(예: 쌀전분은 -6.7℃) 이하의 저온에서 냉동 건조시키는 것이다. 예로 냉동건조미나 냉동빵 등이 있다.

③ 설탕의 첨가(sugaring)

설탕은 탈수제(dehydration agent)로 작용하여 α-전분의 유효수분함량(available moisture content)을 단시간에 건조시키는 효과가 있다. 양갱이 좋은 예라 할 수 있다.

④ 유화제 첨가(addition of emulsifier)

유화제는 전분 교질용액의 안정도를 증가시켜 주므로 노화를 방지하는 효과가 있다. 유화제로는 모노글리세리드(monoglyceride), 디글리세리드(diglyceride),

설탕지방산에스테르(sucrose fatty acid ester), 솔비탄 모노스테아릭산(sorbitan monostearate), 폴리옥시에틸렌 스테아릭산(polyoxyethylene stearate) 등이 있다. 빵, 과자류의 노화 방지를 위해 밀가루에 팔미토일 젖산나트륨(sodium palmitoyl lactate)이나 스테아릴 젖산칼슘(calcium stearoyl lactate)을 0.1~1.0% 첨가하여 사용한다.

(4) 전분의 호정화

호정화란 전분에 수분을 첨가하지 않고 150~190℃ 정도의 고온에서 가열하면 전분분자 자체의 수분에 의해 부분적 가수분해 또는 열분해가 일어나 가용성 전분을 거쳐 호정(dextrin)으로 변하는 현상을 말한다. 이 현상은 물리적 상태의 변화만 일어나는 호화와는 달리 전분의 분해가 일어나는 화학적 변화를 수반하는 것으로 물에 녹기 쉽고, 효소작용을 받기 쉽다. 예를 들면, 식빵껍질(crust) 생성, 빵의 토스팅(toasting), 팽화곡류(puffed cereals) 등이 있다.

(5) 당의 캐러멜화(caramelization)

당류를 고온에서 가열하여 융점 이상이 되면 점조성의 적갈색 중합생성물을 만드는데 이 현상을 캐러멜화(caramelization)라 하고, 이때 생긴 적갈색의 물질을 캐러멜(caramel)이라고 한다. 설탕을 가열하면 갈색의 캐러멜이 생기는데 이것은 캐러멜화를 일으키기 쉬운 과당을 함유하고 있기 때문이다. 이 물질은 식품 가공 시 독특한 향미와 색을 주기 때문에 간장이나 약식 등에 무해 인공색소로 널리 사용되고 있다. 또한 빵, 비스킷의 누른색을 잘 내게 하기 위해서 오븐에 넣기 전에 설탕을 그 표면에 발라서 캐러멜이 형성되게 하는 것이 보통이다.

제4장

지질(Lipid)

Point

① 지질의 분류와 구조를 이해한다.
② 유지의 물리적·화학적·기능적 성질을 이해한다.
③ 동·식물성 유지를 구성하는 유지의 차이점과 특징을 이해한다.
④ 유지의 변질에 대해 이해한다.

지질은 탄수화물, 단백질과 함께 식품 중에 함유된 3대 영양소의 하나로서 동식물체의 조직에 함유되어 체내에서 효율적인 에너지 형태이며, 그 외에도 체온조절, 중요한 장기 보호, 여러 가지 생리기능을 하는 중요한 영양소이다. 지질은 여러 가지 방법으로 정의를 내리고 있다. 동식물체에 있는 지질은 거의 99% 이상이 지방산(fatty acid)과 글리세롤(glycerol)의 에스테르(ester) 형태로 존재하여 지방산의 에스테르를 형성하는 물질이라 정의를 내린다. 또한 물에 녹지 않고 에틸에테르(ethyl ether), 클로로포름(chloroform), 벤젠(benzene), 톨루엔(toluene)과 같은 유기 용매에 녹는 물질을 총칭하는 것으로서 용해성의 정도에 따라서 정의를 내린다.

지질은 상온에서 액체인 것을 유(油, oil), 고체인 것을 지(脂, fat)라 하며, 흔히 유지 또는 지방이라 부른다. 지질의 성질은 결합하고 있는 지방산의 종류와 양에 의해 결정된다. 다음에서 설명하겠지만 돼지기름, 쇠기름, 야자유와 같이 포화지방산을 많이 함유하고 있는 것은 일반적으로 고체이고, 어유나 대부분의 식물성 기름과 같이 불포화지방산을 많이 함유하고 있는 것은 보통 액체이다.

1. 지질의 분류와 구조

지질은 지방산을 비롯한 트리글리세리드(triglyceride), 즉 유지(fat and oils)에서부터 구조가 더욱 복잡한 여러 종류의 물질들을 포함하고 있기 때문에 일반적으로 그 구조와 성질에 따라 분류한다. 지질을 크게 나누면 구성성분에 따라 단순지질(simple lipid), 복합지질(compound lipid), 유도지질(derived lipid)로 나눌 수 있다(표 4-1).

표 4-1 지질의 분류와 특징

분류	종류	특징
단순지질	 · 중성지질 · 왁스	지방산과 각종 알코올의 에스테르 · 지방산과 글리세롤의 에스테르(지질의 대부분을 차지) · 지방산과 고급1가 알코올의 에스테르
복합지질	 · 인지질 · 당지질 · 지단백질	단순지질에 인산, 당, 단백질 등이 결합되어 있는 물질 · 지방산과 인산을 함유하는 것(레시틴, 세팔린) · 당을 함유하는 것(세레브로시드, 강글리오시드) · 단백질과 결합한 것
유도지질	 · 스테롤 · 탄화수소 · 유리지방산, 고급알코올, 지용성비타민, 지용성색소	단순, 복합지질의 가수분해 생성물 중에 지용성인 물질 · 스테로이드 핵을 가진 유기 알코올 · 지방추출 시 유기용매에 의해 검출되는 불검화물 지질 · 지질을 구성하고 있는 성분에서 분리된 지방산

(1) 단순지질(simple lipid)

단순지질은 지방산과 글리세롤(glycerol) 또는 고급 알코올의 에스테르(ester) 결합한 것으로 중성지질(triglyceride), 왁스(wax), 콜레스테롤에스테르(cholesterol ester) 등이 있다. 식품이나 체내 지질의 95%는 중성지질의 형태로 존재한다.

1) 중성지질

중성지질은 글리세롤의 수산기(-OH)에 지방산의 카르복실기(-COOH)가 에스테르 결합하면서 물이 빠져나온 화합물을 말한다. 글리세롤에 결합된 지방산이 한 분자가 결합한 형태는 모노글리세리드(monoglyceride), 두 분자가 결합한 형태는 디글리세리드(diglyceride), 세 분자가 결합한 형태를 트리글리세리드(triglyceride)라 한다(**그림 4-1**). 자연계에 존재하는 유지, 일명 중성지질이라고도 하는데 이것은 트리글리세리드 형태로 존재하며, 또한 결합된 세 분자의 지방산이 같은 경우는 거의 없고, 서로 다른 종류의 지방산이 결합된 것이다.

천연유지는 여러 종류의 지방산으로 된 트리글리세리드를 주성분으로 하는 혼합물이며 서로 다른 종류의 유지의 특성은 글리세롤이 아니라 그 구성 지방산의 종류에 따라서 유지의 물리화학적 성질이 달라진다. 유지의 성질에 대해서는 뒤에서 설명하겠다.

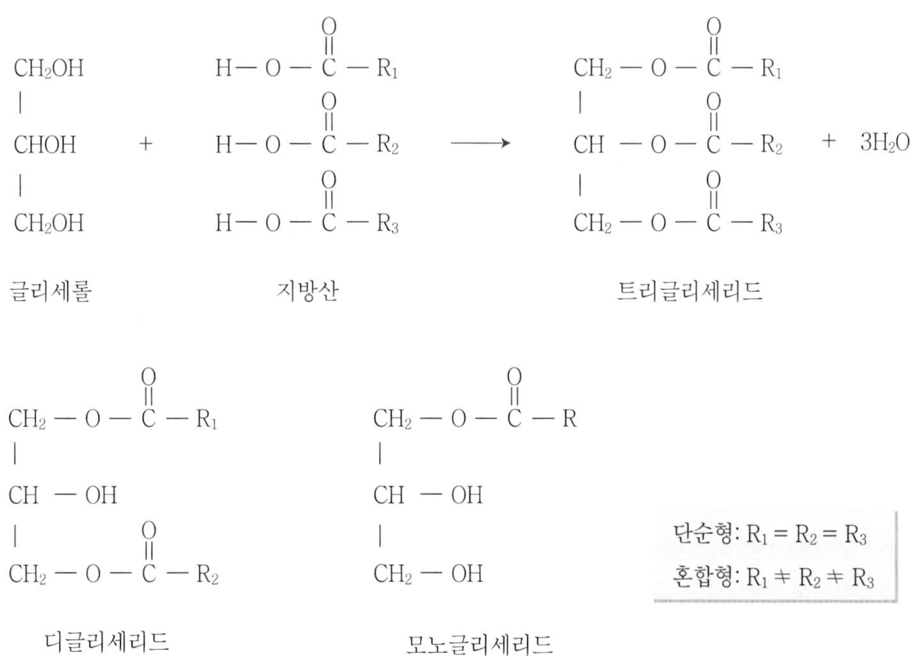

그림 4-1 중성지질의 구조

식품의 유지는 상온에서 고체인 것을 지방(fat, 예로 돼지기름, 쇠기름), 액체인 것을 기름(oil, 예로 옥수수유, 대두유, 면실유 등)이라고 한다. 지방은 그 구성 지방산이 팔미트산($C_{16:0}$)이나 스테아르산($C_{18:0}$)과 같은 포화지방산이 글리세롤과 에스테르 결합을 하고 있으며, 기름은 올레산($C_{18:1}$)이나 리놀레산($C_{18:2}$)과 같은 불포화지방산이 에스테르 결합을 하고 있다. 즉 유지는 그 지방산의 종류에 따라 그 성질이 달라진다 할 수 있다.

표 4-2 유지의 분류

- 유지
  - 천연유지
    - 식물성 유지
      - 식물성유
        - 건성유(130 이상): 아마인유, 들기름, 대두유
        - 반건성유(100~130): 참기름, 옥수수기름, 면실유
        - 불건성유(100 이하): 올리브유, 땅콩기름, 피마자유
      - 식물성지: 야자유, 코코아유
    - 동물성 유지
      - 동물성유
        - 해산동물유
          - 어유: 정어리기름
          - 간유: 대구간유
          - 해수유(海獸油): 고래기름
        - 육산동물유(陸産動物油): 번데기유
      - 동물성지
        - 체지방(體脂肪)
        - 유지방(乳脂肪): 버터
  - 가공유지: 마가린, 쇼트닝

( ) 안은 요오드가를 나타냄

일반적으로 유지는 **표 4-2**와 같이 천연유지와 가공유지로 구분하며, 천연유지는 식물성 유지와 동물성 유지로 분류하고 있다. 식물성 유지는 상온에 방치했을 때 건조되는 것을 건성유, 건조되지 않는 것을 불건성유, 그 중간을 반건성유, 그리고 상온에서 고체상태로 존재하는 것을 식물성 지(fat)로 분류한다. 건성유의 대부분은 불포화도가 큰 지방산을 많이 함유하고 있으며, 불건성유의 경우는 불포화도가 낮은 지방산을 많이 가지고 있다.

동물성 유지는 육산동물유지와 해산동물유지로 구분하고 그 성상은 상당한 차이가 있다. 육산동물유지는 위에서 언급한 바와 같이 팔미트산이나 스테아르

산과 같은 지방산을 많이 함유하고 있어 요오드가가 적으며, 해산동물유지는 C_{20} 이상의 불포화지방산을 많이 함유하고 있으며 요오드가가 크다.

2) 지방산

지방산은 모두 탄소(C), 산소(O), 수소(H)로 구성되어 있으며 단순지질과 복합지질의 구성성분이다. 자연계에 존재하는 지방산은 짝수 개(4~30개)의 탄소 원자가 직쇄상으로 결합된 화합물이며, 말단에 카르복실기(-COOH)를 1개 가지고 있어서 일반식은 R-COOH로 표시한다. 여기서 R은 알킬기라고 하며 탄소와 수소로 구성되어 있고, 기름에 녹는 부분으로서 친유기 또는 소수성기(hydrophobic)라 한다. 그리고 카르복실기는 친수성기(hydrophilic)로 물에 녹는 부분이다(**그림 4-2**). 지방산은 분자의 대부분이 소수성인 R이 차지하고 있기 때문에 물에 녹지 않고 유기용매에 녹는 성질이 있다. 그러나 탄소수가 적은 저급지방산(C_{10} 이하인 지방산)은 물과 자유롭게 혼합되어 녹는다.

탄소수가 4~6개인 지방산은 짧은 사슬 지방산이라 하고, 8~12개는 중간 사슬 지방산, 14~20개는 긴 사슬 지방산, 22개 이상은 매우 긴 사슬 지방산이라 한다. 한편, 지방산의 분자 내에 이중결합을 가지고 있지 않은 지방산을 포화지방산(saturated fatty acid), 이중결합을 가지고 있는 지방산을 불포화지방산(unsaturated fatty acid)이라고 한다.

① 포화지방산(saturated fatty acid)

포화지방산은 탄소수가 4개에서 30개의 지방산까지 알려져 있으나 지질을 구성하는 지방산으로는 대부분 탄소수 12~20개인 지방산이 많다(**표 4-3**). 그 중에서도 천연식품에 가장 많이 분포하는 것은 탄소수 16개의 팔미트산(palmitic acid)과 18개의 스테아르산(stearic acid)이 많이 존재한다. 포화지방산은 돼지기름, 쇠기름, 버터, 난유 등 동물성 식품의 유지에 비교적 많이 함유되어 있다. 특히, 야자유와 버터는 저급 지방산을 많이 함유하고 있으며 탄소수 26개 이상은 주로 왁스 성분을 이루고 있다. 포화지방산은 탄소수가 증가할수록 용해도와 휘발성이 감소하며 융점은 상승하게 된다.

표 4-3 포화지방산의 종류와 특징

탄소수	일반명	계통명	구조	융점(℃)	용해도(물)	소재
C_2	acetic acid	ethanoic acid	CH_3COOH	16.6	잘 녹음	지방의 구성성분은 아니다.
C_4	butyric acid	butanoic acid	$CH_3(CH_2)_2COOH$	−7.9	잘 녹음	버터
C_6	caproic acid	hexanoic acid	$CH_3(CH_2)_4COOH$	−3.2	잘 녹음	버터, 야자유
C_8	caprylic acid	octanoic acid	$CH_3(CH_2)_6COOH$	16.3	녹음	
C_{10}	capric acid	decanoic acid	$CH_3(CH_2)_8COOH$	31.3	찬물에 안 녹음	
C_{12}	lauric acid	dodecanoic acid	$CH_3(CH_2)_{10}COOH$	43.9	안 녹음	
C_{14}	myristic acid	tetradecanoic acid	$CH_3(CH_2)_{12}COOH$	54.4	안 녹음	
C_{16}	palmitic acid	hexadecanoic acid	$CH_3(CH_2)_{14}COOH$	62.9	안 녹음	일반 동식물성 유지
C_{18}	stearic acid	octadecanoic acid	$CH_3(CH_2)_{16}COOH$	69.6	안 녹음	
C_{20}	arachidic acid	eicosanoic acid	$CH_3(CH_2)_{18}COOH$	75.4	안 녹음	땅콩기름, 돼지기름
C_{22}	behenic acid	docosanoic acid	$CH_3(CH_2)_{20}COOH$	80.0	안 녹음	땅콩기름, 콩기름
C_{24}	lignoceric acid	tetracosanoic acid	$CH_3(CH_2)_{22}COOH$	84.2	안 녹음	당지질, 땅콩기름
C_{26}	cerotic acid	hexacosanoic acid	$CH_3(CH_2)_{24}COOH$	87.7	안 녹음	밀랍
C_{28}	montanic acid	octacosanoic acid	$CH_3(CH_2)_{26}COOH$	90.9	안 녹음	montan 랍
C_{30}	melissic acid	triacontanoic acid	$CH_3(CH_2)_{28}COOH$	93.6	안 녹음	밀랍

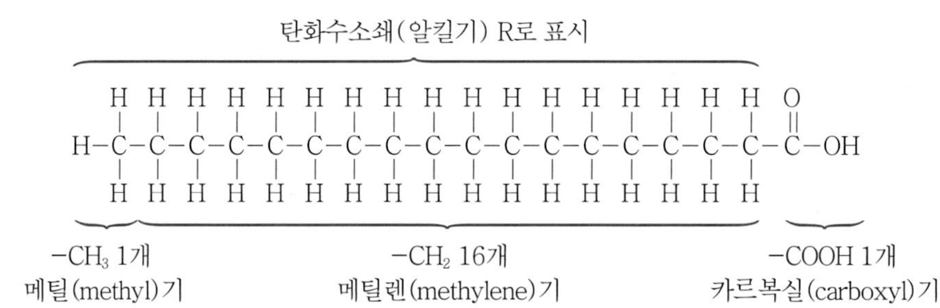

그림 4-2 스테아르산의 구조식

② 불포화지방산(unsaturated fatty acid)

불포화 지방산은 포화지방산의 탄화수소 사슬로부터 2개 또는 그 이상의 수소원자가 제거되어 분자 내에 1개 이상의 이중결합(−CH=CH−)을 갖게 되는 지방산을 말하며, 이중결합의 위치는 각 불포화지방산에 따라 다르다(표 4-4). 동식물성 식품에 널리 분포되어 있는 올레산, 리놀레산, 리놀렌산과 같은 불포화지방산도 있지만, 대부분의 불포화지방산은 일반적으로 상온에서 액체이며 콩기름, 미강유, 옥수수유, 채종유 등 식물성 기름에 많이 함유되어 있다. 어유와 고래 기름은 아이코사펜타에노산($C_{20:5}$, EPA)과 도코사헥사에노산($C_{22:6}$, DHA)을 다량 함유하고 있다. 이처럼 이중결합이 2개 이상 함유된 지방산을 고도불포화

표 4-4 불포화지방산의 종류와 특징

탄소수: 이중 결합수	일반명	계통명	구조	융점 (℃)	소재
16 : 1	palmitoleic acid	9-hexadecenoic acid	$CH_3(CH_2)_5CH=CH(CH_2)_7COOH$	0.5	버터, 동물유
18 : 1	oleic acid	9-octadecenoic acid	$CH_3(CH_2)_7CH=CH(CH_2)_7COOH$	10.9~11.5	일반동식물유
18 : 2	linoleic acid	9,12-octadecadienoic acid	$CH_3(CH_2)_4CH=CHCH_2CH=CH(CH_2)_7COOH$	−5.2~−5.0	일반식물유
18 : 3	linolenic acid	9,12,15-octadecatrienoic acid	$CH_3CH_2CH=CHCH_2CH=CHCH_2CH=CH(CH_2)_7COOH$	−11.3~−10.0	아마인유 (건성유)
20 : 4	arachidonic acid	5,8,11,14-eicosatetraenoic acid	$CH_3(CH_2)_3(CH_2CH=CH)_4(CH_2)_3COOH$	−49.5	간유, 난황유, 어유
20 : 5	eicosapenta-enoic acid(EPA)	5,8,11,14,17-eicosapentaenoic acid	$CH_3(CH_2CH=CH)_5(CH_2)_3COOH$		어유
22 : 1	erucic acid	13-docosenoic acid	$CH_3(CH_2)_7CH=CH(CH_2)_{11}COOH$	34.7	유채유
22 : 5	claupanodonic acid	4,8,12,15,19-docosapentaenoic acid	$CH_3(CH_2CH=CHCH_2)_2=CH=CHCH_2(CH_2CH=CHCH_2)_2CH_2COOH$	−78	정어리유
22 : 6	docosahexaenoic acid(DHA)	4,7,10,13,16,19-docosahexaenoic acid	$CH_3(CH_2CH=CH)_6(CH_2)_2COOH$		어유
24 : 6	nisinic acid	4,8,12,15,18,21-tetracosahexaenoic acid	$CH_3CH_2(CH=CHCH_2)_4(CH_2CH=CHCH_2)_2CH_2COOH$		청어유

이중결합이 1개인 것을 monoenoic acid, 2개인 것을 dienoic acid, 3개인 것을 trienoic acid, 4개인 것을 tetraenoic acid, 5개인 것을 pentaenoic acid, 6개인 것을 hexaenoic acid, 많은 것을 총칭하여 polyenoic acid이라 한다.

지방산(polyunsaturated fatty acid, PUFA)이라고 한다. 불포화지방산은 같은 탄소수의 포화지방산과 비교하여 융점은 현저히 낮고, 상온에서 액상이며 반응성이 풍부하다는 특성이 있다. 이것은 지방산이 결합되어 있는 유지의 성질에 큰 영향을 미치고 이중결합이 많을수록 산화되기 쉬우며 불안정하다. 특히 어유의 경우 산화되기 매우 쉽고, 변질되기도 쉽다.

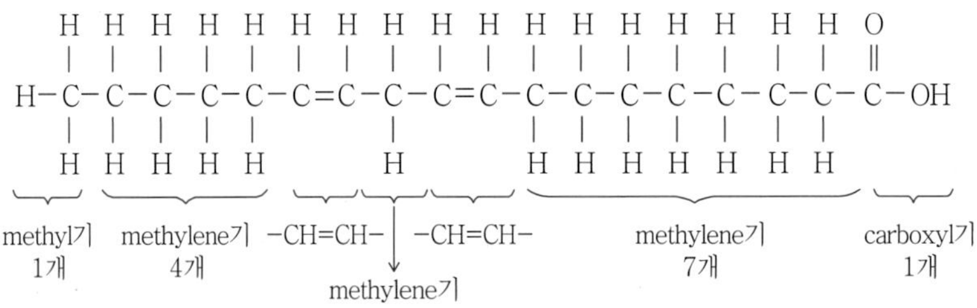

* 시성식 $CH_3(CH_2)_4CH=CHCH_2CH=CH(CH_2)_7COOH$
주의 : 간단히 $C_{18:2}$로 표시하는 방법도 있다.

그림 4-3 리놀레산의 구조식

이중결합을 갖는 화합물에는 시스(cis)형과 트랜스(trans)형 두 가지 기하이성체가 있으나, 천연 불포화지방산의 이중결합은 보통 시스형 지방산이다.

트랜스형은 액체유지에 수소를 첨가하여 고체지방으로 만드는 경화과정에서 생성되기도 하며 시스형보다 융점이 높고 상온에서 더 안정한 것으로 알려져 있다. 트랜스형 지방산은 시스형 구조의 불포화지방산보다는 포화지방산과 더 유사하게 대사되며, 이것은 둘 다 유사한 직선상의 사슬 구조에 기인하는 것으로 생각되고 있다.

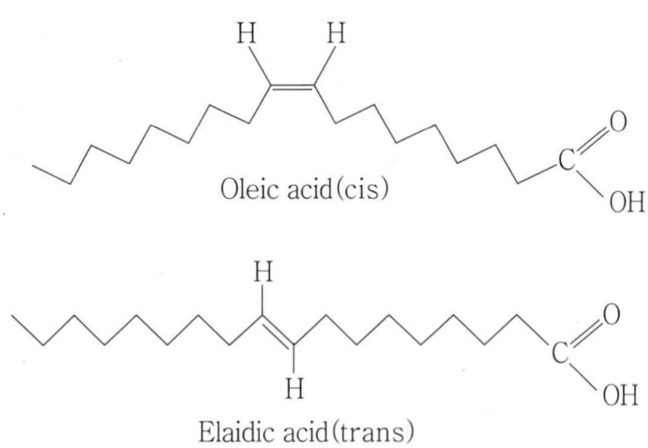

그림 4-4 시스형 및 트랜스형 지방산

③ **필수지방산(essential fatty acid)**

불포화지방산 중에서 체내의 대사과정에서 중요한 역할을 담당해야 하는 이유로 영양상 필수적이면서도 체내에서 합성될 수 없거나 합성된다 하여도 그 양이 생명유지에 불충분하여 식품으로부터 섭취해야 하는 지방산을 필수지방산이라고 한다(**그림 4-5**). 세 가지 필수지방산이 존재하는데 이것은 리놀레산(linoleic acid, $C_{18:2}$, $\omega6$), 리놀렌산(linolenic acid, $C_{18:3}$, $\omega3$), 아라키돈산(arachidonic acid, $C_{20:4}$, $\omega6$)이고, 이들을 비타민 F라고도 한다. 필수지방산은 생체막의 중요한 구성성분이며 혈중 콜레스테롤(cholesterol) 함량을 감소시키는 작용도 갖고 있다.

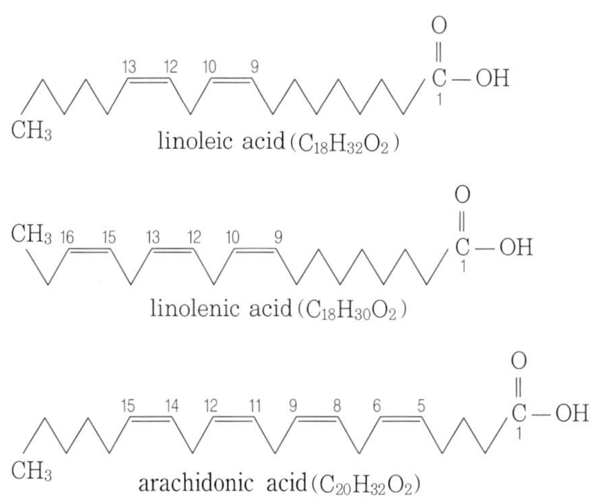

그림 4-5 필수지방산의 구조

3) 왁스(wax)

왁스는 고급 지방산과 고급 알코올(탄소수 16개 이상의 알코올)이 에스테르 결합한 것으로서 녹는점이 높은 고체(60~80℃)이며 체내에서 분해되지 않아 영양적 가치가 없는 지질이다. 왁스는 동식물체의 보호물질로서 식물의 잎과 과일의 표피에 존재하여 미생물의 침입을 막고, 수분의 증발 및 흡습을 방지해 주며 광택을 높여주는 작용을 한다. 왁스는 출처에 따라 동물성 왁스와 식물성 왁스로 구분되며, 화장품, 비누, 유화제, 광택제 및 기타 공업용으로 이용된다.

(2) 복합지질(compound lipid)

복합지질은 단순지질에 인산, 당, 단백질 등이 결합되어 있는 지질이며, 결합된 성분에 따라 인지질, 당지질, 지단백질이 있다.

1) 인지질(phospholipid)

인지질은 알코올과 지방산과의 에스테르에 인산을 함유하고 있는 지질이다. 알코올의 종류에 따라 글리세롤(glycerol)을 함유한 것과 아미노 알코올(amino alcohol)인 스핑고신(sphingosine)을 함유한 것이 있다. 각각 글리세롤인지질(glycerolphospholipid)과 스핑고인지질(sphingophospholipid)이라고 한다.

① 글리세롤인지질(glycerolphospholipid)

인지질의 약 70%를 차지하며, 생물체 세포막의 주요한 지방질 성분으로 글리세롤, 지방산 2분자, 인산, 질소함유 염기가 결합된 것이다. 글리세롤인지질의 중요한 것으로는 레시틴(lecithin)과 세팔린(cephalin) 등이 있다(**그림 4-6**).

레시틴은 글리세롤 한 분자에 2분자의 지방산과 인산에 염기인 콜린(choline)이 결합된 화합물로서, 분자 중에 친수성의 부분(콜린기)과 소수성의 부분(지방산)을 모두 함유하고 있기 때문에 계면활성물질로서 강한 유화작용을 가지고 있다. 즉 레시틴은 마가린, 초콜릿, 아이스크림 등과 같은 지방질 식품, 유제품 등에 유화제(emulsifier)로 이용되고, 식품 중에 대두나 달걀의 노른자에 많이 함유되어 있다.

세팔린은 레시틴 구조의 염기인 콜린 대신에 에탄올아민(ethanolamine)이나 세린(serine)이 결합한 두 가지가 존재한다. 각각 포스파티딜에탄올아민(phosphatidylethanolamine)과 포스파티딜세린(phosphatidyl serine)이라 한다. 세팔린은 친수성기가 없기 때문에 유화력이 없다. 이들 역시 레시틴과 함께 세포막을 구성하는 지질이고 동물조직(뇌, 신경, 콩팥)과 난황에 다량 존재하며, 대두유를 정제할 때에도 부산물로 얻어진다.

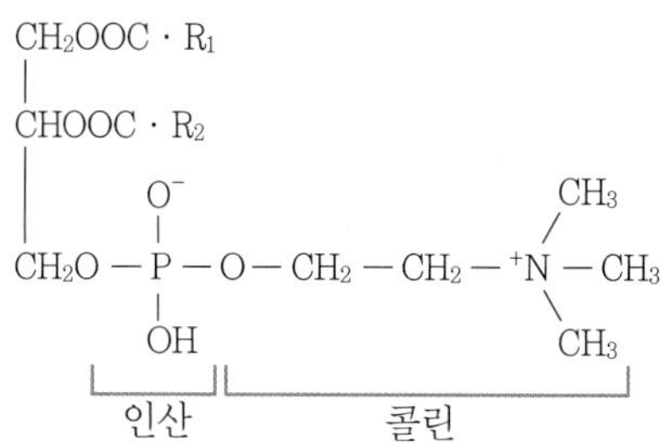

레시틴(포스파티딜콜린)

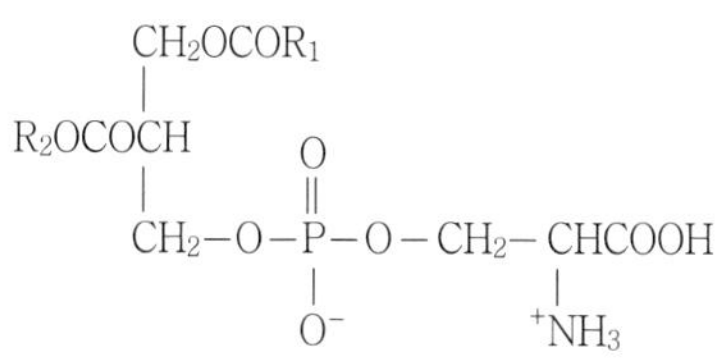

세팔린(포스파티딜세린)

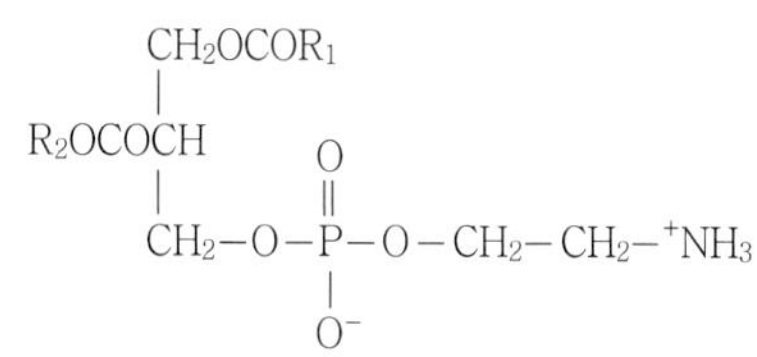

세팔린(포스파티딜에탄올아민)

R_1-의 이름	R_3-의 구조	인지질의 이름
콜린	$-CH_2CH_2N(CH_3)_3^+$	포스파티딜콜린(레시틴)
세린	$-CH_2CH(NH_3^+)COO-$	포스파티딜세린(세팔린)
에탄올아민	$-CH_2CH_2NH_3^+$	포스파티딜에탄올아민(세팔린)

그림 4-6 레시틴과 세팔린의 구조

② 스핑고인지질(sphingophospholipid)

글리세롤인지질의 알코올 부위가 글리세롤 대신에 스핑고신(sphingosine)을 가지는 것으로, 식물계에는 존재하지 않고, 당질과 함께 동물의 뇌, 신경조직에 많다(그림 4-7).

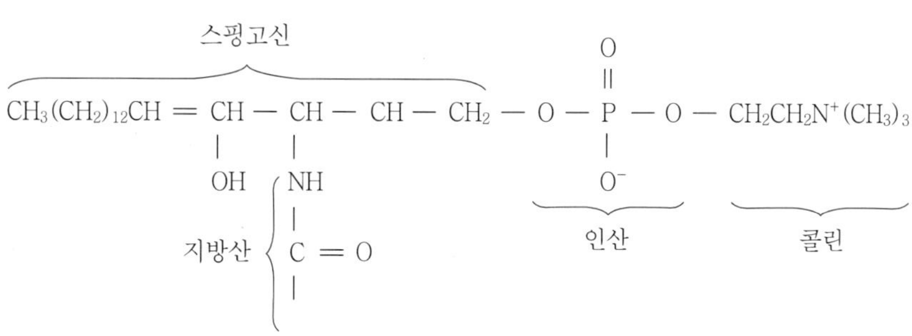

그림 4-7 스핑고미엘린의 구조

2) 당지질(glycolipid)

당지질은 스핑고신(spingosine)과 지방산 및 당질로 되어 있는 지질이다. 주로 동물의 뇌와 신경조직에 많이 들어 있으며, 주로 세레브로시드(cerebroside)와 강글리오시드(ganglioside)가 있다.

① 세레브로시드(cerebroside)

스핑고당지질의 대표적인 것으로서 세포막의 중요 구성성분으로 많이 함유되어 있고, 혈액형, 면역 등에도 관계하고 있다. 구성하는 당은 주로 갈락토오스(galactose)이고, 최근에 포도당, 설탕, 젖당 등을 함유하는 세레브로시드가 발견되고 있다. 한편 가수분해로 당이 떨어져 나간 것을 세라미드(ceramide)라 한다.

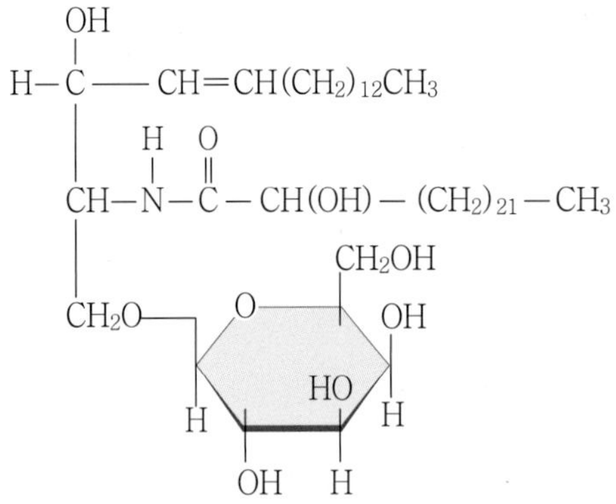

그림 4-8 세레브로시드의 구조

세레브로시드는 단일물질이 아니고 **그림 4-8**과 같이 구성지방산이 세레브로닉산(cerebronic acid)이 결합한 것을 세레브론(cerebron)이라 하고 이 지방산 대신에 리그노세릭산(lignoceric acid)이 결합한 케라신(kerasin), 너보닉산(nervonic acid)이 결합한 너본(nervon), 알파히드록시너보닉산(α-hydroxynervonic acid)이 결합한 히드록시너본(hydroxynervon) 등이 있다. 즉, 구성지방산의 종류에 따라 세분할 수 있다.

② 강글리오시드(ganglioside)

신경조직의 신경절 세포에 주로 존재하며, 신경기능과 세포막의 여러 가지 기능에 관여한다. 강글리오시드는 복잡한 화합물로서 스핑고신, 지방산, 하나 또는 그 이상의 당(포도당, 갈락토오스), N-아세틸뉴라미닉산(N-acetylneuraminic acid)으로 구성되어 있다.

3) 지단백질(lipoprotein)

지단백질은 단백질, 중성지질, 인지질 그리고 콜레스테롤과 콜레스테롤에스테르 등의 화합물로 구성된 성분이다. 혈액 속에서 지질은 가용화될 수 없기 때문에 지질을 운반해주는 물질이 필요하게 되는데 섭취된 지질은 단백질과 결합하여 바로 지단백질이라고 하는 지질운반체를 형성한다. 이 지단백질이 혈액 속에서 지질을 운반하고 있으며, 카일로미크론(chylomicron), 초저밀도지단백질(very low density lipoprotein, VLDL), 저밀도지단백질(low density lipoprotein, LDL), 고밀도지단백질(high density lipoprotein, HDL)의 4종류가 있다.

카일로미크론(chylomicron)은 식사로 인해 섭취된 지질을 소장에서 체내 각 조직으로 운반해 주는 역할을 한다. 초저밀도지단백질(VLDL)은 간세포에서 합성된 중성지질을 체내의 혈액에 섞어 운반하는 역할을 한다. 저밀도지단백질(LDL)과 고밀도지단백질(HDL)은 주로 콜레스테롤의 운반과 대사에 관여한다. 체내에서 VLDL이 이동하면 다른 조직세포가 VLDL의 중성지질을 제거하고, 혈액 내에 있던 다른 지단백질로부터 콜레스테롤을 끌어들여 LDL이 된다. LDL은 세포의 이물질 흡수작용에 의해 혈관벽 내에 흡착된다. 반면, HDL은 혈청 콜레스테롤을 제거하는 작용을 한다. 즉 동맥경화의 주요원인은 혈액 내 과량의 LDL이나 소량의 HDL에 의한 것이라 할 수 있다.

(3) 유도지질(derived lipid)

유도지질은 단순지질과 복합지질이 가수분해되어 생성되는 유리지방산, 알코올류, 중성지질과 마찬가지로 에테르(ether)와 같은 유기용매에 의해 추출되는 스테롤(sterol), 탄화수소, 비타민 A, D, E, K 등을 통틀어 말한다. 지질을 알칼리와 함께 가열하면 중성지질은 비누화되는데, 비누화되지 않고 남는 성분을 불검화물이라 한다. 즉, 유도지질의 대부분은 불검화물이다.

1) 스테롤(sterol)류

스테롤류는 동식물조직 중에 존재하는 스테로이드(steroid)핵을 가지는 환상 알코올을 말하며 스테로이드 중에서 3번 탄소에 OH기를 가지고 있는 구조의 특징을 가지고 있다(**그림 4-9**).

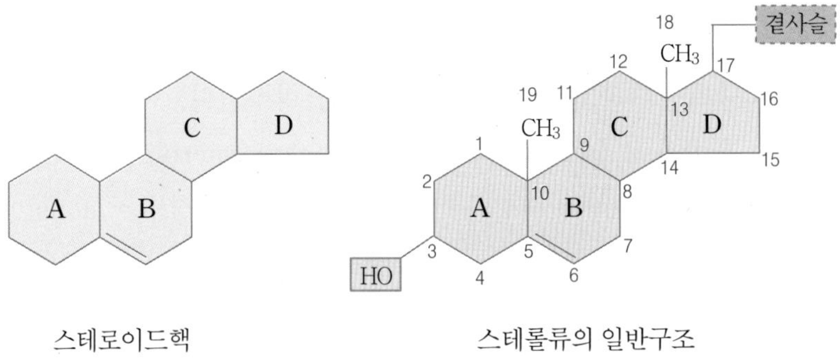

그림 4-9 스테로이드핵과 스테롤류의 일반구조

스테롤에는 여러 종류가 있는데 17번 탄소에 어떤 물질이 결합되느냐에 따라 동물성 스테롤(cholesterol, lanosterol, coprosterol, agnosterol), 식물성 스테롤(sitosterol, stigmasterol, brassicasterol), 효모나 곰팡이 등이 생산하는 균성 스테롤(ergosterol) 등으로 분류한다.

① 동물성 스테롤

동물성 스테롤 중 대표적인 콜레스테롤(**그림 4-10**)은 난황, 치즈, 버터, 어란, 성게, 새우, 오징어 등에 많이 함유되어 있고 혹은 고등동물의 체내에도 근육조직, 뇌, 신경조직, 혈액 등에 널리 함유되어 있다. 콜레스테롤은 식품에서 섭취하기도 하고 간이나 부신에서 합성하기도 하며, 체내에서는 콜레스테롤로부터 성호르몬, 담즙산, 비타민 D_3 등이 합성된다. 또한 인지질과 세포막의 구성성분이 되지만 과잉 섭취 시에는 동맥경화의 원인이 될 수 있다.

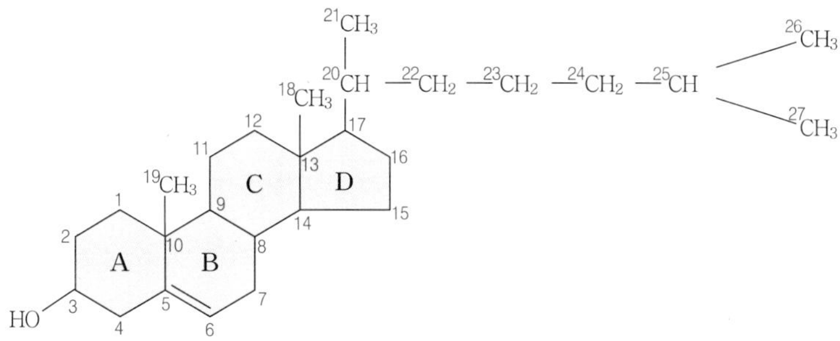

콜레스테롤

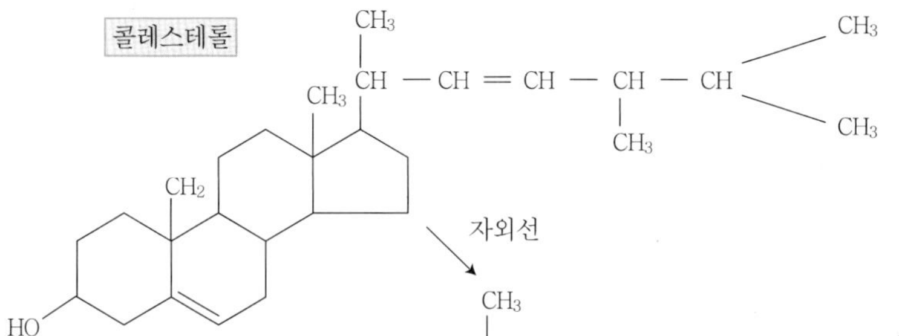

에르고스테롤

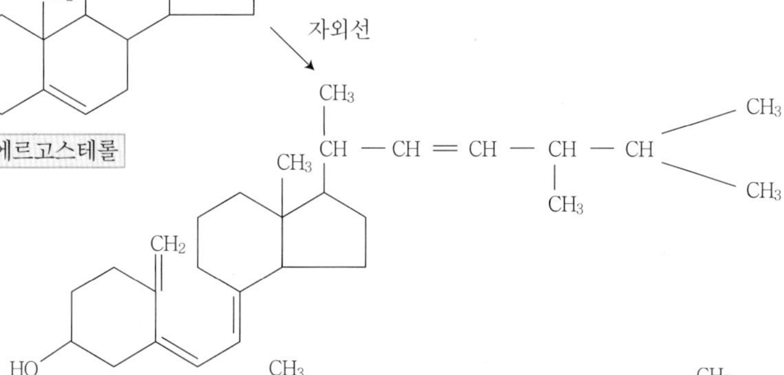

비타민 D_2

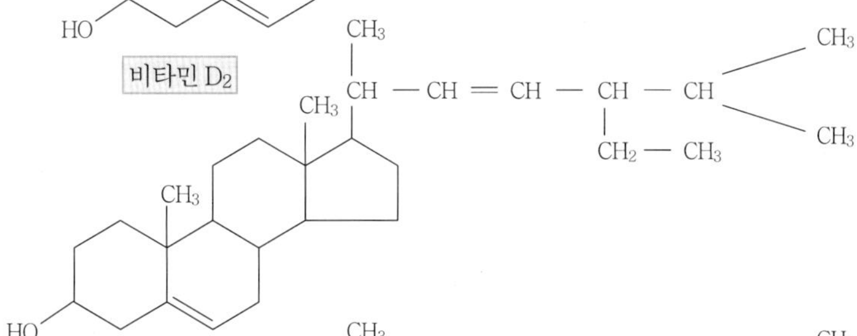

스티그마스테롤

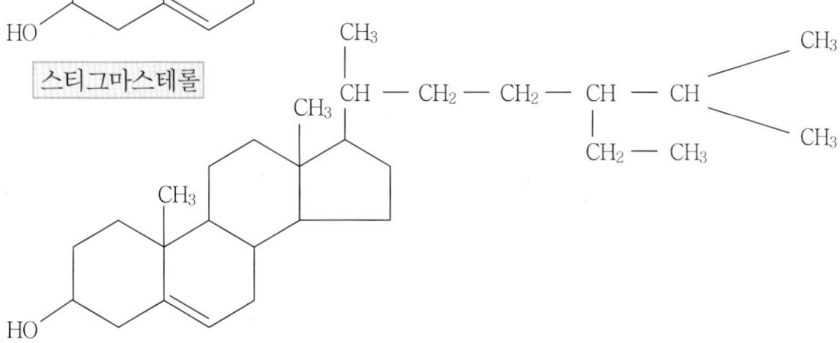

시토스테롤

그림 4-10 각종 스테롤의 구조

② **식물성 스테롤**

식물성 스테롤 중 시토스테롤(sitosterol)은 식물성 유지에 널리 분포되어 있으며 밀의 배아유, 옥수수기름에 특히 많이 함유되어 있다. 스티그마스테롤(stigmasterol)은 쌀의 배아유, 콩기름, 옥수수기름, 팜유 등에 많이 존재한다. 에르고스테롤(ergosterol)은 균성 스테롤의 대표적인 것으로서 곰팡이, 효모, 버섯 등에서 발견되고, 자외선 조사에 의해 비타민 D_2로 전환되므로 프로비타민(provitamin)으로 알려져 있다(**그림 4-10**). 이들 성질은 콜레스테롤과 비슷하며 각종 스테로이드 물질의 합성 원료가 된다.

2) 탄화수소(hydrocarbons)

탄화수소는 유기용매(에테르, 클로로포름, 벤젠)에 의해 지방 추출 시 용출되어 나오는 불검화물의 지질이다. 스쿠알렌(squalene), 지방족탄화수소 및 카로틴(carotene)색소 등이 있다. 스쿠알렌(**그림 4-11**)은 상어와 같은 어류의 간유에서 처음으로 분리된 탄화수소로 올리브유, 미강유, 심해상어간유 등에 들어 있다. 또한 녹는점이 아주 낮아(-75℃) 저온용 윤활유로서 공업적으로 이용된다. 생체 내에서는 콜레스테롤과 스테로이드 화합물의 전구물질이고 피부를 윤택하게 하고, 몸속의 피를 깨끗이 하며 신진대사를 촉진하는 것으로 알려져 있다.

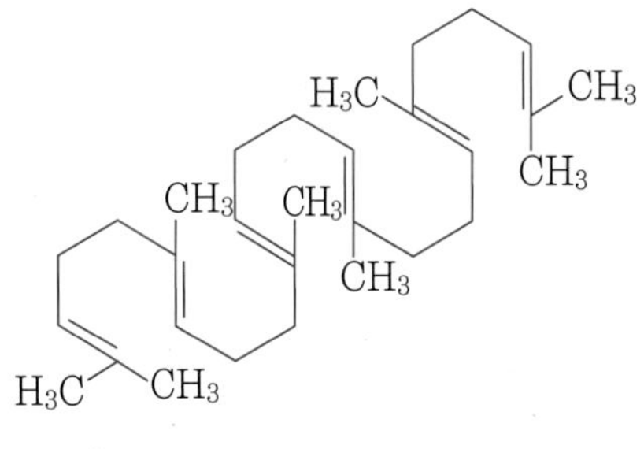

그림 4-11 스쿠알렌의 구조

스쿠알렌 이외에 누에 번데기 기름에서 나온 테트라코산(tetracosane, $C_{24}H_{50}$), 각종 어유에서 나온 프리스탄(pristane, $C_{19}H_{40}$), 자멘(zamene, $C_{18}H_{36}$), 이소옥타데칸(isooctadecane, $C_{18}H_{38}$) 등이 있다.

2. 유지의 성질

유지의 물리·화학적 성질은 유지를 구성하는 지방산 조성이나 아실글리세롤(acylglycerol) 구조 등의 원인에 의해 결정되며, 유지의 전체적인 성질을 파악하는 데 편리하다.

(1) 물리적 성질(physical properties)

1) 용해성(solubility)

유지는 글리세롤과 지방산이 에스테르(ester) 결합을 하여 친수성기가 나타나지 않게 되므로 물에 녹지 않고, 벤젠, 에테르, 클로로포름과 같은 유기용매에 잘 녹는다. 그리고 동일한 용매에 대해서는 탄소수가 적은 저급지방산이 많을수록, 또 불포화도가 큰 지방산이 많이 함유된 유지일수록 용해도는 증가한다.

2) 점도(viscosity)

점도는 유지를 구성하는 지방산의 종류에 따라 다르며, 포화지방산이 많을수록 또 고급지방산이 많을수록 증가하는 경향이 있다. 유지를 고온에서 가열하게 되면 산화·중합반응이 일어나 점도가 증가하게 되므로 점도는 튀김기름의 품질 변화의 척도가 된다.

3) 융점(melting point)

유지의 융점은 지방산의 종류에 따라 크게 다르며, -30℃에서 50℃의 온도 범위를 갖는다. 이것은 유지의 구성성분인 트리글리세리드가 여러 종류의 지방산으로 혼합되어 있으며, 같은 지방산으로 결합된 트리글리세리드라 해도 결합된 위치에 따라 여러 개의 이성체가 존재하기 때문이다. 트리글리세리드에 결합된 지방산이 식물성 유지처럼 불포화지방산을 많이 함유한 것은 융점이 낮고 실온에서 액체이지만, 동물성 유지처럼 포화지방산이나 탄소수가 긴 고급지방산을 함유한 것은 융점이 높고 실온에서 고체이다.

그러나 버터의 경우는 포화지방산은 많지만 저급지방산(탄소수 10개 이하)이 많아 다른 동물성 유지에 비해 융점이 낮고 녹기 쉽다.

불포화도가 높은 유지가 융점이 낮은 이유는 불포화지방산은 이중결합이 있는 곳에서 한 번씩 꺾이므로 다른 분자와 밀착하여 쌓을 수 없기 때문이다. 차곡차곡 쌓인 트리글리세리드 분자는 이동할 때 열에너지가 더 많이 필요하므로 융점도 높아지게 된다.

표 4-5 유지의 융점(℃)

유지	융점	유지	융점
대두유(건성유)	-7~-8	야자유(식물지)	20~28
미강유(반건성유)	-5~-10	쇠기름	40~50
참기름(반건성유)	-3~-6	돼지기름	28~48
땅콩기름(불건성유)	0~3	닭기름	33~40
올리브유(불건성유)	0~6		

4) 비중(specific gravity)

유지의 비중은 일반적으로 15℃에서 측정하는데 저급지방산이 많을수록 또 저급 불포화지방산 함량이 많을수록 산화중합된 유지의 비중이 크다. 한편 유지는 물보다 가벼우며, 같은 유지라 해도 고체상태인 유지와 액체상태인 유지의 비중 차이가 크기 때문에 한 유지 속의 고체성분과 액체성분의 비율을 결정하는 데 비중이 이용된다. 그러나 식품 중에 존재하는 유지는 약 0.91~0.97의 범위를 갖는다.

5) 굴절률(refractive index)

굴절률은 온도에 의해 현저히 변하므로 일정 온도(보통 25℃)에서 측정한다는 표시를 해야 한다. 일반적으로 유지의 굴절률은 약 1.45~1.47 정도이며, 유지 중에 저급지방산이 많고 유리지방산이 증가할수록 감소한다. 반면에 불포화지방산의 함량이 많고 유지의 구성 지방산의 탄소수가 증가할수록 유지의 굴절률도 증가한다. 따라서 유지의 굴절률은 유지의 품질감정과 액체유지의 경화

(hardening)공정에서 불포화도의 감소를 알아내는 데 이용될 수 있다. 이 측정 방법은 간편하고 신속하고 정확하기 때문에 유지의 식별에 유용하다.

6) 발연점, 인화점, 연소점

유지를 가열하여 표면에 푸른 연기가 발생할 때의 온도를 발연점(smoking point)이라 하고, 발연점 이상 계속 가열하면 연기가 공기와 섞여서 점화되는데 이 온도를 인화점(flash point)이라 한다. 연소점(fire point)은 인화점 이상 가열로써 유지가 계속적인 연소를 지속하는 온도이다.

유지를 가열할 때 생기는 푸른 연기는 유지의 성분인 트리글리세리드가 분해되거나 산화되어 지방산(fatty acid), 알데히드(aldehyde), 케톤(ketone), 아크롤레인(acrolein) 등이 생기기 때문이다. 즉 튀김 식품에 이 연기 성분이 흡수된 유지는 신선한 기름에 비해 좋지 못한 풍미와 맛을 제공하게 되므로 발연점이 높은 유지가 좋다.

표 4-6 유지의 발연점, 인화점, 연소점(℃)

종류	발연점	인화점	연소점
피마자유	200	298	335
옥수수유	178~227	294~326	346~359
아마인유	163	287	353
올리브유	199	321	361
용매추출 대두유	181~210	296~317	351~354
라드	183~205	265	340
면실유	222~232	273	340

일반적으로 유지 중에 유리지방산의 함량이 많을수록, 저급지방산을 많이 함유한 유지일수록, 노출된 유지의 표면적이 클수록, 외부에서 들어간 이물질들이 많을수록, 유지를 반복 사용할수록 유지의 발연점은 낮아진다. 따라서 유지를 튀김에 사용할 때에는 발연점이 높은 유지를 사용해야 하며, 또한 조리 시에는 발연점보다 낮은 온도를 유지하게 되는 것과 되도록 밀가루 등의 혼입을 줄이고 자주 제거하는 것으로 발연점의 저하를 줄일 수 있다.

발연점이 높은 유지는 인화점, 연소점도 높다. 이들 온도는 유지의 정제정도, 순도, 유리지방산의 함량 등에 현저한 영향을 받는다.

(2) 화학적 성질

1) 검화가(비누화가, saponification value: S.V.)

검화가란, 유지 1g을 검화(saponification)하는 데 소요되는 수산화칼륨(KOH)의 양(mg)을 표시한 값이다. 구성 지방산의 분자량을 추정하는 데 사용하고 있으며, 분자량이 작은 지방산을 함유한 유지에서는 그 값이 커지고, 역으로 분자량이 큰 지방산을 함유한 유지는 작아지게 된다.

유지를 알칼리 용액과 함께 가열하면 가수분해가 일어나 글리세롤과 지방산의 염이 생성된다. 이때 지방산염을 비누라 하며 이러한 반응을 비누화반응이라고 한다(**그림 4-12**).

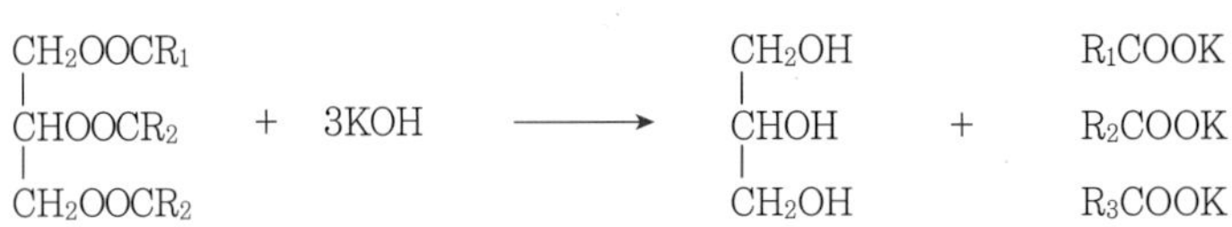

트리글리세리드(유지) 글리세롤 지방산 K염 (비누)

그림 4-12 비누화반응

표 4-7 유지의 비누화가

유지	비누화가	유지	비누화가
쇠기름	196~200	아마인유	188~195
버터기름	210~230	올리브유	185~196
피마자기름	175~183	야자유	200~205
닭고기지방	193~205	땅콩유	186~194
코코넛기름	253~262	평지씨기름	168~179
옥수수기름	187~193	참깨기름	188~193
면실유	194~196	대두유	189~194
돼지기름	195~203	해바라기씨기름	188~193

2) 요오드가(iodine value: I.V.)

요오드가란, 유지 100g에 흡수되는 요오드(I)의 g수를 나타내는 값이다. 요오드는 지방산의 이중결합에 부가되기 때문에 유지 중 지방산의 불포화도를 측정하는 데 사용된다. 식물성 유지는 요오드가에 의해 130 이상을 건성유, 100~130을 반건성유, 100 이하를 불건성유로 분류하고 있다.

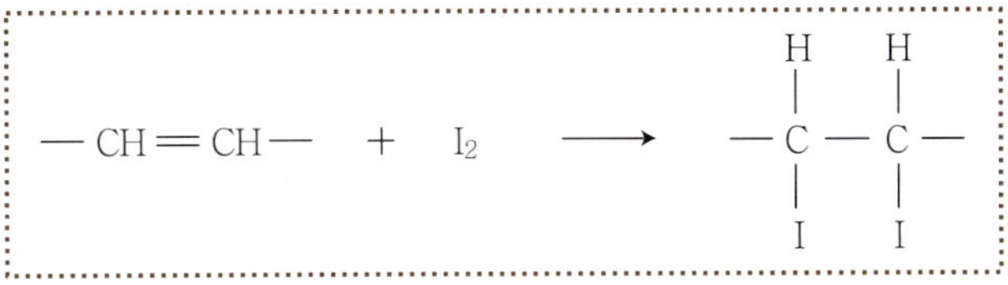

표 4-8 유지의 요오드가

유지	요오드가	유지	요오드가
쇠기름	35~42	아마인유	175~202
버터기름	26~38	올리브유	79~88
피마자기름	84	땅콩유	88~98
닭고기지방	66~72	평지씨기름	94~105
코코넛기름	6~10	참깨기름	103~117
간유	137~166	대두유	122~134
옥수수기름	111~128	해바라기씨기름	129~136
면실유	103~111	고래기름	90~146
돼지기름	63~79	호두기름	139~150

3) 산가(acid value: A.V.)

산가란, 유지 1g에 함유되어 있는 유리지방산을 중화하는 데 요구되는 수산화칼륨(KOH)의 mg수를 나타내는 값이다. 유지를 장기 보존하거나 가공에 의해 가수분해 및 산패를 일으키면 유리지방산을 생성하는 값이 커지게 된다. 즉, 이 값은 유지의 정제 정도나 산패 정도를 알아내는 방법으로, 작을수록 좋은 유지라 할 수 있다. 일반적으로 식용유의 산가는 1.0 이하이다. 산가가 1.0 이상이면 식용유로 부적당하다. 새 기름의 산가는 0.05~0.07이다. 산가가 높아지는 경우로는 유지의 정제가 불충분하거나, 사용횟수가 많거나, 기름이 오래되었을 때이다.

$$R\text{-}COOH + KOH \rightarrow R\text{-}COOK + H_2O$$

표 4-9 유지의 산가

유지	산가	유지	산가
쇠기름	0.25	아마인유	1~3.5
버터기름	0.45~35.4	올리브유	0.3~1.0
피마자기름	0.12~0.8	야자유	10
닭고기지방	1.2	땅콩유	0.8
코코넛기름	2.5~10	평지씨기름	0.36~1.0
간유	5.6	참깨기름	9.8
옥수수기름	1.37~2.02	대두유	0.3~1.8
면실유	0.6~0.9	해바라기씨기름	11.2
돼지기름	1.56	고래기름	1.9

4) 과산화물가(peroxide value: POV)

과산화물가란, 유지 1kg에 함유되어 있는 과산화물의 mg당량을 나타내는 값이다. 유지가 자동산화나 가열산화(뒤에서 자세히 설명)에 의해 산패되면 이중결합에 인접한 탄소에 산소가 결합해 과산화물이 형성된다. 즉, 유지의 초기 변패의 정도를 나타내는 값으로서 신선한 식용유지에서는 보통 0에 가까운 수치가 된다.

5) 카르보닐가(carbonyl value)

카르보닐가란, 유지 1g에 함유되어 있는 카르보닐화합물의 mg당량을 나타내는 값이다. 유지의 산화에 의해 생성된 과산화물이 분해해서, 카르보닐기를 가지는 제2차 생성물을 측정하는 것으로서, 산패가 진행된 유지는 이 값이 높아지게 된다.

6) 아세틸가(acetyl value)

아세틸가란, 유지 속에 존재하는 수산기를 가진 지방산의 함량을 나타내는 척도로 유지에 무수초산(acetic anhydride)을 첨가하면 유지 속의 수산기와 반응하여 아세틸화(-CH_3COO)한다. 이 아세틸화된 유지를 다시 가수분해하여 생성된 초산을 중화하는 데 필요한 KOH의 mg수로 표시한다.

7) 폴렌스케가(Polenske value)

폴렌스케가란, 유지 5g을 비누화한 후 얻어진 휘발성·불용성 지방산(C_8~C_{14})을 중화하는 데 필요한 0.1N KOH의 mg수의 값이다. 이 값은 물에 녹지 않는 미리스틱산(myristic acid, C_{14}), 라우릭산(lauric acid, C_{12})과 물에 약간 녹는 카프릴릭산(caprylic acid, C_8), 카프릭산(capric acid, C_{10})의 양을 결정하는 것이다. 폴렌스케가는 팜유는 16.8~18.2, 버터가 1.5~3.5, 일반유지는 1.0 이하로 버터 중의 팜유 혼합을 검사하는 데 사용된다. 팜유가 버터보다 수치가 높은 이유는 수용성인 휘발성 지방산은 적고 불용성인 휘발성 지방산이 많기 때문이다.

8) 라이헤르트-마이슬가(Reichert-Meissl Value)

라이헤르트-마이슬가란, 유지 5g을 검화하여 수용성의 휘발성 지방산량을 중화하는 데 필요한 KOH의 mg수이다. 라이헤르트-마이슬가는 물에 잘 녹는 부티르산(butyric acid, C_4), 카프로산(caproic acid, C_6)과 물에 약간 녹는 카프릴릭산, 카프릭산의 양을 결정한다. 보통 유지는 이 값이 1 정도로 적으나 버터는 26~32이고 마가린은 0.55~5.5로 버터와 마가린을 구별하며, 특히 버터의 위조검정에 이용된다.

9) 헤에너가(Hehner value)

헤에너가란, 유지 속 불용성 지방산의 함량을 전체 유지의 양에 대한 퍼센트 비율(%)로 표시하는 수치로 불용성 지방산과 불검화물의 함량을 나타내는 척도이다. 일반적으로 보통 유지의 헤에너가는 95 내외이며 유지방(butter fat)은 87~90, 야자유(coconut oil)는 82~90으로 낮으나, 쇠기름은 96~97, 돼지기름은 97 정도의 높은 값을 가진다.

표 4-10 유지의 화학적 성질

명칭	정의	측정목적	참고
검화가 (saponification value)	유지 1g을 검화하는 데 필요한 KOH의 mg수	구성지방산의 평균 분자량 (검화가 크다→분자량 작다) (검화가 작다→분자량 크다)	유지에 알칼리 용액을 가하여 가열하면 글리세롤(glycerol)과 지방산이 생겨 물에 녹게 됨 이 반응을 검화라 하며, 검화되지 않는 성분을 불검화물이라 함
요오드가 (iodine value)	유지 100g과 반응하는 요오드 g수	불포화지방산의 함량	불포화지방산을 많이 함유한 유지는 I.V값이 높음 · 130 이상: 건성유 · 100~130: 반건성유 · 100 이하: 불건성유
산가 (acid value)	유지 1g에 함유되어 있는 유리지방산을 중화하는 데 필요한 KOH의 mg수	기름의 품질상태, 유지 중의 유리지방산의 양	산가가 높은 것은 변질되었음을 의미 정제된 신선한 유지: 1.0 이하 식용으로 부적당: 30 이상
과산화물가 (peroxide value)	유지 1kg에 함유되어 있는 과산화물의 밀리몰수 또는 밀리당량수	초기의 산패도, 과산화물의 양	신선한 식용유에서는 보통 2 이하이고, 산패된 유지는 높음
카르보닐가 (carbonyl value)	유지 1kg에 함유되어 있는 카르보닐 화합물의 mg 당량수	변패 정도	유지의 자동산화의 제2차 생산물인 카르보닐 화합물의 양을 나타냄
아세틸가 (acetyl value)	유지에 무수초산을 반응시켜 아세틸화한 유지 1g을 다시 가수분해할 때 얻어지는 초산을 중화하는 데 필요한 KOH의 mg수	유지 중의 −OH의 양	산패된 유지와 디글리세리드(diglyceride), 모노글리세리드(monoglyceride)를 함유한 유지에서는 높게 됨
폴렌스케가 (Polenske value)	유지 5g을 검화하여 생성되는 불용성 휘발성 지방산을 중화하는 데 필요한 0.1N KOH의 ml수	불용성 휘발성 지방산의 양	버터지방과 야자유의 값이 라이헤르트-마이슬가의 경우와 반대됨 야자유(15~20), 팜핵유(10~12), 버터지방(2.3~2.5). 야자유와 다른 유지와의 구별에 사용
라이헤르트-마이슬가 (Reichert-Meissl value)	유지 5g을 검화한 후 산성에서 증류하여 얻은 수용성 휘발성 지방산을 중화하는 데 필요한 0.1N KOH의 ml수	수용성 휘발성 지방산의 양	버터지방(26~32), 야자유(5~9), 사람젖지방(1.4~3.4), 일반유지는 1.0 이하, 산패된 유지는 휘발성산을 함유하기 때문에 이 값이 높음, 버터의 위조 검정에 사용
헤에너가 (Hehner value)	유지 중에 함유되어 있는 불용성 지방산의 함량 %	야자유, 버터와 다른 지방과의 구별	일반지방 95.5, 버터 87.5, 야자유 86~92

3. 유지의 변질(산화와 변향)

유지를 많이 함유한 식품은 가공·저장 및 조리에 의해 서서히 산화가 일어나고, 불쾌취가 생기며, 착색되기도 하고 점도가 증가하는 등 품질이 저하되는 경우가 많다. 이러한 현상을 유지의 변질, 특히 산패라 한다. 지질을 구성하고 있는 불포화지방산의 이중결합은 화학적으로 불안정하여, 산소에 의한 산화가 쉽게 일어나는 것으로, 산소와의 반응을 촉매하는 효소, 빛(光), 중금속이온 등이 공존하면 산화가 촉진된다. 유지의 변질에 중요한 반응은 자동산화, 열산화 및 효소적 산화가 있다.

(1) 자동산화

불포화지방산의 이중결합은 산소에 의해 산화생성물을 만들며, 유리라디칼(R•, free radical)을 형성하고 연쇄적으로 반응이 진행되어 과산화물(hydroperoxide)을 축적한다. 즉, 불포화지방산의 이중결합에는 여러 가지 메틸렌기(-CH=CH-CH_2-CH=CH-)로부터 수소가 빠져나가고 지방산라디칼이 생성되어 퍼옥시라디칼(ROO•, peroxy radical)로 된다. 퍼옥시라디칼은 새로운 유지의 구성성분인 지방산의 메틸렌기에서 수소라디칼(H•)을 얻어 과산화물(hydroperoxide)로 된다(**그림 4-13**).

연쇄(전파)반응에서 생성된 과산화물(ROOH)은 계속 분해되어 알데히드(aldehyde), 케톤(ketone), 산(acid) 등의 2차생성물을 만들어 내어 불쾌한 냄새나 독성을 발현시킬 가능성이 있다고 보고되고 있다. 전파단계에서 생성된 각종 라디칼과 중간 산화물들은 서로 결합하여 중합체를 형성(중합반응)하고, 이들 고분자의 형성으로 점도를 증가시켜 맛이나 냄새를 저하시킨다. 또한, 필수지방산이 현저하게 감소하며 비타민 A, 카로틴의 감소가 일어나고, 고분자화로 인해 소화흡수율도 감소하게 된다. 그리고 이 중합체는 라디칼이 아니므로 반응성이 상실되어 연쇄반응이 종결된다.

자동산화(autoxidation)의 속도는 지방산의 메틸렌기(-CH_2-) 수와 이중결합수에 따라 다르고, 이중결합 1개인 올레산($C_{18:1}$)에 비해, 이중결합 2개인 리놀레산

($C_{18:2}$)은 15~20배, 이중결합 3개인 리놀렌산($C_{18:3}$)은 40~50배, 이중결합 5개인 EPA(eicosapentaenoic acid, $C_{20:5}$)는 200~300배 정도에 이른다고 보고되고 있다.

초기반응 RH (유지) ⟶ R· + ·H (유리라디칼)

전파반응 $R\cdot + O_2 \longrightarrow ROO\cdot$ (퍼옥시라디칼)

$ROO\cdot + RH \longrightarrow ROOH + R\cdot$ (히드로퍼옥시드)

히드로퍼옥시드 분해 $ROOH \longrightarrow RO\cdot + \cdot OH$ (유리산화물)

종결단계 $R\cdot + R\cdot \longrightarrow R - R$

$R\cdot + ROO\cdot \longrightarrow ROOH$

$ROO\cdot + ROO\cdot \longrightarrow ROOR + O_2$

그림 4-13 유지의 자동산화 메커니즘

(2) 가열산화

튀김요리나 볶음요리를 하는 경우 유지를 고온(180~200℃)에서 가열한다. 장시간 고온에서 가열하면 거품이 생기고, 점성이 증가하며 불쾌한 냄새가 나게 되는데 이것을 가열산화라고 한다. 가열산화는 자동산화와 마찬가지로 라디칼반응에 의해 과산화물질이 생기고, 그 후에 다시 분해(가열분해)하든가 중합체(가열중합)를 형성한다(**그림 4-14**). 가열시간의 연장에 따라 자극취를 나타내는 아크롤레인(acrolein)이나 독성물질이 생성하기 때문에, 설사나 구토를 유발하고 영양가의 저하가 일어난다.

(3) 효소적 산화

생화학적 산패로서 동식물조직에 넓게 분포되어 있는 리폭시다아제(lipoxidase)는 이중결합을 2개 이상 갖고 있는 다가불포화지방산(PUFA, polyunsaturated fatty acid)에 작용하고 과산화물(hydroperoxide)을 생성한다. 특히 콩류나 곡류에 많이 존재하고, 이들 작물의 보존 중에 이 효소가 지질을 산화시켜 품질의 저하를 초래하는 경우를 들 수 있다(**그림 4-15**).

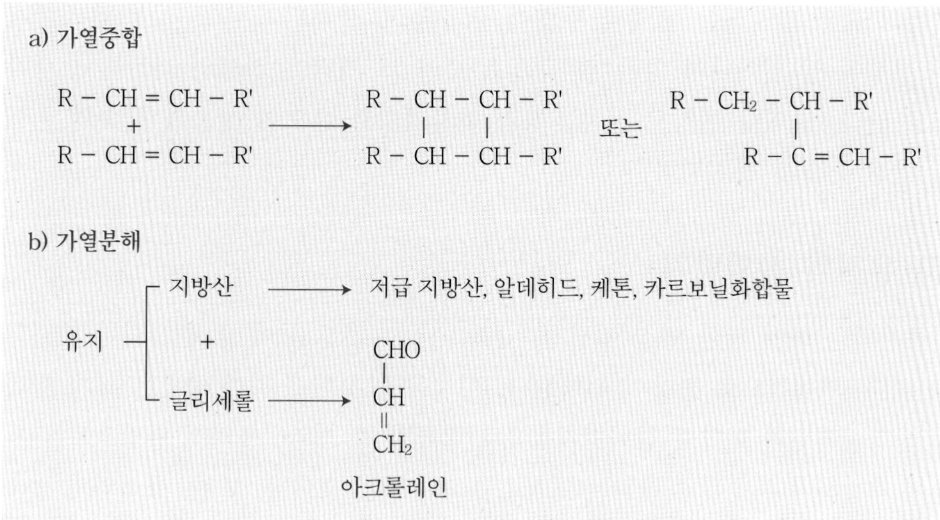

그림 4-14 **가열중합반응과 가열분해반응**

RH + 리폭시다아제 ⟶ RH − 리폭시다아제

RH − 리폭시다아제 + O_2 ⟶ RH − O_2 − 리폭시다아제

RH − O_2 − 리폭시다아제 ⟶ (R· + ·OOH) − 리폭시다아제

(R· + ·OOH) − 리폭시다아제 ⟶ (ROOH) − 리폭시다아제

(ROOH) − 리폭시다아제 ⟶ ROOH + 리폭시다아제

RH: 불포화지방산으로 이루어진 유지분자
ROOH: 과산화물(hydroperoxide)

그림 4-15 **리폭시다아제에 의한 자동산화과정**

(4) 변향

변향이란 일부의 유지가 산화나 가수분해에 의하지 않고도 뚜렷한 냄새의 변화를 나타내는 현상을 말한다. 예를 들면 대두유와 같은 불포화도가 높은 기름은 정제과정에서 풋내나 콩비린내를 제거하는데도 불구하고, 이 기름을 저장하는 동안 냄새가 새로 생기거나 정제하기 전의 유지가 가졌던 냄새로 복귀하는 경우를 들 수 있다. 이와 같은 냄새의 변화는 산패가 발생되기 전에 일어나며,

산패의 결과 발생되는 냄새와 뚜렷이 구별되고, 산패되기 쉬운 일부 유지에서는 변향이 잘 일어나지 않는 점 등으로 보아 그 기작은 산패와 다르다고 생각되고 있다. 그러나 변향도 산패과정과 마찬가지로 온도의 상승과 금속의 존재 및 광선에 의해 촉진된다.

(5) 유지의 산화방지

유지의 산화에 의한 변질은 광선, 금속, 산소, 온도 등에 의해 산화가 개시되고, 이후 연쇄적으로 반응이 진행된다. 이것을 방지하기 위한 방법은 크게 물리적 산화방지법과 화학적 산화방지법으로 분류할 수 있다. 물리적 방법으로는 저온에 저장하거나 빛을 차단하는 포장지를 사용하는 것이다. 또한, 효소와의 접촉을 적게 하기 위해서 밀폐용기를 이용해 어두운 곳에 보존하는 방법이 있다. 화학적 방법은 유지의 산화를 억제하는 항산화제(antioxidant)를 사용하는 방법으로, 자동산화 과정의 초기반응에서 생성하는 유리라디칼과 반응하여 연쇄반응을 차단시키는 기능을 하게 된다. 토코페롤(tocopherol), 플라보노이드(flavonoid), 안토시아닌(anthocyanin), 부틸히드록시톨루엔(butylated hydroxy toluene, BHT), 부틸히드록시아니졸(butylated hydroxy anisole, BHA) 등이 사용되고 있다. 또한, 항산화 작용을 회복시키는 아스코르브산(ascorbate)도 유효하다. 이들 산화방지제는 소량으로도 자동산화의 진행을 강하게 저지시키는 효과가 있지만, 과산화물이 생성된 후에는 그 효과를 크게 기대할 수 없다. 대표적인 천연항산화제와 인공항산화제를 **표 4-11**에 나타내었다.

표 4-11 항산화제의 종류

a) 천연항산화제

종류	특징	존재
토코페롤 (tocopherol)	치환기의 종류에 따라 여러 개의 동족체가 존재하고, 비타민 E로 작용	곡류, 두류, 배아유, 일반 식물성 유지
레시틴 (lecithin)	인지질로서 대두유 등에 많으나 항산화력이 약함 철, 구리 등의 금속 산화촉진제와 결합하여 산화촉진작용 제거	대두유, 옥수수유의 정제 시 부산물

세사몰 (sesamol)	참깨 중 sesamolin의 배당체로 존재 sesamolin → sesamol + samin	참깨
고시폴 (gossypol)	면실유 중에 많으며 강력한 항산화력을 가지나 독성이 강하므로 정제 시 제거해야 함	면실유
구아이악수지 (gumguaiac)	인도토산의 상록수 Guaiacum offcinalis의 수지성분, 이 중 항산화성을 가진 여러 가지 페놀화합물 함유, 항산화력은 강한 편은 아님	유지, 버터에 사용
플라보노이드 (flavonoid)	당과 결합하여 여러 가지 배당체로 존재	식물조직 (양파, 메밀, 귤 등)
탄닌 (tannin)	탄닌 중 몰식자산(gallic acid)과 디갈산(digallic acid)이 항산화성을 가짐	오배자, 찻잎, 감
향신료와 향신유	미약하나 일부 항산화작용을 가짐	생강(curcum), 정향나무(eugenol)

b) 인공항산화제

종류	특징	사용식품	사용량
EP(ethyl protocatechuate)	페놀계 합성 항산화제	식용유지, 버터	
PG(propyll gallate)	몰식자산(gallic acid)의 프로필 알코올 에스테르	식용유지, 유지 제품 등	
BHA(butylated hydroxy anisole)	유지 및 가공식품에 가장 널 사용되는 페놀계 항산화제로 항산화력이 강하며 독성도 비교적 낮고 휘발성이 장기간 높은 온도에서 가열 시 감소	추잉검	0.075%
		식용유지, 유지제품	0.02%
		어류냉동품침지액	0.10%
BHT(butylated hydroxy toluene)	가장 널리 사용되는 항산화제로 비교적 낮은 독성과 강력한 항산화작용을 가짐. 가격 저렴하나 휘발성이 큼	식용유지, 쇼트닝, 버터, 크래커유지제품,	0.02%
		어류염장품, 어류냉동 침지액	0.1% 이하
NDGA(nor-dihydro guaiaretic acid)	페놀계 항산화제로 식용유지에 잘 녹지 않으나 항산화력은 강함		

4. 식용유지

식용유지는 지방산과 글리세롤이 에스테르를 결합해 있는 형태로 존재하고, 식물성 기름과 동물성 기름이 있다. 식용유지를 구성하는 지방산은 직쇄구조를 가지고 있으며, 이 중에는 포화지방산과 이중결합을 가지고 있는 불포화지방산이 있다. 식용유지는 천연유지에서 유리지방산, 스테롤, 색소 및 지용성 물질 등을 제거하여 정제한 것이다. 정제된 식물성 기름의 종류는 대두유, 옥수수기름, 올리브유, 홍화유 등이 있다. 식용유지는 정제도 혹은 용도에 따라 샐러드유, 경화유, 마가린, 쇼트닝 등으로 나눌 수 있다.

(1) 식물성 기름

식물성 기름은 식물의 종자 또는 과육으로부터 얻어지고, 대두유, 면실유, 참기름, 옥수수기름, 해바라기유, 홍화유, 유채유 등의 액상기름과 팜유, 팜핵유, 야자유 등의 고형지 또는 반고형지가 있다. 유지에 따라 **표 4-12**와 같이 구성지방산의 종류, 함량 및 결합위치 등이 다르기 때문에 물리적, 화학적, 영양학적 성질이 다르다.

대두유(soybean oil)는 대두로부터 채취한 기름으로서 식용식물유지 중에서 가장 생산을 많이 한다. 그 외의 식물성 기름과 비교해 리놀레산의 함량이 가장 많고 산화에 대하여 비교적 안정한 편이며, 튀김용이나 샐러드 등 어느 요리에도 적합한 기름이다. 쇼트닝과 마가린의 주된 재료로 사용된다.

카놀라유(canola oil)는 유채씨에서 압착추출법으로 채유한 기름이다. 동맥경화나 심장 질환 같은 심혈관 질환을 일으키는 주성분이라 영양적인 문제가 있는 에루카산(erucic acid, $C_{22:1}$)을 함유하지 않은 캐나다산 유채품종으로부터 추출한 기름이 보급되고 있다. 담백한 풍미와 내한성, 내광성을 가지고 있어 샐러드유와 튀김용으로서 최근 소비량이 증가하고 있다.

옥수수유(corn oil)는 옥수수의 배아에서 압착추출로 채유한 반건성유로서 가열안정성, 풍미안정성이 좋기 때문에 많은 식품에 사용되고 있다.

참기름은 약 50%의 유분을 함유한 참깨로부터 압착 채유한 기름으로 특유의

표 4-12 식물성 기름의 종류와 주요 불포화지방산의 조성(%)

종류	주요 불포화지방산 함량		
	올레산	리놀레산	α-리놀렌산
대두유	23.5	53.5	6.6
카놀라유	62.7	19.9	8.1
옥수수유	29.8	54.9	0.8
참기름	39.8	43.6	0.3
홍화유	13.5	75.7	0.2
면실유	18.2	57.9	0.4
올리브유	77.3	7.0	0.6
팜유	39.2	9.7	0.2
야자유	7.1	1.7	0

방향(芳香)을 가지고 있고 산화안정성이 아주 높다. 다른 기름에는 존재하지 않는 세사민(sesamin), 세사몰린(sesamolin), 세사미놀(sesaminol)이라고 하는 특유의 성분을 함유하고 있다.

홍화유(safflower oil)는 국화과에 속하는 잇꽃식물의 씨앗(28~48% 유분)에서 압착추출법으로 채유한 기름으로 다가 불포화지방산의 좋은 급원이며, 총 토코페롤은 다른 식물유보다 적지만 생리활성이 높은 α형이 많다. 담색으로 담백한 풍미를 가지고 있어서 샐러드유로 적절하다.

면실유(cottonseed oil)는 목화씨에서 압착추출해서 채유한 것으로 우수한 풍미와 은근하게 하는 구미(口味)를 줄 수 있는 최고의 식용유이다.

올리브유(olive oil)는 올리브나무의 열매를 압착추출해서 채유한 것으로 정제공정에 따라 올리브를 1차로 압착하여 얻은 버진 오일(virgin olive oil), 좀 더 정제된 퓨어 오일(pure olive oil), 최고 품질의 산화력이 가장 낮은 엑스트라 버진 오일(extra virgin olive oil)이 있다. 특유의 풍미와 방향성이 있어서 이탈리아요리에 많이 사용한다.

팜유(palm oil)는 기름야자의 열매를 압착 채유한 기름으로 식물성 기름이지만 상온에서 고체상태이기 때문에 가정용으로 판매되지 않지만, 마가린이나 쇼트닝 등의 원료로 사용한다. 그 외에 스낵류, 감자튀김, 라면 등의 식품 가공용으로 많이 사용된다.

야자유(coconut oil)는 코코넛의 배유를 건조시킨 후 코프라(copra)를 압착 추출법으로 채유한 것으로 라우릭산(lauric acid, C_{12})을 주성분으로 한 단쇄지방산을 많이 함유하고 있다. 불포화지방산을 주체로 하는 다른 식물성 기름과 비교해서 자동산화에 대한 안정성은 높지만 가수분해에 의한 특유의 열화현상을 일으키기 쉽다. 코팅용 초콜릿 원료로서 많이 사용한다.

보통 식물성 기름의 지방산 조성은 **표 4-13**과 같이 팔미트산(palmitic acid, $C_{16:0}$), 스테아르산(stearic acid, $C_{18:0}$), 올레산(oleic acid, $C_{18:1}$), 리놀레산(linoleic acid, $C_{18:2}$), 리놀렌산(linolenic acid, $C_{18:3}$)이 주된 구성 지방산이다. 단, 카놀라유는 에루카산(erucic acid, $C_{22:1}$)을 다량 함유하고 있다. 식물성 유지는 비타민 E, 카로틴을 함유하지만, 식용유 정제과정에서 대부분 소실된다.

표 4-13 식물성 기름의 지방산 조성(%)

구분	대두유	팜유	해바라기	땅콩유	카놀라유	옥수수유	참기름	들기름
14:0	-	1.1	-	-	-	-	-	-
16:0	11.4	44.0	5.9	11.4	3.0	11.5	9.7	6.4
18:0	3.7	4.5	4.1	4.0	0.8	2.0	4.8	1.6
20:0	-	0.4	-	1.7	-	0.2	-	-
18:1	22.9	39.2	21.5	41.5	13.1	24.1	41.2	13.8
18:2	53.6	10.2	67.5	34.9	14.1	62.5	44.4	15.5
18:3	8.4	0.4	0.2	0.2	9.7	0.7	-	62.6
20:1	-	-	-	1.0	7.4	-	-	-
22:1	-	-	-	-	50.7	-	-	-
U/S비율	5.623	0.994	9.000	3.348	24.000	6.372	5.903	11.488

*U/S비율: 포화지방산 함량에 대한 불포화지방산의 비율

표 4-12에 나타낸 식물성 기름의 대부분은 튀김유나 샐러드유로써 이용되기도 하고, 마가린, 쇼트닝, 드레싱류 등의 원료로써 대량 사용되고 있다. 튀김유는 튀김에 이용하는 식용유의 총칭으로 샐러드유만큼 충분히 정제하지는 않지만 색상은 담색으로 냄새가 없는 것이라면 좋으며, 주로 대두유, 채종유, 옥수

수유, 미강유, 올리브유 등이 있다. 샐러드유는 튀김유보다 더 고도로 정제한 식용유로서 차게 해서 먹는 경우가 많으므로 저온에서 백색 침전하거나 고체지방 등이 석출되지 않도록 미리 냉각해서 고체지방을 제거하도록 한다. 튀김유와 샐러드유의 지방산 조성은 거의 비슷하고, 제조 공정상 샐러드유는 동유처리를 했기 때문에 냉장 중에도 혼탁해지지 않는다.

식용유지를 구성하고 있는 지방산의 탄소수, 이중결합수는 유지의 성질을 나타내는 특성항목인 요오드가, 검화가 및 융점 등과 관련되어 있다. 요오드가는 이중결합이 많을수록 높아지고, 검화가는 짧은 사슬 지방산이 많을수록 높아진다. 융점에 있어서는 탄소수가 많아질수록 높아지고, 탄소수가 같은 경우라 해도 이중결합의 수가 증가할수록 낮아지는 경향을 갖고 있다.

■ 동유처리(wintering)란?

탈랍과정이라 부르며, 면실유, 옥수수기름, 콩기름을 탈검, 탈산, 탈색, 탈취 등의 공정을 거친 후 -1~3℃로 냉각했을 때 생기는 백색 침전물을 분리하는 조작이다. 이렇게 처리된 기름은 냉장온도에서도 혼탁을 일으키지 않고 투명하게 보존할 수 있으며 샐러드유를 위해서 필수 조건이다.

(2) 동물성 기름

쇠기름, 돼지기름, 양기름과 같은 육산동물을 원료로 하는 기름과 어유, 고래기름 등의 해산동물기름이 있다. **표 4-14**에 동물성 기름의 지방산조성에 대해 나타낸 바와 같이, 쇠기름은 팔미트산($C_{16:0}$), 스테아르산($C_{18:0}$) 및 올레산($C_{18:1}$)을 다량 함유한다. 그리고 돼지기름은 쇠기름과 비슷하지만 쇠기름과 비교하면 불포화지방산의 함유량이 많다. 어유 중에서 정어리유가 가장 많고, 일반적으로 육산동물지나 식물유와 비교해서 구성지방산의 종류가 현저하게 많고 고도불포화지방산(PUFA)이라고 불리는 이중결합 4개 이상의 불포화지방산을 함유하고 있는 것이 특징이다. 이들의 원료를 식용으로 하기 위해서 정제, 수소첨가 등의 방법을 이용하는 것도 있다. 쇼트닝, 정제라드, 식용경화유 등이 가공되어 가정용뿐만 아니라 업무용 유지로서 소비되는 부분이 많다.

동물성 기름은 **표 4-14**와 같이, 팔미트산($C_{16:0}$), 스테아르산($C_{18:0}$), 팔미톨레산($C_{16:1}$), 올레산($C_{18:1}$), 아라키돈산($C_{20:4}$) 등이 주된 구성 지방산이다. 특히, 해산동물은 아이코사펜타에노산(EPA), 도코사헥사에노산(DHA)과 같은 고도불포화지방산을 다량 함유하고 있어서 EPA와 DHA의 가장 좋은 급원이라 할 수 있다.

표 4-14 동물성 기름의 지방산 조성(%)

구분	우지	라드	유지방	정어리유
4:0	-	-	7~14	-
6:0	-	-	2~7	-
8:0	-	-	1~3.5	-
10:0	-	-	1.5~5	-
12:0	-	-	2.5~7	-
14:0	2~8	1~4	8~15	5.6~7.7
16:0	24~37	20~28	20~32	11.8~18.6
18:0	14~29	5~14	6~13	6.2~8.0
20:0	-	-	0.3	1.1~2.0
22:0	-	-	0.1	11.7~25.2
16:1	-	-	1.5	-
18:1	40~50	41~51	13~28	11.7~25.2
18:2	1~5	2~15	1~4	0.1~0.6
18:3	-	-	0.4~2	-
18:4	-	-	0.1	1.1~2.8
20:1	-	-	-	7.3~19.1
20:4	-	0.3~1.0	0.1	0.3~0.8
20:5	-	-	-	11.4~15.2
22:1	-	-	0.1	6.9~15.2
22:5	-	-	-	0.3~1.0
22:6	-	-	-	4.8~7.8
24:1	-	-	-	-
U/S비율	0.884	1.562	0.329	1.316

*U/S비율: 포화지방산 함량에 대한 불포화지방산의 비율

(3) 가공유지

가공유지로는 마가린, 쇼트닝, 정제라드, 식용정제가공유지, 그 외 식용가공유지 등을 들 수 있다. 식용가공유지는 고형이나 가역성을 가지는 제품이 많이 사용되고 있지만, 크리밍성, 쇼트닝의 성질 등 여러 가지 가공특성을 부여할 수 있기에 제빵, 제과용 유지로서 없어서는 안 되는 유지이다. 유지의 가공 과정에서는 물과 유지가 잘 섞이도록 하는 과정이 필수적이다. 즉, 물과 유지에 친화성을 동시에 가지고 있어서 이들을 잘 섞이게 하는 물질인 유화제(emulsifier)가 필요하며, 유화제에 의해 두 액체가 혼합된 상태를 유화(emulsification)라 한다. 유화제의 성질을 가진 대표적인 지방질로는 레시틴, 모노글리세리드, 디글리세리드, 담즙산 등이 있다. 한 액체가 그것과 혼합되지 않는 다른 액체 속에 작은 입자로 분산된 물질을 분산상(dispersed phase)이라 하며, 입자를 포함하는 다른 액체를 분산매(dispersion medium)라 한다. 지방의 유화에는 물 속에 기름 입자가 분산되어 있는 수중유적형(oil in water type, o/w)과 기름 속에 물이 분산되어 있는 유중수적형(water in oil, w/o)의 두 가지 형태가 있다. 수중유적형의 식품에는 우유, 생크림, 마요네즈, 아이스크림 등이 있고, 유중수적형에는 마가린, 버터 등이 있다.

- **크리밍성(creaming)**

  유지를 교반했을 때 공기가 혼입되는 성질을 크리밍성이라 한다. 아이스크림, 생크림, 버터 등을 교반하면 공기가 들어가서 부피가 커지고 가벼운 느낌과 담백한 맛을 느끼게 되는데 이것은 유지의 크리밍성에 의한 것이며 이러한 성질은 생크림, 버터, 크림 등을 만들 때 이용된다. 유지의 양에 비하여 공기를 많이 품는 유지일수록 크리밍성이 크며 마가린이나 쇼트닝은 유지 입자가 작으므로 크리밍성이 크다. 크리밍성이 큰 유지일수록 밀가루 제품의 팽창을 돕고 품질도 향상시킨다.

1) 경화유(hardened oil)

어유나 식물성유와 같이 불포화지방산을 많이 함유하고 있는 유지에 니켈(Ni)을 촉매로 수소를 첨가하면 지방산의 이중결합 부분이 수소로 포화되어 불포화도가 낮은 지방산을 함유한 유지가 되고 융점이 상승되어 경화(hardening)된다. 즉, 액체가 고체로 변하며 고체상태의 기름을 경화유(hardened oil)라 한다. 이러한 공정은 유지의 물리적 성질의 개선과 더불어 탈취, 탈색 및 산화안정성을 향상시켜 품질이 나쁜 기름을 좋게 만들 수 있는 특징을 가지고 있다. 경화유를 이용한 제품에는 마가린과 쇼트닝이 있다.

① 마가린(margarine)

마가린은 경화유, 동물성 지방, 비교적 융점이 높은 식물성 기름 등을 적당한 비율로 혼합한 후 여기에 식염, 물, 유화제, 색소 혹은 발효유 등을 첨가한 후 급랭하면 응고되어 버터 모양의 성질과 풍미를 준 유화지방 식품이 된다. 그러므로 천연버터의 대용품으로서 인조버터라고도 한다. 마가린은 우유를 원료로 하는 버터와 같이 영양이 충분하지 않기 때문에 비타민 A, D를 강화하기도 한다.

② 쇼트닝(shortening)

쇼트닝은 라드(lard)의 대용품으로 만들어졌으며 마가린과 달리 수분을 첨가하지 않고 100% 유지로 만든다. 이것은 정제시킨 동물성 지방, 식물성 기름, 경화유를 주원료로 하며, 산화방지제와 유화제를 첨가하기도 하고 10~20% 정도의 질소가스를 불어넣으면서 급랭 후 응고시켜 만든 것이다. 쇼트닝은 무색, 무미, 무취이고 가소성(plasticity)이 좋기 때문에 제빵, 제과용뿐 아니라 튀김, 아이스크림, 햄, 소시지 등에 널리 이용되고 있다. 쇼트닝 함량이 많아질수록 가소성은 증가하나 지나치게 많은 양을 사용하면 케이크가 부풀지 않는다.

■ 가소성

고체가 적당한 조건하에서는 외부의 힘에 대해서 어느 한도 내에서 파괴되지 않고 외부의 힘에 따라 연속적 또는 영구적으로 변형된 후 외부의 힘을 제거하더라도 원래의 모습으로 돌아가지 않는 것을 말한다.

2) 정제라드

돼지의 지방조직에서 얻는 지방을 모두 라드라고 부르며, 라드는 크리밍성은 나쁘지만 쇼트닝성은 우수하다. 정제된 라드는 품질 규격상 100% 돼지기름을 사용하지만, 조정된 라드는 돼지기름을 주체로 해서 쇠기름과 팜유 등 다른 유지를 첨가한 것이다. 라드는 천연에 항산화성 물질을 함유하지 않으므로 그대로는 안정성이 나빠 산패하기 쉽다. 그러므로 토코페롤과 같은 항산화제를 첨가하면 산화안정성이 좋아진다. 라드는 발연점이 낮기 때문에 튀김용 기름으로는 부적당하나, 독특한 맛과 향이 있어 중국조리에서 많이 이용하고 있으며 파이, 비스킷 같은 페이스트리(pastry)를 만들 때 사용한다. 또한, 다른 유지보다 쇼트닝성이 크고 식품을 부드럽게 하는 힘이 커서 제과용으로 많이 이용되었으나, 요즈음에는 식물성 기름으로 만든 쇼트닝이 더 많이 이용되고 있다.

3) 버터

버터는 우유에서 분리한 크림을 교반하여 덩어리로 집합시킨 것이고, 향도 뛰어나며 비타민 A의 급원으로 유지 중에서 소화가 가장 빠르다. 유지방을 80% 이상 함유하고 소량의 수분과 유고형분을 함유한다. 버터의 종류에는 원료 크림의 발효(젖산균) 유무에 따라 발효버터(sour butter), 소금을 1~2% 첨가하여 만들며 가정에서 많이 이용되는 가염버터(salted butter), 소금 첨가 없이 영업용으로 사용되는 무염버터(unsalted butter), 발효버터에 다시 공기를 불어넣어 만들어 제과용으로 많이 쓰이는 휩트버터(whipped butter)가 있다.

4) 마요네즈

마요네즈는 달걀노른자를 유화제로 사용해 식초와 샐러드유를 주재료로 하여 수중유적형으로 형성하도록 한 것이다. 즉, 우선 난황에 소량의 식초와 각종 향신료를 가하여 충분히 섞은 후 기름을 조금씩 가해서 섞고 최후에 식초를 적당량 가하여 맛을 낸다. 이때 공기가 10~15% 정도 섞이면 유화상태가 좋아진다.

제5장

단백질(Protein)

Point

① 단백질의 구성성분인 아미노산의 종류와 특징을 이해한다.
② 단백질의 분류와 구조를 이해한다.
③ 단백질의 성질을 이해한다.
④ 단백질의 변화를 이해한다.

단백질은 탄수화물, 지질과 함께 일반 식품에 다량 함유되어 있는 대단히 중요한 영양소이며, 살아있는 모든 동식물체의 가장 중요한 구성성분 중의 하나이다. 즉, 동식물들이 생체로서의 기능을 수행하는 데 있어서 중요한 역할을 하는 효소, 항체, 유전자 및 호르몬 등의 주요 성분을 이루는 화합물이다. 단백질은 탄수화물이나 지방과 달리 그 원소조성이 탄소(50~55%), 수소(6~8%), 산소(20~24%), 질소(15~18%), 황(1~3%), 기타 원소(1% 이하)로 구성되어 있으며, 식품 중의 질소는 단백질의 종류에 따라 약간 차이는 있으나 평균 16% 정도이다. 따라서 식품 중의 단백질의 양은 식품 중의 질소의 함량을 측정하여 그 값에 질소계수 6.25(100/16)를 곱하여 조단백질(crude protein)의 함량으로 한다.

식품 중의 단백질은 체내에서 가수분해되어 아미노산으로 흡수되고 우리 몸에서 필요한 단백질로 다시 합성된다. 단백질을 구성하고 있는 기본단위는 20여 종의 아미노산으로 되어 있다.

1. 아미노산

아미노산(amino acid)은 한 분자 내에 염기성인 아미노기(amino group, $-NH_2$)와 산성인 카르복실기(carboxyl group, $-COOH$)의 두 가지 특징적인 반응기가 포함되어 있는 유기화합물이다. 아미노기가 카르복실기에 이웃한 첫 번째, 두 번째, 세 번째 탄소에 결합한 아미노산을 각각 α-아미노산, β-아미노산, γ-아미노산 등으로 불리며, 일반적으로 단백질을 구성하고 있는 아미노산은 α-아미노산이다.

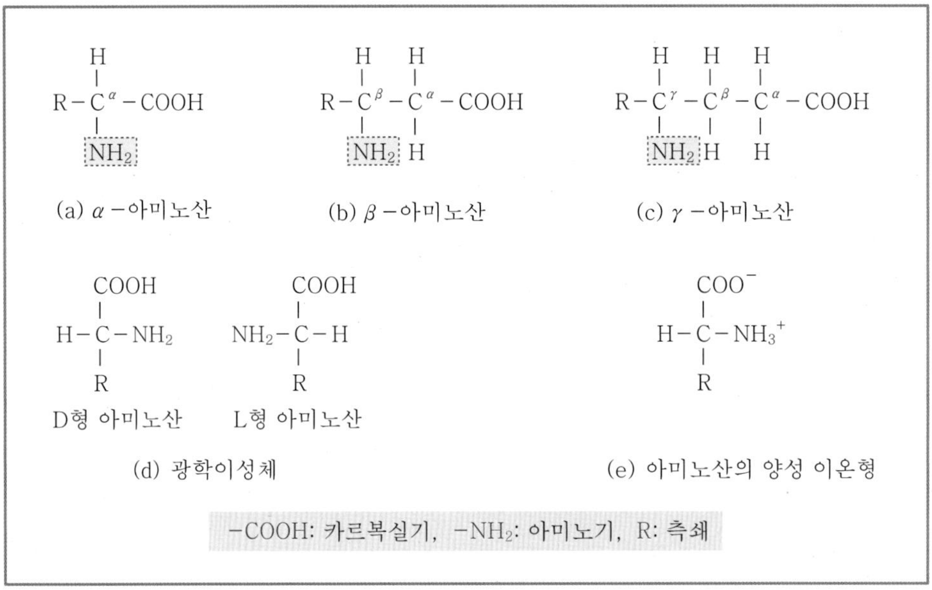

그림 5-1 탄소위치에 따른 아미노산의 분류

가장 간단한 글리신(glycine)을 제외한 α-아미노산은 최저 1개의 부제탄소(asymmetric carbon)를 가지고 있기 때문에 L-형과 D-형의 입체이성체가 존재한다[**그림 5-1(d)**]. 단백질을 구성하는 아미노산은 모두 L-아미노산이다. 즉, α-아미노산은 두 종류의 광학이성체가 존재하지만 단백질을 구성하고 있는 아미노산은 α-L-아미노산이다. 아미노산 중의 아미노기 혹은 카르복실기는 중성용액 중에서 해리하게 되면 양성 이온형(zwitter ion)으로 된다[**그림 5-1(e)**].

(1) 아미노산의 종류

단백질을 구성하는 아미노산의 구조를 그 측쇄의 성질에 의해 **표 5-1**에 나타내었다. 이들 20종의 아미노산은 유전암호에 의해 지정되어 단백질이 형성된다. 단백질의 화학구조를 기술할 때 사용하는 아미노산의 기호와 등전점(isoelectric point: pI)도 나타내었다. 아미노산은 분자 중에 아미노기($-NH_2$)와 카르복실기(-COOH)를 가지고 있기 때문에 구성하고 있는 아미노기와 카르복실기의 수에 따라 중성아미노산(neutral amino acid), 산성아미노산(acidic amino acid), 염기성아미노산(basic amino acid)으로 분류한다. 또한 측쇄(side chain)인 R의 종류에 따라 지방족아미노산, 함황아미노산, 방향족아미노산, 환상아미노산 등으로 분류하기도 한다.

측쇄가 수소(H)인 글리신은 가장 간단한 구조를 가지고 있다. 알라닌(alanine), 발린(valine), 루이신(leucine), 이소루이신(isoleucine)은 측쇄에 지방족탄화수소를 갖는 아미노산으로 알라닌을 제외하고 분지아미노산(branched chain amino acid: BCAA)이라고도 부른다. 측쇄에 수산기(-OH)를 가지고 있는 아미노산으로는 세린(serine), 트레오닌(threonine)이 있다. 시스테인(cysteine)과 메티오닌(methionine)은 측쇄에 유황(S)을 가지고 있기 때문에, 시스틴(cystine)을 포함해서 함황아미노산(sulfur containing amino acid)이라고 한다. 단백질 중에서 시스테인 잔기들이 서로 결합하여 디설피드결합(S-S)을 형성하는 경우가 있고, 단백질의 고차구조를 안정화시키고 있다. 페닐알라닌(phenylalanine)은 페닐기(phenyl group), 트립토판(tryptophane)은 인돌기(indole group), 프롤린(proline)은 이미노기(imino group), 티로신(tyrosine)은 페놀기(phenol group)의 방향환 측쇄를 가지고 있다. 산아미드 측쇄를 가지는 것은 아스파라긴(asparagine)과 글루타민(glutamine)이다. 이들은 비교적 간단하게 탈아미드반응으로 아스파라긴으로부터 아스파트산(aspartic acid), 글루타민으로부터 글루탐산(glutamic acid)을 형성하게 된다. 이상의 15가지 아미노산은 분자 중에 아미노기와 카르복실기를 각각 하나씩 결합하고 있는 중성아미노산이다. α-탄소의 카르복실기 외에 카르복실기를 갖는 아스파트산과 글루탐산은 곁사슬에 제2의 카르복실기가 결합되어 전체가 (-)의 전하를 갖기 때문에 산성아미노산(acidic amino acid)이라고 부른다. 역으로 곁사슬에 제2의 아미노기가 결합되어 (+)전하를 갖는 측쇄를 갖는 아미노산은 염기성아미노산(basic amino acid)이라고 하고, 리신(lysine), 알지닌(arginine), 히스티딘(histidine)이 이에 속한다.

표 5-1 단백질을 구성하는 아미노산

중성아미노산(아미노기와 카르복실기의 수가 같음)

(a) 소수성 R기를 가지는 아미노산

명칭	약호	구조식	등전점	비고
Alanine	Ala	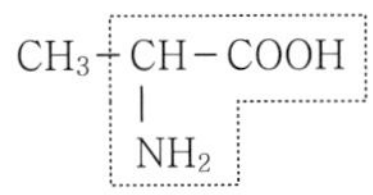	6.00	· 대부분의 단백질에 존재 · 체내에서 3대 영양소의 상호 대사작용에 관여
Valine*	Val	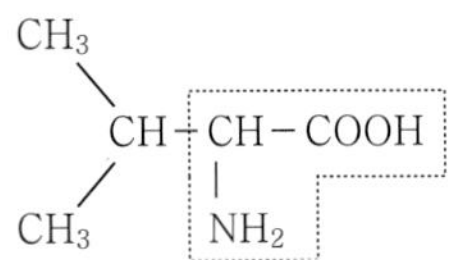	5.96	· 대부분의 단백질에 존재하며 특히 우유단백질(casein)에 8% 정도 함유
Leucine*	Leu	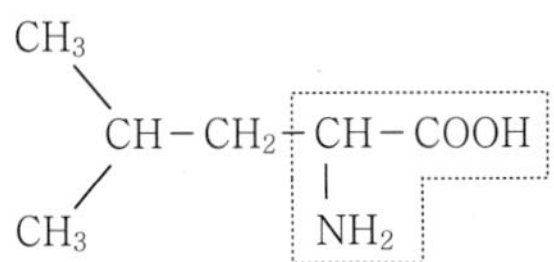	5.98	· 널리 존재하며 우유와 치즈에 많이 함유됨 · Na염은 설탕보다 2.5배의 단맛을 냄
Isoleucine*	Ile	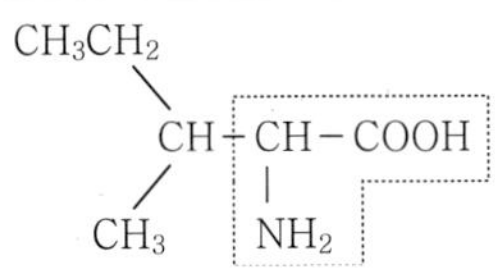	5.94	· leucine과 함께 널리 분포 · 효모의 작용에 의해 acylalcohol로 변하여 퓨젤유(fusel oil)의 주성분이 됨
Proline	Pro	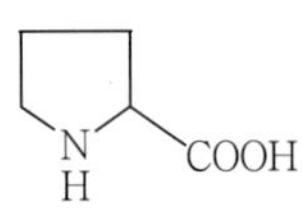	6.30	· 이미노기(imino group)를 갖고 있으며 콜라겐(collagen)이나 프롤라민(prolamine)에 많고 젤라틴(gelatin)과 카세인(casein)에도 함유
Phenylalanine*	Phe	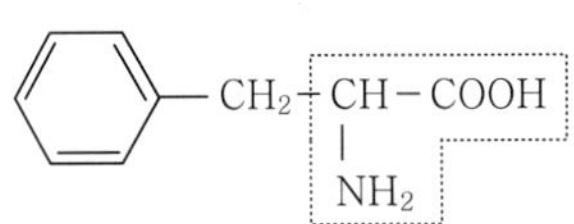	5.48	· 대부분의 단백질에 존재하며 특히 헤모글로빈이나 오브알부민(ovalbumin)에 많음 · 체내에서 tyrosine 합성의 모체
Tryptophane*	Trp	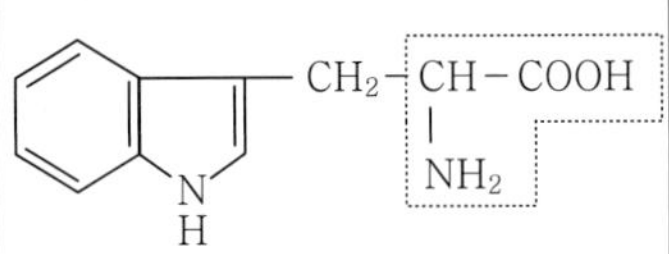	5.89	· 인돌(indole)핵을 가지고 있고, 주로 동물성 단백질에 들어 있음 · 체내에서 니코틴산(nicotinic acid)을 생성
Methionine*	Met	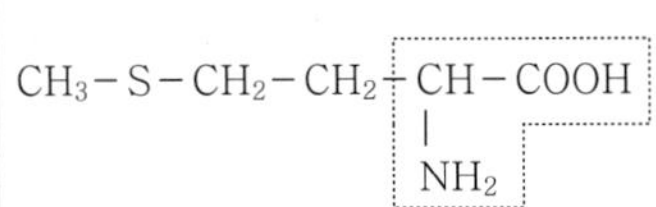	5.74	· 혈청의 알부민(albumin)이나 우유의 카세인(casein)에 비교적 많고 간기능과 관계가 있음

(b) 친수성 R기를 가지는 아미노산

Glycine	Gly	$H-CH(NH_2)-COOH$	5.97	· 젤라틴(gelatin), 견사(fibroin) 등에 많이 존재 · 부제탄소 없음(광학적으로 불활성), 용액은 단맛
Serine	Ser	$CH_2(OH)-CH(NH_2)-COOH$	5.7	· 누에고치 중의 세리신(sericin)에 70%, 그 외에 카세인(casein)이나 난황단백질에 함유
Threonine*	Thr	$CH_3-CH(OH)-CH(NH_2)-COOH$	5.64	· 동물성단백질, 특히 혈액의 피브리노겐(fibrinogen)에 많이 함유, 식물성 단백질에는 함량이 낮음
Cysteine	Cys	$HS-CH_2-CH(NH_2)-COOH$	5.07	· 체내의 산화, 환원에 중요한 작용을 함 · 모발 중에 많고 −SH기가 2개 연결되어 시스틴(cystine)으로 됨 · 체내에서는 methionine으로부터 생성됨
Tyrosine	Tyr	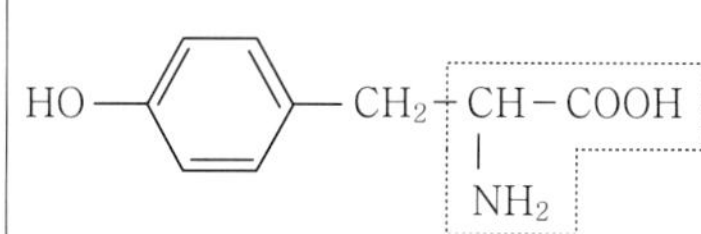	5.66	· 대부분의 단백질에 존재 · 체내에서 phenylalanine의 산화로 생성됨 · 효소인 티로시나아제(tyrosinase)의 작용으로 갈색색소인 멜라닌(melanin)을 생성
Asparagine	Asn	$NH_2-C(=O)-CH_2-CH(NH_2)-COOH$	5.41	· 아스파라거스(asparagus)에서 발견되었으며, 식물의 발아 시에 많이 생성됨(콩나물)
Glutamine	Gln	$NH_2-C(=O)-CH_2-CH_2-CH(NH_2)-COOH$	5.65	· 주로 식물성 식품 중에 존재하며, 특히 사탕무의 즙내에 많이 함유되어 있음

산성아미노산
(카르복실기의 수가 아미노기의 수보다 많음, 음전하를 띤 친수성 R기를 가지는 아미노산)

Aspartic acid	Asp	$HOOC-CH_2-CH(NH_2)-COOH$	2.77	· 대부분의 단백질에 널리 분포함 · 특히 글로불린(globulin)에 많이 함유되어 있음

Glutamic acid	Glu	$HOOC-CH_2-CH_2-CH(NH_2)-COOH$	3.22	· 곡류, 대두 등에 많으며, 아미노산대사에 중요한 역할을 함 · Na염은 화학조미료의 주성분
염기성아미노산 (아미노기의 수가 카르복실기의 수보다 많음, 양전하를 띤 친수성 R기를 가지는 아미노산)				
Lysine*	Lys	$CH_2(NH_2)-CH_2-CH_2-CH_2-CH(NH_2)-COOH$	9.74	· 동물성 단백질에는 많으나 식물성 단백질에는 적음 · 곡류를 주식으로 하는 경우 결핍되기 쉬움
Arginine	Arg	$NH_2-C(=NH)-NH-CH_2-CH_2-CH_2-CH(NH_2)-COOH$	10.76	· 어린이나 동물의 성장에 필요한 준필수아미노산으로 널리 분포 · 분해효소인 아르기나아제(arginase)에 의해 오르니틴(ornithine)과 요소로 가수분해됨
Histidine	His	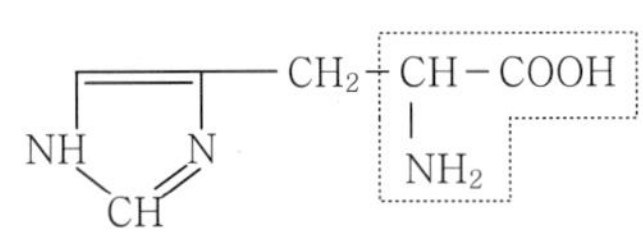	7.47	· 이미다졸(imidazole)핵을 가지고 있으며, 어린이에게는 필수아미노산 · 특히, 부패성 세균에 의해 히스타민(histamine)을 생성함

* 필수아미노산

(2) 필수아미노산

단백질을 구성하는 아미노산 중에서 인체 내에서 거의 합성되지 않고 단백질 형성에 꼭 필요한 성분으로서 영양상 외부로부터 섭취하지 않으면 안 되는 아미노산을 필수아미노산(essential amino acid)이라 한다. 성인에게 필요한 필수아미노산은 메티오닌(methionine), 발린(valine), 이소루이신(isoleucine), 페닐알라닌(phenylalanine), 트립토판(tryptophane), 트레오닌(threonine), 루이신(leucine), 리신(lysine)이지만, 성장기의 아동이나 회복기의 환자에게는 알지닌(arginine), 히스티딘(histidine)이 추가적으로 필요한 아미노산이다. **표 5-2**에는 보통 남자성인 한 사람이 하루에 필요한 필수아미노산의 소요량과 주요 식품 단백질의 필수아미노산 조성과 단백가를 나타내었다. 따라서 식품 단백질 중의 필수아미노산 함량은 단백질의 영양적 가치 평가의 기준이 된다.

표 5-2 주요 식품 단백질의 필수아미노산 조성과 단백가

필수아미노산 / 식품명	이소루이신	루이신	리신	메티오닌	페닐알라닌	트레오닌	트립토판	발린	단백가
비교단백질	0.27	0.31	0.27	0.27	0.18	0.18	0.09	0.27	-
식빵	0.22	0.39	0.12	0.182	0.27	0.16	0.067	0.26	44
백미	0.28	0.52	0.21	0.27	0.29	0.22	0.080	0.37	78
감자	0.24	0.39	0.33	0.129	0.21	0.24	0.091	0.36	48
대두	0.30	0.45	0.43	0.151	0.33	0.27	0.092	0.31	56
가다랑이	0.27	0.44	0.50	0.191	0.21	0.25	0.080	0.31	71
고등어	0.31	0.45	0.45	0.167	0.24	0.25	0.094	0.30	62
어묵	0.31	0.47	0.56	0.231	0.23	0.26	0.058	0.28	64
소고기	0.30	0.57	0.57	0.215	0.28	0.28	0.081	0.34	80
돼지고기	0.32	0.53	0.58	0.243	0.26	0.28	0.090	0.34	90
우유	0.32	0.59	0.48	0.200	0.28	0.27	0.092	0.41	74
계란	0.33	0.53	0.44	0.38	0.32	0.29	0.10	0.41	100

* ▒▒ 는 단백질 산출에 사용되는 제한아미노산이다.
질소 1g 중에 함유되어 있는 각 아미노산의 g수로 나타냈다.

(3) 제한아미노산

단백질의 영양가는 단백질을 구성하고 있는 아미노산 중 필수아미노산의 종류와 양에 의해 결정되며, 특히 필수아미노산 중에서 사람이 필요로 하는 양에 대해서 가장 부족한 필수아미노산에 의해 좌우된다. 즉, 사람에게 필요한 아미노산 양의 기준인 비교 단백질보다 적은 비율로 함유된 아미노산으로서 이것을 제한아미노산(limiting amino acid)이라고 하고(**표 5-2**), 가장 적은 비율로 함유된 아미노산은 제1제한아미노산이라 한다. 체단백질을 구성하는 데 있어서 아미노산은 체내 저장기능이 없으므로 필수아미노산 중에는 하나라도 필요할 때 존재하지 않으면 체단백질 합성은 일어나지 않는다. 따라서 필수아미노산은 골고루 풍부하게 섭취하는 것이 바람직하다. 대개의 경우 리신, 트립토판, 메티오닌 중에서 제한아미노산이 되는 경우가 많다.

(4) 정미성아미노산

식품의 정미(呈味)에는 핵산관련물질, 탄수화물, 유기산, 무기염 등이 관여하며, 단백질은 일반적으로 맛이 없으나 그 분해생성물인 아미노산은 각각 특유한 맛을 가지고 있어 식품의 맛에 크게 기여를 한다(**표 5-3**). 식품위생법상 조미료로 사용이 허가된 아미노산은 맛난맛인 글루탐산염(mono sodium L-glutamate, MSG)과 단맛인 알라닌(DL-alanine), 글리신(glycine) 3종이다. MSG는 조미료로 널리 사용되었으나 현재는 핵산계 조미료로 대체되고 있다.

표 5-3 아미노산의 맛

단맛	쓴맛	신맛	맛난맛
Alanine	Arginine	Aspartic acid	Glutamic acid-Na염(강)
Glycine	Arginine-HCl염	Glutamic acid	Aspartic acid-Na염(약)
Serine	Methionine	Histidine-HCl염	
Threonine	Valine	Asparagine	
Proline	Leucine		
Lysine-HCl염	Isoleucine		
Citrulline	Phenylalanine		
	Histidine, Ornithine		

(음영 표시)은 대표적인 것

(5) 그 밖의 아미노산

아미노산 중에는 단백질의 구성성분이 되지 않고, 유리상태 또는 특수한 화합물의 구성성분으로 존재하는 것이 다수 발견되고 있다. 이들 중 몇 가지를 **표 5-4**에 나타내었다. 오르니틴(ornithine), 시트룰린(citrulline)은 요소 사이클(urea cycle) 중에서 요소 생성에 관여하며, β-알라닌(β-alanine)은 비타민인 판토텐산의 일부이고, γ-아미노부티르산(γ-aminobutyric acid, GABA)은 감자 등의 식물 중에 존재하고, 뇌 조직에 존재하는 신경전달물질로서 뇌기능 발현에 효력이 보고되고 있다.

표 5-4 비단백질 유래의 아미노산

명칭	구조식	소재
γ-Aminobutyric acid	$CH_2(NH_2)CH_2 \cdot CH_2 \cdot COOH$	감자 등의 식물 중에 존재, 뇌기능 발현에 효력 있음
β-Alanine	$NH_2 \cdot CH_2 \cdot CH_2 \cdot COOH$	근육 중에 존재하며 panthotenic acid, coenzyme A, carnosine, anserine의 구성성분
Homoserine	$HOCH_2CH_2 \cdot CH(NH_2)COOH$	완두콩 중에 존재
Homocysteine	$HS \cdot CH_2 \cdot CH_2 \cdot CH(NH_2)COOH$	포유동물의 간장 중에 존재
Theanine	$CH_3 \cdot CH_2NH \cdot CO \cdot CH_2 \cdot CH_2 \cdot CH(NH_2)\ COOH$	찻잎 중에 존재, 차의 맛난맛 성분
Tricholomic acid	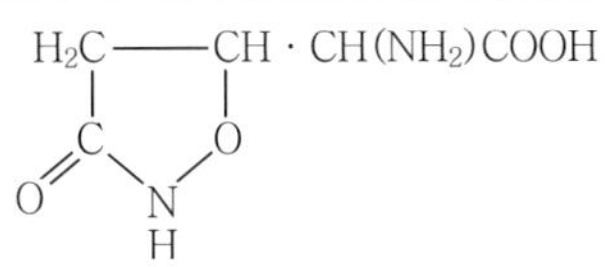	버섯 중에 존재, 버섯의 맛난맛 성분
Alliin	$CH_2{=}CH{-}CH_2{-}S({=}O){-}CH_2{-}CH(NH_2)COOH$	함황아미노산, 마늘 중의 향신성분(allicin) 전구체
Ornithine	$H_2N{-}(CH_2)_3{-}CH(NH_2){-}COOH$	동식물 조직, 항생물질(gramicidin 등)에 존재하며, 요소사이클(urea cycle) 중에서 요소생성에 관여
Citrulline	$H_2N{-}C({=}O){-}NH{-}(CH_2)_3{-}CH(NH_2){-}COOH$	동식물 조직, 특히 수박과즙에 들어 있으며, 요소사이클 중에서 요소생성에 관여
Creatine	$H_2N(HN{=})C{-}N(CH_3){-}CH_2{-}COOH$	척추동물 근육에 존재, 근육활동에 중요
Canavanine	$H_2N(HN{=})C{-}NH{-}O{-}(CH_2)_2{-}CH(NH_2)COOH$	작두콩(Canavalis ensiformis)에서 추출된 유리 아미노산
Taurine	$H_2N{-}CH_2{-}CH_2{-}SO_3H$	오징어, 문어, 조갯살의 추출물에 들어 있으며, 말린 오징어의 표면이 하얗게 되는 것
DOPA(3,3-dihydroxy phenylalanine)	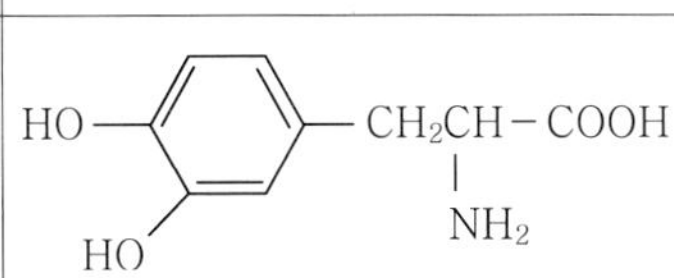	tyrosine 산화로 생성된 멜라닌(melanin) 색소전구체

2. 아미노산의 성질

(1) 용해성

아미노산은 대부분 물과 같은 극성용매에 잘 녹으며, 에테르(ether), 아세톤(acetone), 클로로포름(chloroform)과 같은 유기용매에는 잘 녹지 않는 성질을 가지고 있다. 그러나 티로신(tyrosine)과 시스틴(cystine)은 물에 용해되지 않고, 프롤린(proline)과 히드록시프롤린(hydroxyproline)은 알코올에 잘 녹는다.

(2) 양성전해질

아미노산은 분자 중에 염기성을 나타내는 아미노기와 산성을 나타내는 카르복실기를 가지고 있기 때문에 용액의 pH에 따라 산으로 또는 염기로 작용한다. 따라서 아미노산은 양성전해질(ampholyte)이다. 아미노산은 산성용액에서는 양이온($-NH_3^+$)으로 존재하고, 알칼리성용액에서는 음이온($-COO^-$)으로 존재한다(**그림 5-2**).

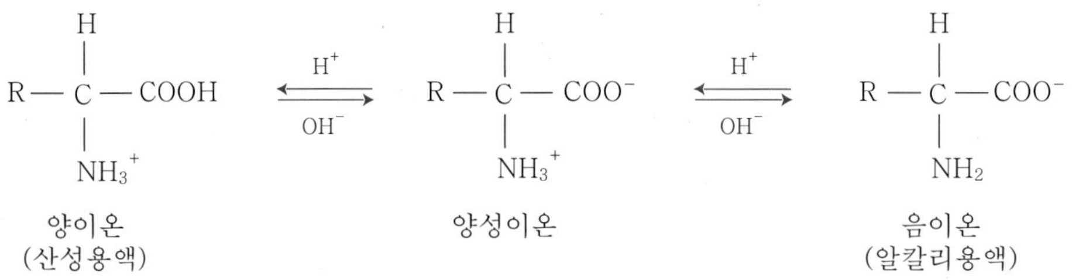

그림 5-2 **양성전해질로서의 아미노산**

(3) 등전점

아미노산은 pH에 따라 서로 다른 전하를 띠게 된다. 산성용액에서는 H^+가 존재하므로 양이온(+)을 띠며 알칼리성용액에서는 OH^-가 존재하므로 음이온(−)의 전하를 띤다. 그러므로 산성용액에서는 음극(−)으로, 알칼리성용액에서는 양극(+)으로 이동한다.

어느 일정한 pH용액에서는 아미노산 중의 양이온과 음이온의 수가 같아서 아미노산 분자 내의 양전하와 음전하가 서로 상쇄되어 실제 전하가 0이 되므로 어느 전극으로도 이동하지 않게 된다. 이때 그 용액의 pH값을 등전점(isoelectric point)이라고 한다. 중성아미노산의 등전점은 5.0~6.5이고, 염기성아미노산은 7.0 이상이고, 산성아미노산은 3.0 이하가 된다(**표 5-1**, 등전점). 등전점에서 아미노산은 불안정하기 때문에 침전하기 쉽고, 용해도, 삼투압, 점도 등은 최소가 되고, 반대로 기포성, 흡착성, 탁도는 최대가 되는 특징이 있다.

3. 단백질의 구조

(1) 펩티드의 구조

펩티드결합이란 한 아미노산의 카르복실기(carboxyl group, -COOH)와 다른 아미노산의 아미노기(amino group, $-NH_2$)가 반응하여 탈수·축합하여 아미드(amide, -CO-NH-)형태로 결합한 것이다(**그림 5-3**).

여러 개의 아미노산이 펩티드결합에 의해 직쇄상으로 연결되어 있는 화합물을 펩티드(peptide)라고 하며, 펩티드 내 각각의 아미노산은 아미노산 잔기(amino acid residue)라고 한다. 펩티드의 왼쪽 말단에 α-아미노기를, 오른쪽 말단에 α-카르복실기를 쓴다. 이것은 글로 표기하거나 구조를 그림으로 나타낼 때에도 같은 방법으로 한다. 폴리펩티드에서는 왼쪽 말단을 아미노 말단(N-말단), 오른쪽의 말단을 카르복실 말단(C-말단)이라고 부른다. 펩티드는 아미노산 잔기의 수에 따라 2분자의 아미노산이 결합된 것을 디펩티드(dipeptide), 3분자의 아미노산이 결합된 것을 트리펩티드(tripeptide), 이들과 더불어 아미노산이 10개 이하 결합한 것을 올리고펩티드(oligopeptide), 50개 이상의 아미노산 잔기로 되어 있는 폴리펩티드(polypeptide)를 단백질(분자량 약 10,000 이상)이라고 한다. 펩티드나 단백질의 아미노산 배열은 3문자의 아미노산 약호(**표 5-1**)를 사용하며 아미노 말단부터 쓰면서 각 아미노산 사이에는 하이픈(-)을 그어 나타낸다.

Arg – Ala – Gly – Arg – Glu – Ala – Met – Lys

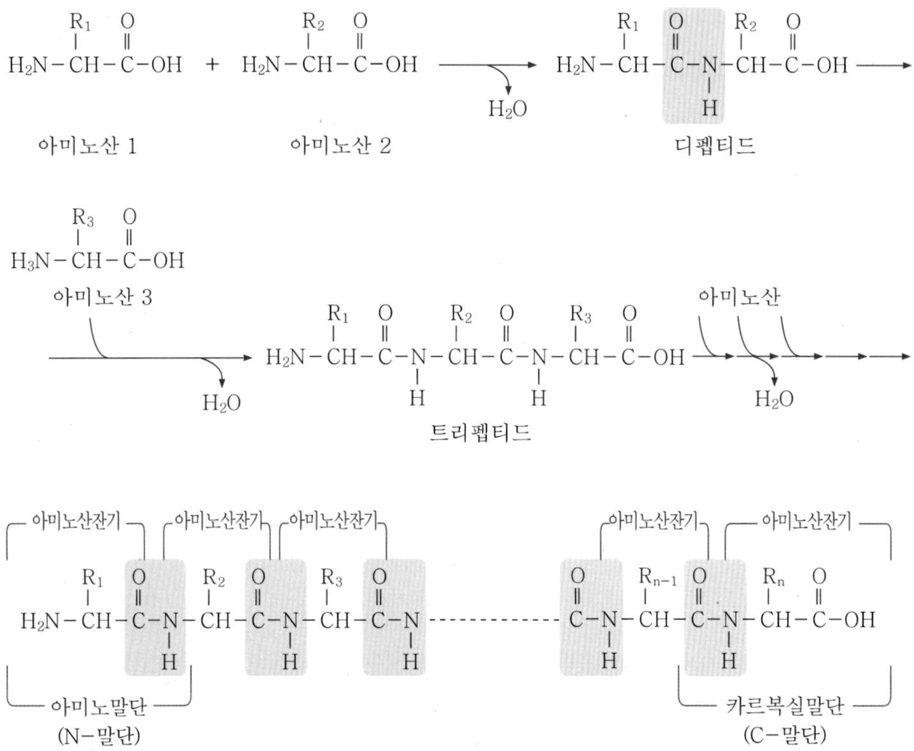

그림 5-3 **펩티드결합**

(2) 단백질의 구조

단백질은 여러 종류의 아미노산들이 아미노기와 카르복실기 간에 이루어진 펩티드결합을 한 고분자 화합물이다. 그 폴리펩티드 사슬은 나선 모양으로 회전되기도 하고, 주름 잡힌 모양으로 되기도 하여 각각의 단백질로 이뤄진 특유하고 복잡한 입체구조를 가지고 있다. 하나하나의 단백질이 그 생리기능을 발휘하기 위해서는 이같은 특유의 입체구조를 형성해야 하는 것은 필수적이다. 이 입체구조 형성에 관여하는 결합은 공유결합(펩티드결합 및 디설피드결합), 비공유결합인 수소결합, 소수성결합(hydrophobic interaction) 혹은 이온결합이 있다(**그림 5-4**).

단백질의 구조에는 **그림 5-5(a)**와 같이 단계가 있다.

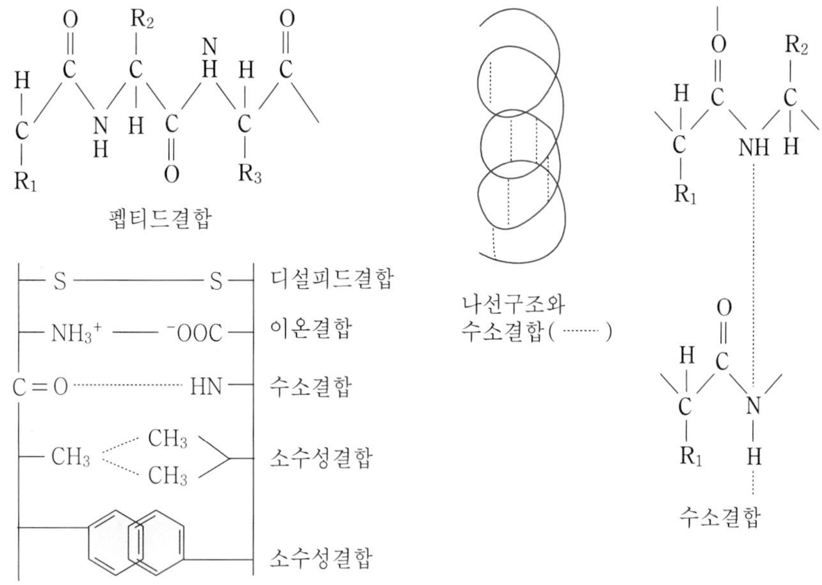

그림 5-4 단백질을 구성하는 결합 형태

1) 1차 구조

단백질의 아미노산 조성과 배열순서는 각각의 단백질에 따라 다르고, 그 아미노산잔기의 일차원적인 배열 순서를 1차 구조라고 한다. 단백질의 화학구조라고 하는 것은 1차 구조를 나타낸다.

2) 2차 구조

펩티드사슬의 일부는 코일 모양의 α-나선구조(α-helix)를 하고, 또 다른 일부는 펩티드사슬이 주름 잡힌 모양을 한 β-병풍구조(β-sheet)로 되어 있다. 이처럼 폴리펩티드 사슬의 일부가 규칙적으로 반복된 구조를 2차 구조라고 한다. α-나선구조는 동일한 폴리펩티드 사슬에서 나선을 따라 규칙적으로 펩티드결합의 이미드기(=N-H)와 다른 펩티드의 카르보닐기(=C=O)의 사이에서 수소결합을 만들어 나선 모양으로 된 것이다[**그림 5-5(b)**]. 이 나선은 오른쪽으로 회전하며 3.6개의 아미노산잔기가 1회전하고 있다. 한편, β-병풍구조는 병풍을 친 것과 같은 모양을 유지하는 것으로 평행으로 늘어진 형태의 펩티드

사슬 사이에서 카르보닐기와 이미드기 사이의 수소결합에 의해 안정화되어 있는 β-배열을 하고 있다[**그림 5-5(c)**]. 폴리펩티드 사슬이 서로 같은 방향으로 늘어선 β-구조를 평행형 병풍구조(parallel β-pleated sheet)라 하고, 진행 방향이 서로 반대방향으로 늘어서서 β-구조를 형성한 것을 비평행형 병풍구조(antiparallel β-pleated sheet)라 한다.

3) 3차 구조

단백질의 폴리펩티드 사슬이 구성 아미노산 잔기의 특성에 따라 더욱 꺾여 구부러지고 겹쳐져서, 각 단백질분자 특유의 입체구조(구상이나 섬유상)를 이루며 안정화된다. 이것을 3차 구조라고 한다[**그림 5-5(d)**]. 이 구조를 유지하기 위해서 각종의 화학결합 및 화학상호작용(수소결합, 소수성결합, 이온결합, S-S결합 등)이 일어난다. 최근에는 구조적, 기능적으로 통합된 구조를 모티프(motif), 도메인(domain)이라고 부른다.

4) 4차 구조

3차 구조를 가진 몇 개의 폴리펩티드 사슬들이 모여서 한 개의 기능을 갖는 단백질 집합체를 이룬 상태를 4차 구조라고 한다[**그림 5-5(e)**]. 예를 들면 헤모글로빈은 α-사슬과 β-사슬이 2개씩 집합한 사량체(四量体)이다. 4차 구조를 가진 단백질을 올리고머단백질이라고 말한다. 구성 폴리펩티드를 소단위(subunit) 또는 모노머(monomer)라고 한다.

(a) 단백질 구조 단계

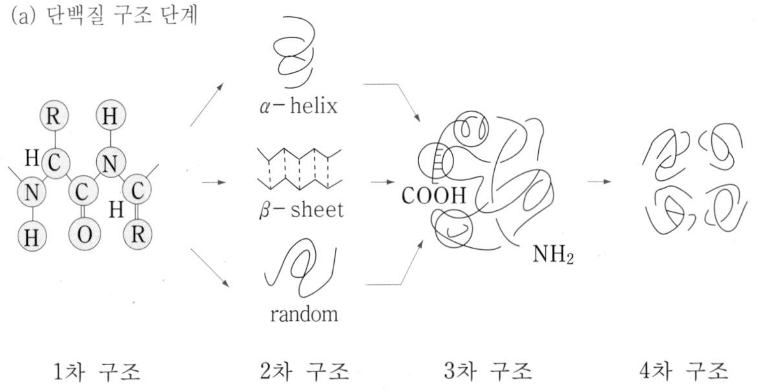

(b) α-나선구조의 모형

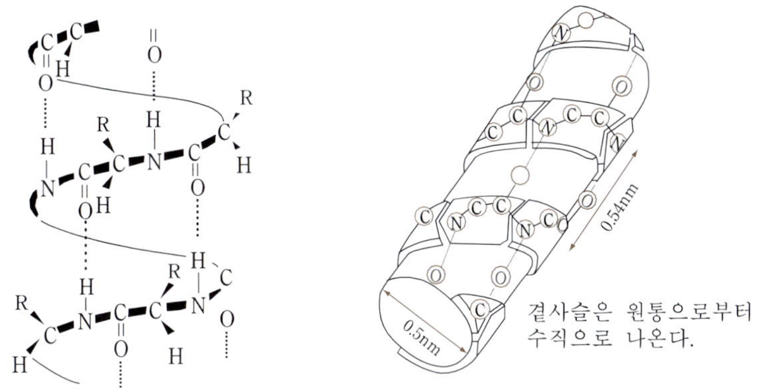

(c) β-병풍구조의 모형

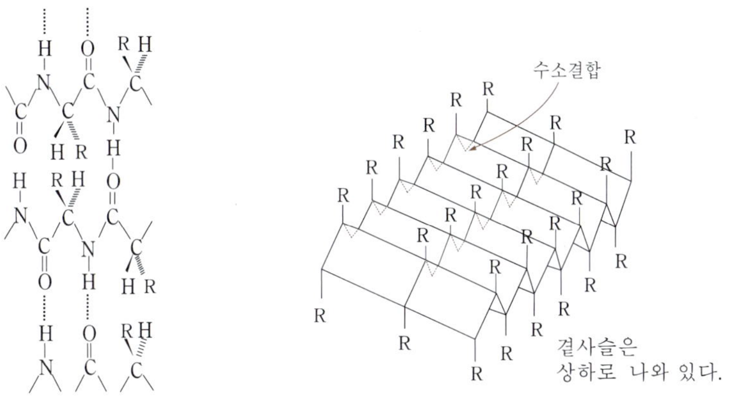

(d) 3차 구조

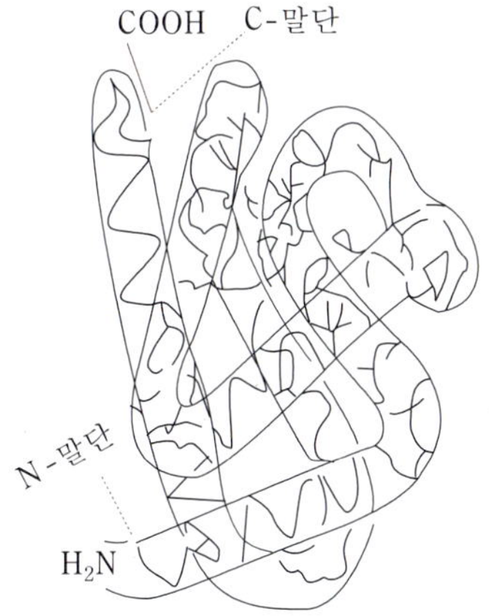

(e) 4차 구조

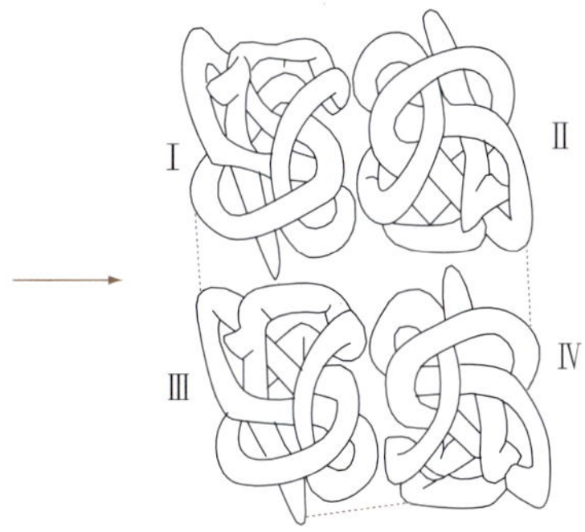

그림 5-5 단백질 구조의 계층성

4. 단백질의 분류

생물에는 다양한 단백질이 함유되어 있으며, 다양한 분류방법이 있다. 그 중 가장 오래되고 간단한 분류법으로 단백질은 그 형상에 따라 구상단백질(globular protein)과 섬유상단백질(fibrous protein)로 분류한다. 구상단백질은 대표적으로 효소단백질의 라이소자임이나 알부민, 글로불린 등이 있고, 섬유상 단백질은 콜라겐, 케라틴, 견사(명주실)의 피브로인 등이 함유되어 있다(**표 5-5**).

표 5-5 구상단백질과 섬유상단백질의 비교

	구상단백질(globular protein)	섬유상단백질(fibrous protein)
형태	· α-나선구조가 구부러지고 겹쳐서 전체로는 구상을 이룸	· 지그재그 모양의 β-구조가 축에 나란히 달리면서 묶여 다발(micell)을 이룸
이화학적 성질	· 불안정하며 일반적으로 물에 가용변성을 쉽게 일으킴 · 분자 내에 다량의 물을 함유	· 안정성이 있으나 물에 불용 · 용액은 점도가 높음 · 가수분해 어렵고 결정성임
생활기능 및 생명현상 관계	· 활성물질로 분비되어 생활기능에 직접 관계함 · 생물학적으로 중요 · 생명현상에 밀접한 관계가 있음	· 직접 관계가 없음 · 뼈를 형성 · 표피보강 및 배설물
분포상태	· 단순단백질(albumin, globulin 등) · 복합단백질(casein, hemoglobulin 등) · 핵단백질 등 원형질의 주성분 난백, 우유 등	· 견사 fibroin · 털 keratin, gelatin · 건 collagen · 근육 myosin

또한, 단백질의 구성 성분에 따라 단순단백질(simple protein), 복합단백질(conjugated protein), 유도단백질(derived protein)로 분류한다. 한편, 단순단백질은 아미노산만으로 구성된 폴리펩티드 사슬로서, 그 용해도에 따라서 분류하는 것이 있고(**표 5-6**), 이 성질을 이용해서 단백질의 추출과 분리, 정제를 할 수 있다. 복합단백질은 단순단백질에 인, 핵산, 당질, 지방질, 색소나 금속 등이 결합된 단백질로서(**표 5-7**), 대부분 인체 내에서 일어나는 중요한 생화학적 기능과 밀접한 관계가 있다, 유도단백질은 천연의 단백질이 열, 자외선 등의 물리적 작용이나, 산, 알칼리, 알코올 등의 화학적 작용 또는 효소의 작용에 의해 변성 및 분해

등의 변화를 일으킨 단백질이며, 그 변화된 정도에 따라 제1차 유도단백질(primary derived protein)과 제2차 유도단백질(secondary derived protein)로 나눈다.

표 5-6 용해성에 따른 단백질의 분류

단백질	물	0.8% NaCl	약산 pH 4~5	약 알칼리 pH 8	60~80% 알코올	기타 특징	소재
알부민 (albumin)	○	○	○	○	×	열응고성, 동식물 중에 널리 존재	ovalbumin(난백), lactalbumin(유즙), serum albumin(혈청), myogen(근육), leucosin(밀), legumelin(두류)
글로불린 (globulin)	×	○	○	○	×	열응고성, 동식물 중에 널리 존재, glycine을 많이 함유	myosin(근육), lactoglobulin(유청), lysozyme(난백), actin(근육), fibrinogen(혈장), ovglobulin(난백), serum globulin(혈청), glycinin(대두), arachin(땅콩), tuberine(감자)
글루텔린 (glutelin)	×	×	○	○	×	식물의 종자에 존재, 비열응고성, glutamic acid를 많이 함유	oryzenin(쌀), glutenin(밀), hordenin(보리)
프롤라민 (prolamin)	×	×	○	○	○	식물종자 중에 존재, proline을 많이 함유	gliadin(밀), zein(옥수수), hordein(보리), sativin(귀리)
히스톤 (histone)	○	○	○	×	×	염기성 단백질로 핵산과 결합, 동물의 체세포와 정자의 핵에 존재 arginine, lysine의 염기성 아미노산이 많으며, 비열응고성	thymushistone(흉선 중의 단백질), globin(적혈구의 단백질)
프로타민 (protamine)	○	○	○	○	×	염기성 단백질로서 핵산과 결합, arginine이 많음, 동물 특히 어류의 정자 중에 존재, 핵산과 결합 비열응고성	salmine(연어), clupeine(정어리), scombrin(고등어)
알부미노이드 (albuminoid)	×	×	×	×	×	비열응고성, 경단백질(sclero protein)이라 부르며, 동물체의 보호조직 중에 존재	collagen(결합조직), elastin(결합조직, 힘줄), keratin(머리털, 손톱), fibroin(면사)

○: 가용, ×: 불용

제1차 유도단백질은 천연의 단백질이 산, 알칼리, 화학물질, 효소 등에 의해 구조가 약간 변화된 것으로 대부분의 분자골격은 그대로이나 성질이 전과 달라져서 변성단백질(denaturation protein)이라고도 하고, 불용성이다.

① 젤라틴(gelatin): 콜라겐(collagen) 성분을 함유한 뼈, 피부, 힘줄, 연골 등을 물과 함께 장시간 가열하면 뜨거운 물에 녹고 찬 물에 녹지 않는 젤라틴이 생성된다.

② 프로테안(protean): 물에 잘 녹는 단백질이 산, 알칼리 첨가 또는 가열 등에 의해 불용성으로 변하는 유도단백질을 말한다. 대부분 가공식품의 단백질이 이에 속하며 파라카세인(paracasein)과 피브린(fibrin)이 있다.

③ 응고단백질(coagulated protein): 단백질이 가열, 자외선, 기계적인 교반, 알코올과 같은 유기 용매나 기타 화학물질작용 등에 의해서 변성하여 응고한 것이다. 요리한 달걀의 알부민(albumin)이 좋은 예이다. 응고단백질은 물, 염용액, 묽은 산, 묽은 알칼리 용액에 불용이다.

제2차 유도단백질은 제1차 유도단백질보다 변성이 더욱 진행된 것으로 단백질이 가수분해되어 아미노산이 되기까지의 중간 생성물을 말하며, 분해단백질이라고 한다. 가수분해 정도에 따라 프로테오스(proteose), 펩톤(peptone), 펩티드(peptide) 등으로 구분된다.

① 프로테오스(proteose): 가수분해된 단백질인 1차 프로테오스와 이보다 더 가수분해된 2차 프로테오스가 있다. 1차 프로테오스는 물에 녹고 열에 의해 응고하지 않으며 진한 질산(HNO_3)에 침전하고 황산암모늄[$-(NH_4)_2SO_4$]에는 반포화 용액에 의해서 침전한다. 2차 프로테오스는 물에 녹고 열에 응고하지 않으며 황산암모늄의 포화로 침전한다.

② 펩톤(peptone): 프로테오스가 더 분해된 것으로 분자량이 더 작은 분해생성물로서 물에 녹으며 무수알코올이나 탄닌산에 의해 침전된다.

③ 펩티드(peptide): 단백질의 가수분해가 가장 많이 진행된 것으로 분자량이 가장 작은 유도단백질이다.

표 5-7 화학조성에 따른 단백질의 분류

단백질	특징	예
인단백질 (phosphoprotein)	· 인산이 ester형으로 단백질의 일부에 결합 · 동물성 식품에 많이 존재 · 체액의 중성 유지, 효소작용 등을 조절	casein(유즙), vitellin(난황), phosvitin(난황), vitellenin(난황), ichthulin(어란)
핵단백질 (nucleoprotein)	· 핵산과 염기성 단백질이 결합(이때 단순단백질 부분은 주로 histone과 protamine) · 식품의 맛과 관련이 있음	nucleohistone(DNA와 histone: 흉선, 백혈구, 적혈구, 정자), nucleoprotamine(DNA와 protamine: 어류, 정자)
당단백질 (glycoprotein) (mucoprotein)	· 당류와 단백질이 결합한 것 · 조직 및 장내의 윤활작용과 동식물세포 및 조직의 보호작용을 함	mucin(타액, 난백, 점막분비물), mucoid(난백, 연골, 혈청), heparin(간)
색소단백질 금속단백질 (metalloprotein)	· 색소와 단백질이 결합한 것 · 색소성분 중에 금속을 가지고 있는 것이 많으므로 금속단백질이라고도 함	hemoglobin[혈액, 색소는 heme(Fe)], myoglobin[근육, 색소는 heme(Fe)], hemocyanin(연체동물의 혈액, 색소는 heme 중의 Fe 대신에 Cu), chlorophyll protein[엽록체, 색소는 chlorophyll(Mg)], flavoprotein(황색효소, 색소는 flavin), catalase(효소, Fe)
지단백질 (lipoprotein)	· 인지질과 단백질이 결합	lipovitellin(난황), lipovitellenin(난황), thromboplastin(혈액)

다수의 단백질이 분리·정제되고, 이들의 분자량과 등전점을 측정하는 것에 의해 더 다양한 단백질이 존재하고 있음을 알 수 있다(**표 5-8**).

표 5-8 물리 화학적 성질(분자량의 크기)에 따른 단백질의 분류

단백질	분자량	아미노산 잔기 수	폴리펩티드 사슬 수
인슐린 (insulin)	5,733	51	2
리보뉴클레아제 A (ribonuclease A)	12,640	124	1
라이소자임 (lysozyme)	16,890	129	1
미오글로빈 (myoglobin)	18,890	153	1
키모트립신 (chymotrypsin)	21,800	225	1
헤모글로빈 (hemoglobin)	64,500	574	4
혈청알부민 (serum albumin)	68,500	~550	1
헥소키나아제 (hexokinase)	86,000	~800	4
트립토판 합성효소 (tryptophan synthetase)	117,000	~975	4
면역글로불린 (immunoglobulin)	149,900	~1,250	4
글리코겐 포스포릴라아제 (glycogen phosphorylase)	495,000	~4,100	4
글루탐산 탈수소효소 (glutamate dehydrogenase)	1,000,000	~8,300	~40
효모지방산 합성효소 (fatty acid synthetase)	2,300,000	~20,000	~22
담배 모자이크 바이러스 (tobacco mosaic virus)	~40,000,000	~300,000	~2,130

단백질은 생리적 기능을 갖는 것이 많으며, 그 작용에 따라 **표 5-9**와 같이 분류할 수 있고, 대부분 모든 생명현상에 단백질이 관계하고 있음을 확실히 알 수 있다.

표 5-9 기능에 따른 단백질의 분류

단백질	작용	예
효소단백질	생체 내 화학반응 촉매	pepsin, trypsin, urease, lysozyme, ribonuclease 등
구조단백질	생체 내 결합조직 형성	collagen, elastin, fibroin, α-keratin, tubulin 등
수송단백질	생체 내 물질 수송	serum albumin, hemoglobin, myoglobin, glucose carrier 등
운동단백질	근육의 수축·세포운동	myosin, actin 등
저장단백질	영양	casein(유즙), ovalbumin(난백), gliadin(밀), oryzenin(쌀), zein(옥수수) 등
생체방어단백질	면역·혈액응고 등의 생체방어	면역글로불린(IgG 등), thrombin, 보체단백질 등
생체제어단백질	호르몬작용	insulin, 신경성장인자(NGF), 상피성장인자(EGF) 등
유전자제어단백질	유전자발현 조절	homeodomein protein, lactose repressor
특수기능단백질	동결방지, 세균·동식물독소	antifreeze protein, 녹색형광단백질, 보툴리누스균, 뱀독 등

5. 단백질의 성질

(1) 용해성

단백질은 그 종류에 따라 물, 염용액, 산, 알칼리, 알코올, 아세톤 등에 대한 용해도가 다르다(**표 5-6**). 이 차이점을 이용해서 단백질의 정제가 가능하다. 단백질의 용해도는 등전점에서 최소가 되고, 고농도의 중성염을 첨가하면 감소되어 침전이 일어난다(염석, salting-out). 예를 들면, 단백질용액에 중성염

[$(NH_4)_2SO_4$, NaCl]을 첨가했을 때 먼저 침전하는 것을 글로불린이라 부르고, 황산암모늄포화에 가까운 상태에서 침전하는 것은 알부민이라 한다. 이와 같은 조작으로 단백질을 침전시켜서 분리하는 것이 가능하다. 두부를 제조할 때 간수($MgCl_2$, $CaSO_4$)를 사용하는 것은 염석의 한 예라고 할 수 있다.

(2) 응고성

① 열응고: 보통 60~70℃에서 응고하는데 젤라틴, 프로타민은 응고하지 않는다.

② 알코올 응고: 일반적으로 에탄올을 많이 가하면 침전하고, 곧 물을 다시 가하면 용해되나 방치하면 물을 가하여도 용해하지 않는다.

③ 산에 의한 응고: 염산, 황산, 질산을 가하면 응고한다.

④ 효소에 의한 응고: 특수한 경우의 한 예로서 우유단백질인 카세인(casein)은 효소 레닌(rennin)에 의해 응고한다.

(3) 양성전해질 및 등전점

단백질을 구성하고 있는 아미노산잔기 측쇄의 성질(산성기와 염기성기의 함유량)에 의해서 양성전해질로서 성질을 나타내고, 각각의 단백질에 특유한 등전점을 갖는다. 일반적으로 단백질은 산성아미노산이 많으면 산성 쪽으로, 염기성 아미노산이 많으면 알칼리성 쪽으로 등전점을 갖는다. 각종 단백질의 등전점은 **표 5-10**과 같다. 대부분의 식품 단백질의 등전점은 pH 4~6의 범위이다. 등전점에서 단백질 분자는 전기장의 어느 쪽으로도 이동하지 않으며 팽윤력(swelling) 및 용해도(solubility), 점성(viscosity), 보수성(water holding capacity) 등은 가장 낮고 기포성(foaming capacity)은 최대가 된다. 예를 들면, 사람 위에 존재하는 펩신(pepsin)은 1.0보다 낮고, 소(牛)의 미오글로빈은 중성(7.0), 난백라이소자임은 11.0이다. 등전점에서 산성용액 중에서는 단백질은 (+)로, 알칼리성 용액 중에서는 (-)로 전하를 띠게 된다. 따라서 단백질을 전장에 두면, 그 전하 상태에 따라서 음극 또는 양극으로 이동한다(전기영동, electrophoresis). 단백질의 이동속도는 각각의 단백질에 따라 다르기 때문에 단백질의 분석이나 정제에 이용될 수 있다.

표 5-10 식품 단백질의 등전점

단백질	소재	등전점	단백질	소재	등전점
eggalbumin	난	4.5~4.7	lactoglobulin	대마 열매	4.5~5.5
lactalbumin	우유	5.1	glutenin	밀	5.2~5.4
casein	우유	4.6	gliadin	밀	6.5
myogen	고기	6.3~6.5	zein	옥수수	5.8
myosin	고기	5.4	glycinin	콩	4~5

(4) 비투과성

단백질은 다수의 α-아미노산이 펩티드결합으로 연결된 고분자량의 다가전해질성(多價電解質性) 폴리펩티드이다. 단백질 등의 고분자 화합물 용액에 공존하는 저분자 화합물을 제거하는 탈염(desalting)과 농축방법으로 고분자 화합물이 통과되지 않는 반투막(예: cellophane)을 사용하여 저분자 화합물만을 외액으로 배출시키는 투석법이 잘 사용된다.

(5) 자외선 흡수

단백질의 대부분은 280nm부근에서 최대흡수파장을 갖는다. 이것은 티로신(최대흡수파장 275nm), 페닐알라닌(최대흡수파장 260nm), 트립토판(최대흡수파장 280nm)잔기를 가지고 있는 방향족 측쇄 사슬에 의한 것이다.

(6) 정색반응

단백질은 구성아미노산의 종류와 그 속에 포함된 물질의 화학적인 성질에 따라 여러 가지 정색반응을 나타낸다. 반응기가 단백질 분자의 표면에 노출되어 있는 경우와 내부에 존재하는 경우의 반응성이 각각 다르기 때문에 조건에 따라 여러 가지 화학반응을 사용한다. 대표적인 정색반응 중 뷰렛(biuret)반응은 단백질을 알칼리성용액 중에서 황산동과 반응시키면, 적자색을 만든다. 이것은 트리펩티드(tripeptide), 즉 펩티드결합이 3개 이상인 경우에 일어나는 반응이기 때문에, 분자량이 큰 단백질에서는 강하게 반응한다. 닌히드린(ninhydrin) 반응은 아미노산, 단백질의 아미노기와 반응하기 때문에 특히 아미노산 정량에 사용되고 있다. 이 외의 단백질의 정색반응을 **표 5-11**에 나타내었다.

표 5-11 단백질 및 아미노산의 정성반응

반응명	방법	검출되는 아미노산	색
Biuret	강한 알칼리성용액(1~2N NaOH)을 묽은 $CuSO_4$용액과 반응시킴	단백질 중의 peptide 결합을 가진 아미노산	자색(violet) 혹은 적자색
Millon	단백질 용액을 $Hg(NO_3)_2$와 진한 황산으로 가열	tyrosine	적갈색의 침전
Pauly	단백질의 알칼리성용액을 diazobenzene sulfonic acid와 가열	tyrosine과 histidine	붉은색(산을 가할 때는 노란색으로 변함)
Glyoxylic acid (Hopkins-Cole)	Glyoxylic acid와 단백질 용액을 혼합한 후 진한 황산을 가해서 경계면을 만듦	tryptophan	경계면에서 자색의 환
Sakaguchi	알칼리성에서 α-naphthol 용액과 hypobromite를 가함	arginine	붉은색
Xanthoproteic	진한 HNO_3을 가함	tyrosine, arginine	노란색(알칼리를 가했을 때는 오렌지색으로 변함)
Sulfur	단백질 용액에 40% NaOH를 가하고 가열한 후에 lead acetate용액을 가함	cysteine, cystine	흑갈색 침전
Ninhydrin	약산성 및 중성의 단백질 용액에 1% ninhydrin 수용액을 가한 후에 100℃로 가열	peptide, protein 등 histidine, proline, hydroxyproline	청자색 청색 황색

6. 단백질의 변화

생체 중에 존재하는 것과 최대한 가까운 상태로 골라낸 단백질을 천연 단백질(native protein)이라 하고, 이 단백질은 앞에서 기술한 바와 같이 비교적 약한 비공유결합(수소결합, 이온결합, 소수성결합)과 공유결합이라 해도 쉽게 환원되는 디설피드결합(S-S결합)을 보유하고 있는 특유의 고차구조(native conformation)이다. 단백질을 물리적 자극(가열, 자외선 조사, 방사선 조사, 가압)이나 화학적 자극(극단적 pH, 수은 등의 중금속염, 알코올 등의 유기용매, 요소, 염산구아니딘, 트라이클로로아세트산과 같은 단백질 변성제)을 하면 단백질의 고차구조가 붕괴된다. 이같은 단백질 고차구조의 붕괴를 변성(denaturation)이라고 한다. 변성 단백질은 용해도를 감소시키고(침전물 형성), 효소와 항체는 그 생리활성을 잃고, 혹은 단백질분해효소에 의해 소화되기 쉽게 된다(가열조리 목적의 하나). 변성을 일으킨 원인을 제거하면 본래의 고차구조를 회복하고, 생리활성을 되찾게 되는 경우가 있다. 이런 변화를 재생(renaturation)이라고 한다(**그림 5-6**).

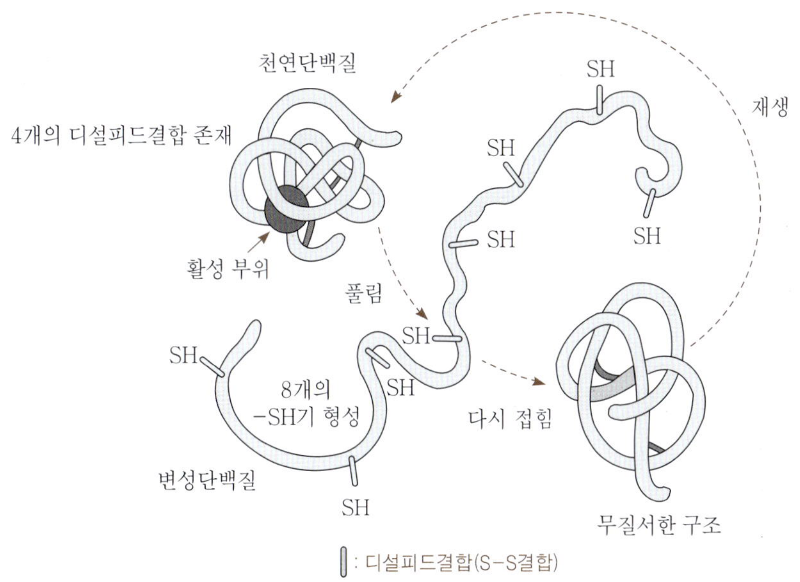

그림 5-6 단백질의 변성과 재생

(1) 단백질의 변성

단백질의 변화 중 가장 중요한 것이 변성이며, 단백질 식품의 가공, 저장, 조리과정 중에 변성이 많이 일어나므로 이에 대한 지식은 매우 중요하다. 예를 들면 삶은 달걀(열변성), 콩으로부터 두부 제조(가열 및 염류의 작용), 동결 두부의 제조(동결), 도살 후 고기의 숙성(효소의 작용), 우유로부터 요구르트의 제조(산의 작용), 치즈 제조(효소, 염류의 작용), 생선 건어물(건조), 수산 연제품 맛의 생성(염류, 열작용), 초절임식품(산의 작용), 염장식품 등은 모두 단백질의 변성을 이용한 것이다.

단백질의 변성 요인은 가열, 동결, 건조, 산, 알칼리, 효소, 금속이온 등을 들 수 있고, 변성 단백질의 성질을 이용해서 식품을 가공하기도 하고, 조리하기도 한다.

1) 가열에 의한 변성

식품의 조리 가공에 있어서 중요한 조작인 가열은 단백질의 변성을 일으키는 가장 기본적인 요인이다. 일반적으로 가용성 단백질을 가열하면 변성되어 응고형태로 나타난다. 단백질의 응고는 단백질 분자의 형태가 변하여 변성형태로 된 다음 단백질 분자 상호간의 결합에 의해 일어난다. 그러나 결체 조직 중의 콜라겐처럼 불용성인 단백질을 가열하면 변성되어 가용성인 젤라틴이 되는 경우도 있다. 단백질의 가열변성에 영향을 주는 인자로는 온도, 수분, 전해질, 수소이온농도(pH) 등을 들 수 있다.

단백질의 응고는 대개 60~70℃에서 일어나며, 단백질에 수분이 많이 존재하면 비교적 낮은 온도에서 열변성이 일어난다. 또한 단백질은 염화물, 황산염, 인산염, 젖산염 등의 전해질이 존재하면 변성온도가 낮아질 뿐만 아니라 그 속도도 빨라진다. 그리고 단백질은 등전점(isoelectric point)에서 가장 쉽게 응고하고, 단백질에 설탕이나 포도당을 넣고 가열하면 응고온도가 높아지며 설탕의 양이 많아질수록 응고온도는 점점 상승한다.

가열변성을 이용한 식품의 예로는 삶은 계란, 갈비, 어묵 등이 있다.

2) 동결에 의한 변성

식품 단백질은 동결에 의해서도 변성이 일어난다. 육류는 -1.5~-3℃에서, 어육은 -1~-5℃에서 가장 현저하게 단백질의 변성이 일어나며 그 이하의 온도에서는 변성속도가 감소되는데 변성이 가장 현저한 온도범위를 최대빙결정대(最大氷結晶帶)라고 한다. 따라서 빙결정을 최소로 하고 변성속도를 단축시키기 위하여 육류의 냉동은 급속동결방법이 이용된다.

두부를 동결해서 약 3주간 저장하면 단백질은 변성하고 보수성을 잃어버린다. 이후 동결건조해서 만든 두부를 동결두부(凍結豆腐)라고 한다.

3) 건조에 의한 변성

건조에 의해 육섬유를 형성하고 있는 직쇄상의 폴리펩티드 사슬 사이의 수분이 제거되고 인접한 폴리펩티드 사슬이 상호 접근하여 결합을 이루어 견고한 구조가 된다. 건조한 어육은 염석, 응집 등에 의한 변성으로 물에 담가도 흡수성이 나쁘고 생육처럼 되지 않는다. 건조에 의한 외관, 수분 함량, 경도, 맛 등이 달라지는 것도 단백질이 변성되기 때문이다.

4) 산, 알칼리에 의한 변성

단백질 용액에 산 또는 알칼리를 가하면 (+), (-) 전하가 변하기 때문에 단백질의 이온결합이 변화를 일으켜 단백질이 변성하게 되고, 그 변성은 단백질을 등전점에 이르게 하여 응고시키게 된다.

우유에 젖산균이 생육하면 pH가 낮아져서 카세인의 등전점, 즉 pH 4.6에 이르게 되어 카세인이 변성되어 침전한다. 요구르트, 치즈 등의 제조는 이 원리를 이용한 것이다.

생선을 조리할 때 초절임이나, 살이 너무 연한 생선을 삶을 때 식초를 조금 넣은 다음 물을 끓이는 것도 단백질을 변성시켜 살을 굳게 하기 위함이다.

5) 효소에 의한 변성

단백질은 효소작용에 의해 변성 및 가수분해된다. 우유 단백질의 약 80%를 차지하고 있는 카세인은 구상의 카세인 미셀(casein micell)로 존재하며 칼슘, 인, 마그네슘, 구연산을 함유하고 있다.

미셀에서 α-카세인과 β-카세인은 칼슘이온(Ca^{2+})에 의해 응집되어 있고, κ-카세인은 응집하지 않고 미셀 표면에 존재하여 보호콜로이드 구실을 함으로써 미셀을 안정화시킨다. 그러나 응유효소인 레닌(rennin)은 κ-카세인에 작용하여 파라-κ-카세인(ρ-κ-casein)과 당을 함유한 글리코마크로펩티드(glyco-macropeptide)로 분해한다. 이 펩티드는 친수성이 강하여 카세인에서 유리되고 그 미셀은 불안정하게 되어 우유 중의 칼슘이온(Ca^{2+})과 결합하여 응고물(curd)이 생기게 된다.

6) 금속이온에 의한 변성

Ca^{2+}나 Mg^{2+}는 카르복실기(-COOH)와 결합하여 염의 가교(cross-linkage)를 만들어 응집하고, 중금속(Hg, Ag, Cu, Fe, Pb)류는 단백질과 착화합물(complex)을 형성한 후 응고, 침전한다.

두부는 간수에 함유되어 있는 Ca^{2+}나 Mg^{2+}에 의해 두유의 글로불린을 응고시켜서 제조한 것이고, 과일이나 채소를 설탕 조림할 때 원형을 헝클어뜨리지 않도록 하기 위해 백반(alum)을 넣는 이유도 백반의 Al^{3+}이 단백질을 응고시키기 때문이다.

(2) 단백질의 분해

1) 광선에 의한 분해

아미노산이나 단백질 중에는 빛에 의해 분해를 일으키는 것이 있다. 트립토판(tryptophan)은 빛에 대단히 불안정하기 때문에 그 용액에 햇볕을 쪼이면 갈색으로 착색되어 식품의 갈변현상의 한 원인이 되고, 만일 자외선을 쪼이면 광분해되어 알라닌(alanine), 아스파트산(aspartic acid), 히드록시안트라닐산(hydroxyanthranilic acid)을 생성한다.

단백질도 햇빛이나 자외선 조사로 변화를 받는 수가 있다. 카세인 용액은 형광물질의 존재하에 햇볕을 쪼이면 카세인 중의 트립토판이 분해되어 영양가가 떨어진다. 달걀흰자의 알부민용액에 자외선을 조사하면 점도는 변하지 않으나 표면장력이 감소한다. 이것은 열변성과는 다른 일종의 자외선에 의해 변성이 일어난 것으로 생각되고 있다.

2) 단백질의 자기소화

일반적으로 단백질은 단백질 분해효소인 프로테아제(protease)의 작용으로 펩티드결합이 가수분해되어 아미노산이나 펩티드 등을 생산한다. 식품은 자신이 가지고 있는 효소에 의해 자체의 성분이 분해되는 경우가 있는데 이와 같은 현상을 자기소화(autolysis)라고 한다.

육류는 시간이 지나면 자신이 가지고 있는 프로테아제에 의해 자기소화가 일어나 그 식품 중의 단백질이 펩티드나 아미노산 등으로 가수분해되어 수용성 질소화합물이 증가하므로 오히려 맛이 좋아지는데 이러한 변화를 숙성(aging)이라고 한다. 숙성에 요하는 시간은 동물의 종류나 근육, 온도 등에 따라 다른데, 쇠고기의 경우는 무균상태의 10℃에서 도살 후 5일, 5℃에서 10일 정도이다. 그러나 자기소화된 단백질은 미생물이 번식하기 쉬워 부패가 빨리 일어난다.

(3) 단백질의 부패

식품은 부패세균의 증식에 의해 변질된다. 특히 단백질이 부패될 때 생성된 분해산물인 아미노산이 탈탄산되어 프토마인(ptomaine)이라고 불리는 유독 아민(amine)을 생성하여 알레르기성 식중독을 일으키게 된다. 특히 리신으로부터 카다베린(cadaverine), 알지닌으로부터 아그마틴(agmatine) 등의 생성은 부패독으로서 중독의 원인이 된다. 또 티로신으로부터 생성된 티라민(tyramine)과 히스티딘(histidine)으로부터 생성되는 히스타민(histamine) 등도 강한 생리작용을 가지고 있다.

제6장

비타민(Vitamin)

Point

① 용해성에 따른 비타민의 종류를 구분한다.
② 지용성 비타민의 종류와 화학명을 이해한다.
③ 수용성 비타민의 종류와 화학명을 이해한다.
④ 비타민의 구조적 특성을 이해한다.

비타민은 카시미르 펑크(Casimir Funk, 1922년)에 의해 쌀겨로부터 각기병 예방인자인 아민(amine)이 처음 분리되었고, 생명(vita) 유지에 꼭 필요한 아민이라 하여 vital amine이라는 의미로 비타민(vitamin)이 사용되기 시작하였다. 미소량 식품 성분으로서 비타민은 동물의 영양과 생리작용을 조절하여 체내의 대사를 원만하게 진행되도록 하는 유기 화합물로, 생물의 정상적인 대사작용에 필수적인 영양소이다. 현재는 성장이나 질병의 예방, 특히 암의 예방에 필요한 영양소로 주목받고 있다.

비타민은 체내에서 합성되지 않기 때문에 식품으로부터 섭취하지 않으면 안되지만 예외가 있다. 예를 들면, 비타민 D는 햇빛에 노출될 때 합성되며, 장내 세균은 엽산, 비오틴, 비타민 K를 합성할 수 있다. 일반적으로 4종류의 지용성 비타민과 9종류의 수용성 비타민이 알려져 있다(**표 6-2**). 지용성 비타민인 비타민 A와 비타민 D는 세포의 분화 유도 및 유전자 발현의 조절에 관여하기 때문에 호르몬으로서 분류되는 경우도 있다. 한편, 수용성 비타민의 대부분은 주로 조효소(**표 6-1**)로서 여러 가지 대사조절에 관여하고 있다.

표 6-1 비타민과 조효소(coenzyme)

비타민	조효소	효소
Vitamin B_1	TPP: thiamine pyrophosphate	decarboxylase류 · pyruvate decarboxylase · α-ketoglutarate decarboxylase
Vitamin B_2	FMN: flavin mononucleotide FAD: flavin adenine dinucleotide	dehydrogenase류 · succinate dehydrogenase · acyl CoA dehydrogenase
Vitamin B_6	PALP: pyridoxal phosphate	aminotransferase류 · glutamate oxaloacetate aminotransferase · amino acid decarboxylase류
Nicotinic acid	NAD: nicotinamide adenine dinucleotide	dehydrogenase류 · glyceraldehyde phosphate · dehydrogenase
Nicotinamide	NADP: nicotinamide adenine dinucleotide phosphate	
Pantothenic acid	CoA: coenzyme A	acetyl CoA synthetase · pyruvate dehydrogenase
α-Lipoic acid		α-keto acid decarboxylase · pyruvate decarboxylase
Biotin	biocytin	acetyl CoA carboxylase pyruvate carboxylase
Folic acid	THF: tetrahydrofolic acid	hydroxymethyltransferase formyltransferase
Vitamin B_{12}	cobamide	methylmalonyl CoA mutase

비타민과 관련된 물질과 학술용어는 다음과 같다.

- 프로비타민(provitamin): 어떤 유기화합물은 체내에 들어가서 활성형으로 변하여 비타민의 효력을 내는 물질로 변하는데 이것을 프로비타민이라 한다. 예를 들면 체내에 들어가서 비타민 A가 되는 카로틴(carotene)을 프로비타민 A(provitamin A)라고 하고, 자외선을 쪼임으로써 비타민 D가 되는 에르고스테롤(ergosterol)을 프로비타민 D(provitamin D)라 한다.
- 항비타민(antivitamin): 비타민의 작용을 억제하는 물질을 항비타민이라 한다.

이 작용은 비타민과 결합하여 비타민의 기능을 저해하거나 또는 비타민을 불활성화 또는 파괴하여 비타민의 작용을 상실하도록 하는 물질을 말한다. 예를 들면 비타민 A와 카로틴에 대한 리폭시다아제(lipoxidase), 비타민 B_1에 대한 티아미나아제(thiaminase), 비타민 C에 대한 글루코아스코르브산(glucoascorbic acid)을 항비타민이라 한다. 항비타민은 비타민 결핍증을 초래한다.

- 비타머(vitamer): 화학구조가 비슷하며 같은 비타민 작용을 가지고 있는 것을 비타머라 한다. 예를 들면 비타민 D_2~D_7, 비타민 E군(α, β, γ, δ), 비타민 K군(K_1~K_5) 등이 있다.
- 비타민 결핍증(avitaminosis): 비타민의 결핍으로 인한 증상을 의미한다.

1. 비타민의 분류

비타민은 용해성에 따라 물에 용해되는 수용성 비타민과 기름 및 유기용매에 용해되는 지용성 비타민으로 분류되며(**표 6-2**), 서로 다른 특성(**표 6-3**)을 지니고 있다.

표 6-2 비타민의 분류

분류	Vitamin	화학명	특징	소재
지용성	A_1, A_2 provitamin A	retinol carotenoid (α-carotene, β-carotene, γ-carotene, β-cryptoxanthin)	isoprene side chain, 담황색, 공액 이중결합, 불포화 알코올	간, 치즈, 난황, 녹황색채소(당근, 호박, 시금치)
	D_2 D_3 provitamin D_2 provitamin D_3	ergocalciferol cholecalciferol ergosterol dehydrocholesterol	불검화물 불포화 알코올	난황, 표고버섯, 간, 생선(정어리, 청어), 비타민D 강화식품
	E	tocopherol	side chain과 지용성, 담황색, chroman(페놀)핵의 -OH	식물성기름, 견과류, 두류, 밀배아
	K_1	phylloquinone	side chain과 지용성, 담황색, naphthoquinone핵	녹엽채소

수용성	B_1	thiamine	thiazole핵의 -N=C-S-결합, 염산염, 염기성	쌀겨, 돼지고기, 땅콩
	B_2	riboflavin	광분해, 등황색, isoalloxazine핵의 -N=C-C=N-결합	우유, 효모
	B_3	nicotinic acid(niacin), nicotinamide(niacinamide)	pyridine 유도체, 염기성 아미노산	효모, 땅콩
	B_5	pantothenic acid	peptide 결합	소간, 완두
	B_6	2-methyl-3-hydroxy-4,5-dihydroxy-methyl-pyridine	pyridoxine, pyridoxal, pyridoxamine, 염기성	쌀·밀의 배아, 간, 두류, 채소, 육류
	B_7(H)	biotin	avidin에 의해 저해, 산성(함황) 아미노산	간, 콩팥, 달걀
	B_9(M)	folacin, folic acid	pteroyl glutamate와 그 유도체, 황색	밀배아, 시금치, 간, 닭·돈육, 햄
	B_{12}	cobalamine	porphyrin 유도체, 적색	소간
	C	L-ascorbic acid	hexose 유도체, reductone, endiol기	과실, 채소

표 6-3 지용성 비타민과 수용성 비타민의 성질 비교

성질	지용성 비타민	수용성 비타민
용해도	지방과 지방용매에 용해되고, 물에는 불용	물에 용해되고, 지방에는 불용
흡수와 이동	지방과 함께 흡수되며 임파계를 통하여 이동	당질, 아미노산과 함께 소화되고 흡수되며 문맥순환으로 들어감(간)
방출	담즙을 통하여 체외로 매우 서서히 방출(좀처럼 방출되지 않음)	특히, 요(尿)를 통하여 빠르게 방출
저장	간 또는 지방조직에 저장	신체는 스펀지같이 일정한 양을 흡수하면 초과량은 배설하고 저장하지 않음
공급	필요량을 매일 절대적으로 공급할 필요 없음	필요량을 매일 절대적으로 공급해야 함
전구체	존재함	존재하지 않음
조리 시 손실	산화를 통하여 약간 손실이 일어나나 조리하는 물에 불용	조리하는 물에 용해

2. 비타민의 측정단위

비타민을 순수한 물질로 분리할 수 있게 되고, 그 양을 정확히 측정할 수 있게 되어 표준이 될 수 있는 국제단위가 만들어졌다.

국제단위는 IU(International Units)이며 현재 국제단위를 사용하고 있는 비타민은 비타민 C, D, E이다.

① vitamin C: 1IU = 0.05mg의 순수한 아스코르브산

② vitamin D: 1IU = 0.025μg의 콜레칼시페롤(D_3)

③ vitamin E: 1IU = 1mg의 α-토코페롤

그러나 요즘 비타민 A와 카로틴(carotene)의 단위는 국제단위(IU)에서 레티놀 당량(RE: Retinol Equivalent)으로 바꾸어 사용하고 있다. 이러한 국제단위를 사용하지 않는 비타민은 보통 무게를 달 때 사용하는 g 단위를 사용한다.

vitamin A: 1IU = 0.3μg의 레티놀 또는 0.6μg의 β-카로틴

① 1RE = 1μg 레티놀

② 1RE = 6μg의 β-카로틴

③ 1RE = 12μg의 기타 카로틴

3. 지용성 비타민

(1) 지용성 비타민의 종류와 주요 생리기능

지용성 비타민은 비타민 A, D, E, K 등이 있으며, 생리 기능적으로는 공통적인 점은 전혀 없지만, 있다고 해도 아주 적다. 이들 비타민의 생리기능과 결핍증을 **표 6-4**에 나타내었다. 또 지용성 비타민의 구조는 **그림 6-1**에 나타내었지만, 각 비타민에 대해서는 각각의 항목에서 설명하겠다.

한편, 비타민 A는 레티놀이라고도 부르지만, 소장으로부터 흡수되어 간에서 레티놀로 전환되는 β-카로틴(β-carotene)이 채소, 해초 등에 함유되어 있다.

이 β-카로틴과 같이 체내에서 비타민 A로 전환되는 전구체를 프로비타민 A라고 한다. 또 비타민 D에도 프로비타민 D라고 불리는 에르고스테롤이 식물, 특히 버섯류에 함유되어 있지만, 이 에르고스테롤은 사람의 체내에서 비타민 D로 전환되지 않고 비타민 D로서의 생리활성이 전혀 없기 때문에 같은 프로비타민이라 하더라도 카로틴과는 달리 구별할 필요가 있다. 에르고스테롤은 버섯의 균체에 자외선이 노출되면 일부가 비타민 D로 전환된다.

표 6-4 지용성 비타민의 화학명, 결핍증, 생리기능

명칭	화학명	결핍증	생리기능
비타민 A	retinol	야맹증, 암순응저하, 실명, 성장정지, 생식불능, 감염증에 대한 저항력저하	성장, 생식, 감염예방, 상피조직의 정상화, 시각의 정상화
비타민 D	calciferol	구루병(소아), 골연화증(성인), 골다공증(노인)	Ca의 흡수와 뼈·치아에 침착, 석회화 촉진, 세포분화촉진
비타민 E	tocopherol	신경기능저하, 근무력증, 불임, 성인병의 항진	지질의 산화방지, 세포막·생체막의 기능유지
비타민 K	phylloquinone	출혈증, 비정상트롬빈의 출현, 혈액응고지연	혈액의 응고촉진, 응고인자 중의 γ-carboxyl-glutamate의 합성에 관여
비타민 F	필수지방산*	피부염, 성장정지	산화·환원반응에 관여, 혈중콜레스테롤 감소

* 리놀레산(linoleic acid), 리놀렌산(linolenic acid), 아라키돈산(arachidonic acid)

(2) 지용성 비타민의 기능

1) 비타민 A

비타민 A는 화학적으로는 레티놀이라고 불리는 화합물이다. 천연에는 구조가 약간 다른 화합물이라고 해도 비타민 A로서의 활성을 갖는 것도 있지만, 현재 비타민 A라고 하는 것은 거의 레티놀을 말하고 있다.

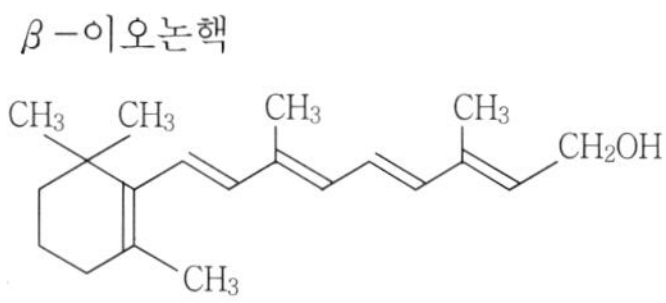

레티놀(비타민 A)

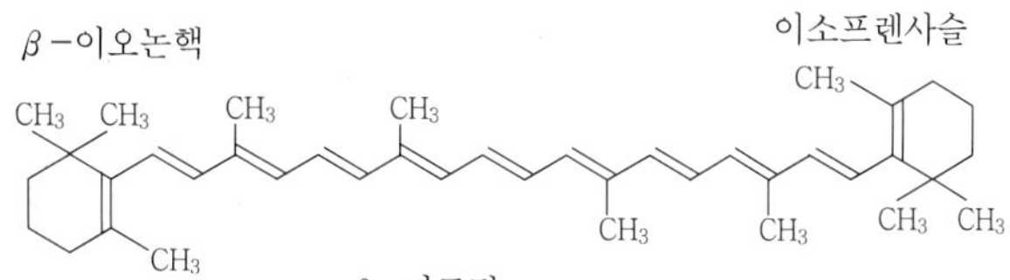

β-카로틴

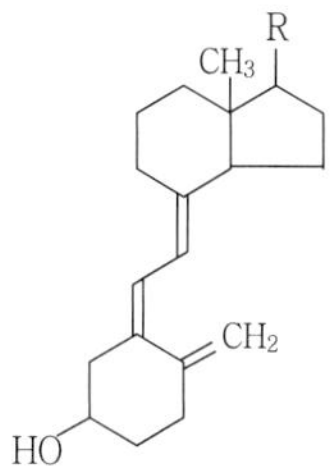

비타민 D

R :

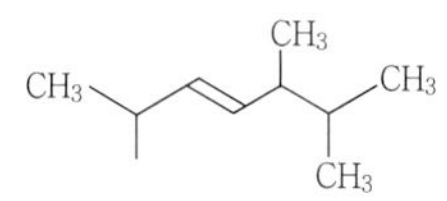

비타민 D_2

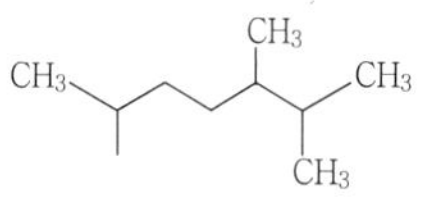

비타민 D_3

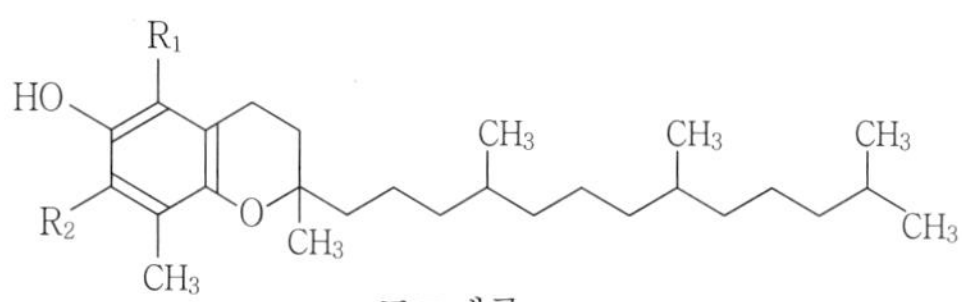

토코페롤

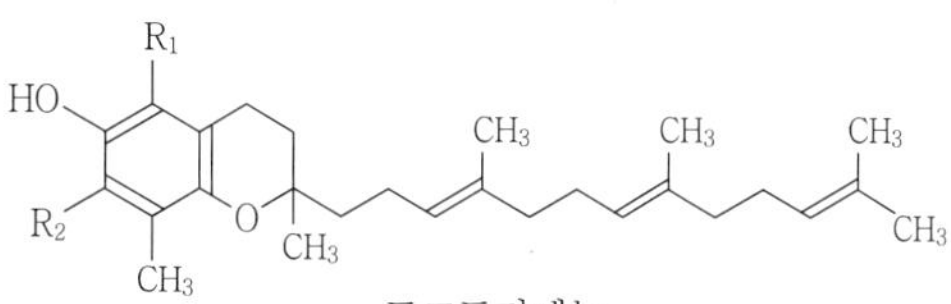

토코트리에놀

비타민 E

	R_1	R_2
α형	CH_3	CH_3
β형	CH_3	H
γ형	H	CH_3
δ형	H	H

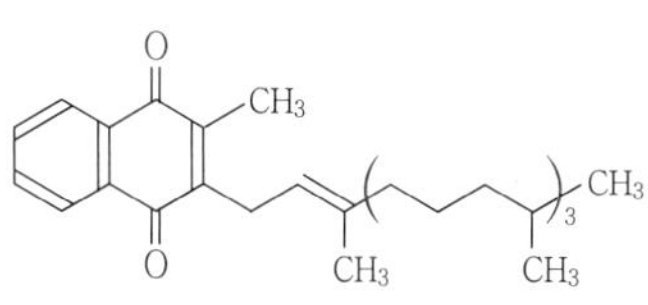

필로퀴논

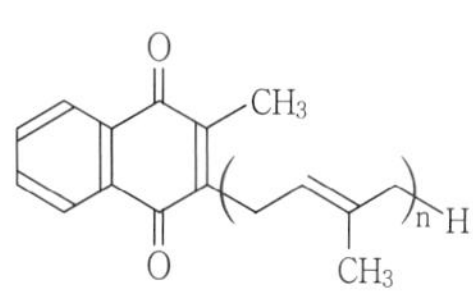

메나퀴논
n=3~9

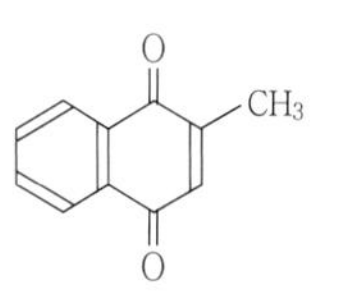

메나디온

비타민 K

그림 6-1 지용성 비타민의 구조

레티놀의 구조는 **그림 6-1**에 나타낸 바와 같이 β-이오논(β-ionone)핵과 이소프렌(isoprene) 사슬을 가지고 있으며, 비타민 A는 이중결합을 지니고 있어 산화되기 쉬우므로 산소, 빛, 금속(Cu, Fe)에는 불안정하고, 가열 조리로

10% 정도 손실된다. 생리적으로는 2가지의 큰 작용을 가지고 있다. 첫째는 시각에 관여하고, 둘째는 성장, 생식, 상피조직의 기능유지이다. 결핍은 **표 6-4**에 나타낸 바와 같이 시각의 이상을 가져와 야맹증, 안구건조증, 심해지면 장님이 될 수 있고, 성장의 저해, 감염예방능력의 저하 등을 일으켜 죽음에 이를 수 있다. 그래서 비타민 A를 항야맹성 인자 또는 항안구건조성 인자라 부른다. 반대로 과잉상태가 되면 급성 증상으로 두통, 구토 및 현기증이 나타나고, 만성 증상으로 탈모, 입술균열, 피부건조 및 간비대화가 일어난다.

카로티노이드(carotenoid) 색소 중 일부도 레티놀과 같은 구조를 지니고 있으므로 이들도 비타민 A의 효과를 지닌다. 즉 α-카로틴, β-카로틴, γ-카로틴(**표 10-2**)과 크립토잔틴(cryptoxanthin)(**표 10-3**)이며, 비타민 A로 전환되므로 프로비타민 A라고 부른다. 특히, β-카로틴은 분자 중앙을 절단하면 2분자의 비타민 A가 생성되므로 α-카로틴, γ-카로틴과 크립토잔틴보다 효력이 두 배이다. 그러나 β-카로틴의 효력은 레티놀의 1/3이므로 비타민 A를 β-카로틴의 형태로 섭취할 때는 레티놀 섭취량의 3배를 필요로 한다. 그러나 인체에 흡수된 β-카로틴은 두 분자의 레티놀을 생성하지만, 생리적인 조건하에서 한 분자만 이용된다. 따라서 β-카로틴으로부터 레티놀의 생성량도 고려하면, 식품에 함유되어 있는 β-카로틴 6μg으로부터 레티놀 1μg이 생성되어 이용된다. 이와 같이 동물성 식품에는 비타민 A의 형태로 함유되어 있고 식물성 식품에는 카로티노이드(carotenoids)의 형태로 들어 있다.

비타민 A는 간, 우유, 유제품 및 달걀에 많이 함유되어 있고, 카로티노이드는 김, 당근, 고구마, 파래, 고추에 많이 함유되어 있다(**표 6-5**). 그리고 마가린, 아침식사용 시리얼, 탈지우유, 밀가루에는 비타민 A가 강화되어 있다.

최근, β-카로틴의 항암작용이 면역학적으로 증명되고, 특히 폐암과 허혈성 심질환의 예방효과가 있다고 한다. 이같은 작용을 나타내기 위해서는 하루에 적어도 6mg(10,000IU)의 β-카로틴의 섭취가 필요하다. 이 β-카로틴의 작용은 비타민 A로서 작용뿐만 아니라, β-카로틴 자체의 효과도 알려지고 있다. 이것은 비타민 A가 혈액에 수송될 때에는 특수한 결합단백질이 필요하고, 그것을 위해서는 혈중의 농도가 정상치의 범위를 유지해야 하지만 β-카로틴은 지단백질(lipoprotein)에 의해 수송되기 때문이다.

표 6-5 비타민 A의 주요 공급원 식품과 그 함량

동물	함량(IU/100g)	식물	함량(IU/100g)
간유	800,000	시금치	8,000
버터	2,400	호박	5,000
쇠간	5,000	당근	13,500
돼지간	10,000	무잎	9,000
뱀장어(날것)	3,000	고추(건조)	5,000
달걀노른자	2,000	밀감	2,000
우유	120	김	38,000
분유	700	차	20,000
치즈	600		

2) 비타민 D

비타민 D는 구루병의 치료인자로서 대구 간유 중에서 발견되었고 화학명은 칼시페롤(calciferol)이다. 식물이나 동물에는 프로비타민 D가 존재하고, 자외선 조사에 의해 비타민 D로 변한다. 식물이나 효모에 존재하는 프로비타민 D는 에르고스테롤(ergosterol, provitamin D_2)이고, 자외선 조사에 의해 비타민 D_2(ergocalciferol)가 된다. 동물의 피부에 존재하는 프로비타민은 프로비타민 D_3(7-dehydrocholesterol)이고, 자외선 조사에 의해 비타민 D_3(cholecalciferol)가 된다. 비타민 D는 6종류(D_2~D_7)가 알려져 있지만, D_2와 D_3의 생리활성이 높고, 나머지는 제한된 생리적 활성을 지니기 때문에 보통 D_2와 D_3를 비타민 D라고 한다.

비타민 D는 무색 침상의 결정으로 열이나 산소에는 안정하나 산이나 알칼리에는 불안정하고, 일종의 호르몬으로서 체내에서 기능하는 것이 잘 알려져 있다. 식품 중의 칼슘을 소장으로부터 흡수, 뼈의 석회화, 뼈로부터 칼슘의 방출, 신장에서 칼슘재흡수 등 대사 작용에 관여하고 있다. 비타민 D의 결핍 증세는 지질 섭취가 부족하고 엄격한 채식주의를 고집하거나 햇빛에 노출되는 시간이 부족한 사람들, 극도의 스트레스를 받는 사람들에게 나타난다. 비타민 D가 결핍되면 구루병, 골연화증, 골다공증에 걸리고, 과잉되면 혈청 칼슘 농도가 증가하는 고칼슘혈증(hypercalciuria), 성장지연, 체중감소 및 식욕부진 증세가 나타난다.

비타민 D는 등푸른 생선, 효모나 버섯, 강화우유, 강화 버터나 강화 마가린에 많이 함유되어 있다(**표 6-6**).

표 6-6 비타민 D의 주요 공급원 식품과 그 함량

식품	함량(IU/100g)	식품	함량(IU/100g)
우유(여름)	2~10	우유(겨울)	0.5
달걀	10~30	간유	1~4만
간(소, 돼지)	40~50	닭간	60
버터	10~80	육류	5
버섯	6	푸른 생선	440

3) 비타민 E

비타민 E는 항불임 인자로서 발견되었고, 화학명은 토코페롤(tocopherol)이라고 한다. 비타민 E는 α-, β-, γ-, δ-토코페롤과 α-, β-, γ-, δ-토코트리에놀(tocotrienol)인 8개의 동족체가 존재하고 있는데, 식품에는 토코페롤이 넓게 분포되어 있고, 토코트리에놀의 분포는 곡류나 팜유 등 일부의 식품에서만 볼 수 있다. 이들 중 생체 내에서는 α-토코페롤이 가장 많이 존재하고, 가장 생리활성도 높다. 비타민 E의 생리활성은 생체항산화제로서 기능하며 노화 방지에 기여하고, 비타민 A의 흡수율을 증가시키며, 암이나 백내장 발생을 감소시키는 것이 알려져 있다. 비타민 E로서 활성은 α-형이 가장 크지만, 항산화제로서 활성은 γ-형과 δ-형이 가장 크다. 그렇기 때문에 식품의 항산화제로서는 α-토코페롤보다는 γ-형 또는 δ-형이 상용되고 있다.

비타민 E는 열이나 산에 안정하므로 조리 중에도 잘 보존되나 빛, 알칼리, 염화철($FeCl_2$)에는 약하다. 비타민 E가 결핍되면 불임(쥐), 적혈구 수명 단축, 근육위축 및 신경손상이 유발되고, 과잉되면 비타민 K의 결핍으로 인한 혈액응고를 더욱 지연시킨다.

비타민 E는 식물성 기름, 마요네즈, 쇼트닝, 밀배아 및 녹색채소에 많이 함유되어 있고, 육류, 생선, 과일, 채소에는 소량 함유되어 있다(**표 6-7**).

표 6-7 비타민 E의 주요 공급원 식품과 그 함량

식품	함량(mg/100g)	식품	함량(mg/100g)
우유	3.3	밀씨눈	30.0
쇠간	1.6	밀씨눈기름	52.0
달걀	1.9	올리브유	8.0
달걀노른자	3.0	땅콩기름	16.0
참기름	5.0	아마인유	23.0
파슬리	3.3	마요네즈	14.7

4) 비타민 K

비타민 K는 혈액응고 인자인 프로트롬빈을 합성하여 혈액응고에 관여한다. 자연계에 존재하는 비타민 K는 주로 식물의 엽록체에서 생성되는 필로퀴논(phylloquinone, K_1)과 장내세균에 의해 생산되는 메나퀴논(menaquinone, K_2)이 있고, 인공적으로 합성한 메나디온(menadione, K_3)이 있다.

비타민 K는 열, 산, 환원제에 안정하지만, 알칼리, 빛, 산화제에는 불안정하다.

비타민 K의 결핍증은 항생제나 항응고제를 장기 복용하거나, 간 장애나 담즙의 부족 등에 의하여 비타민 K의 흡수 작용이 저해되어 일어날 수 있다. 일반적으로 장내 세균에 의해 합성되기 때문에 결핍증은 드물지만, 부족하면 혈액응고가 지연되고, 신생아의 경우에는 무균상태로 출생하므로 장내 세균에 의한 합성이 어려워 출혈이 일어날 수 있다. 한편 과잉되면 황달이나 출혈성 빈혈이 일어나지만 비타민 K는 독성도 낮고 배설이 빠르므로 잘 일어나지 않는다.

비타민 K_1은 식물의 엽록체에서 합성되기 때문에 양배추, 케일, 양상추 등의 녹색채소에 많고, 토마토에는 많지만 다른 과일에는 적다. 세균 유래의 비타민 K_2는 메주콩을 띄운 식품(納豆)이나 치즈에 많이 함유되어 있고, 비타민 K_3는 인공적인 합성품이다(**표 6-8**).

최근, 비타민 K는 칼슘대사에도 관여하고 있는 것이 알려지고, 골다공증에도 효과가 있는 것이 증명되고 있다.

표 6-8 비타민 K의 주요 공급원 식품과 그 함량

식품	K_1 함량(mg/100g)	K_2 함량(mg/100g)
대두유	9.4	
샐러드유	14.8	
낫토(納豆)	1.0	91.5
시금치	47.9	
파(녹엽부)	24.3	
브로콜리	24.3	
치즈	0.2	1.3
말린 김	138.5	
말린 미역	208.4	0.07
생미역	25.3	0.02

4. 수용성 비타민

(1) 수용성 비타민의 종류와 주요 생리기능

수용성 비타민은 비타민 B 복합체[B_1, B_2, 나이아신(B_3), 판토텐산(B_5), B_6, 비오틴(B_7), 엽산(B_9), B_{12} 등], 비타민 C, L, P 등이 있다. 이들 비타민의 생리기능과 결핍증을 **표 6-9**에 나타내었다.

표 6-9 수용성 비타민의 생체 내 기능, 권장량 및 식품 중 함유량

명칭	화학명	생리기능	결핍증
비타민 B_1	thiamine (항각기인자)	탄수화물 대사 촉진, 식욕 및 소화기능 자극, 신경기능 조절	각기, 부종, 신경염, 피로, 권태, 식욕부진, 신경통
비타민 B_2	riboflavin (성장촉진인자)	발육 촉진, 식욕 증진, 입 안의 점막보호, 체내에서 일어나는 산화·환원반응작용	발육저해, 구순염, 설염, 구각염, 지루성피부염
비타민 B_3	niacin, nicotinic acid (항펠라그라인자)	탄수화물 대사 촉진, 펠라그라(pellagra) 피부염 예방	펠라그라(pellagra): 피부염, 설사, 중추신경이상, 사망

비타민 B_5	pantothenic acid (항피부염인자)	체조직의 기능을 정상 유지	피부염, 탈모, 성장저해
비타민 B_6	pyridoxine (항피부염인자)	단백질 대사에 작용, 피부질환, 빈혈 증상에 대해 효과 있음, 지방합성에도 관여	피부염, 습진, 기관지염, 면역반응 저하
비타민 B_7	biotin (항피부염인자)	지방형성과 에너지생성에 관여	피부염, 모발손상
비타민 B_9	folic acid (항빈혈인자)	항빈혈작용, 성장 촉진작용	거대적아구성빈혈, 정신신경이상
비타민 B_{12}	cyanocobalamin (항악성빈혈인자)	증혈작용, 성장 촉진작용	악성빈혈, 간장질환
비타민 C	L-ascorbic acid (항괴혈병인자)	체내에서 일어나는 산화·환원에 관여, 세포간질의 생성을 촉진하는 단백질(콜라겐)의 대사에도 작용	괴혈병, 잇몸출혈, 면역력 저하
비타민 L	anthranilic acid	젖분비를 촉진	젖분비 저하
비타민 P	rutin hesperidin	혈관의 저항력을 강하게 하며, 혈관의 삼투압을 정상 유지	자반병, 신장염

(2) 수용성 비타민의 기능

각각의 수용성 비타민의 소재, 화학적 성질, 식품 내의 변화 및 구조에 관하여는 다음과 같다.

1) 비타민 B_1(thiamine)

비타민 B_1은 최초로 발견된 비타민이며 국제적으로 화학명인 티아민(thiamine, 함유황아민)을 사용한다. 비타민 B_1은 피리미딘(pyrimidine)핵과 티아졸(thiazole)핵이 메틸렌(methylene, $-CH_2-$)기에 의해 결합하여 티아민과 티아민1인산(thiamine monophosphate, TMP), 티아민2인산(thiamine pyrophosphate, TPP), 티아민3인산(thiamine triphosphate, TTP)의 3종류 인산 에스테르가 천연에 존재한다(**그림 6-2**).

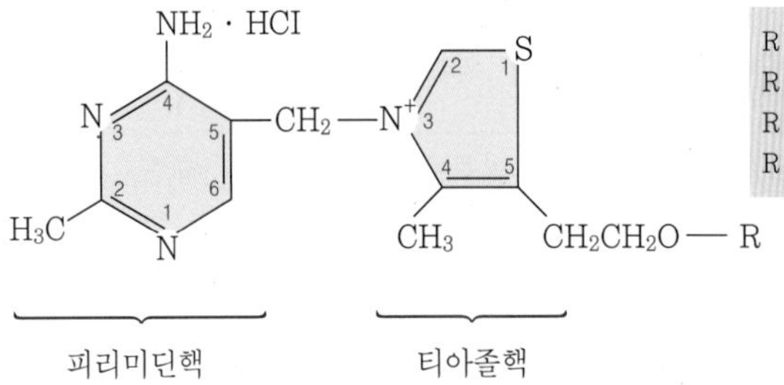

R=−H	thiamine
R=−Pi	thiamine monophosphate(TMP)
R=−PiPi	thiamine pyrophosphate(TPP)
R=−PiPiPi	thiamine triphosphate(TTP)

그림 6-2 비타민 B_1의 염산염과 그 유도체

이들 중 활성형 비타민 B_1은 TPP이며, 탄수화물의 에너지 대사과정에 중요한 역할을 하는 조효소이다.

비타민 B_1은 열에 대한 안정도가 수용액의 pH에 따라 다르다. 즉, 산성용액에서는 가열하여도 안정한 성질을 유지하지만, 중성이나 알칼리성에서는 실온에서도 분해된다. 따라서 조리 중에 파괴되기 쉬워 20~30% 정도 손실된다.

비타민 B_1의 결핍증은 사람에게는 각기병에 의해 부종과 근쇠약 증상이 생기고, 동물에게는 신경염 증상이 생긴다. 그러나 비타민 B_1을 섭취하면 이 증상들은 예방되므로 항각기성 인자(antiberiberi factor) 또는 항신경염성 인자(antineuritic factor)라 부른다.

비타민 B_1은 동식물계에 널리 분포되어 있으며 일반적으로 식물성 식품에 많다. 식물성 식품으로는 두류, 곡류에 특히 많다. 곡류에는 배아와 겨 등에 많으나 도정률에 따라 비타민 B_1의 함량이 다르므로 수세 및 취반에 의한 손실률은 도정도가 높을수록 더 크다. 동물성 식품에는 근육질보다 간에 많고, 어류, 돼지고기, 우유, 달걀노른자, 어패류(대합, 굴, 새우, 바지락조개) 등에도 많다. 또한, 돼지고기를 먹을 때 마늘과 같이 먹으면 **그림 6-3**에 나타낸 바와 같이 마늘의 알리신(allicin)이 티아민과 결합하여 알리티아민(allithiamine, thiamine allyl disulfide, TAD)이 되면서 티아미나아제에 의해 파괴되지 않고, 비타민 B_1의 흡수를 증가시키므로 비타민 B_1의 제제로 많이 이용되고 있다.

한편, 고사리, 담수어나 패류에는 티아미나아제(thiaminase)라는 비타민 B_1 분해 효소가 함유되어 있다. 이들 효소는 가열하면 불활성화되므로 익혀 먹으면 문제되지 않는다. 비타민 B_1의 필요량은 체중, 식품의 배합비율, 섭취 칼로리,

대사 정도에 따라 다르다. 일반적으로 탄수화물 섭취가 많거나, 지방의 섭취량이 적을수록 비타민 B_1의 필요량이 많아진다. 우리나라 사람은 탄수화물식품을 많이 섭취하기 때문에 성인 남자는 1.2mg, 성인 여자는 1.1mg을 권장량으로 하고 있다.

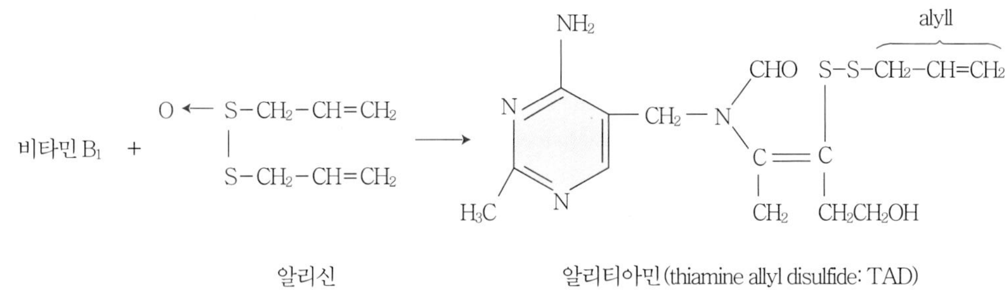

그림 6-3 **알리티아민**(allithiamne, thiamine allyl disulfide, TAD)

2) 비타민 B_2(riboflavin)

비타민 B_2는 리보플라빈(riboflavin)이라고 부르며, 동물의 성장에 필수적 미량인자로 발견되어 성장촉진인자(growth factor)로 알려져 있다. 천연에는 20종 이상의 플라빈유도체가 있지만, 체내에서 주로 존재하고 있는 대표적인 플라빈 조효소는 **그림 6-4**에 나타낸 바와 같이 플라빈 모노뉴클레오티드(flavin mononucleotide, FMN)와 플라빈 아데닌 디뉴클레오티드(flavin adenine dinu-cleotide, FAD)의 형태이고, 당질, 단백질, 지질대사의 산화·환원 작용에 관여한다. 한편 우유에는 유리상태로 존재하고 있다.

비타민 B_2는 형광성의 황색 색소로, 열, 산, 공기, 산화제에는 안정하나 알칼리성에서는 불안정하며 빛에 의해 분해되기 쉽다. 따라서 보통의 가열조리에서는 대부분 그대로 남게 되나 수용성이므로 수세에 의한 손실에 주의해야 한다. 그러나 알칼리성에서 빛에 노출되면 루미플라빈(lumiflavin)으로 되고, 산성, 중성에서 빛에 노출되면 루미크롬(lumichrome)으로 변화되어 비타민의 효력을 상실한다. 이 광분해는 비타민 B_1이나 C가 공존하면 억제시킬 수 있으며, 갈색병에 보관하거나 착색필름으로 코팅하는 방법도 있다. 비타민 B_2의 주요공급원인 우유를 직사광선에 방치하였을 때 매 시간당 약 10%씩 비타민 B_2가 파괴된다.

비타민 B_2는 단독에 의한 결핍보다 다른 비타민 B 복합체가 부족할 때 결핍증이 발현되기 쉽다. 대개 성장장애 외에 입과 인두 점막에 구각염, 구내염, 설염, 지루성 피부염이 생기며, 유아의 경우에는 생식기 외부나 항문에 염증이 생긴다.

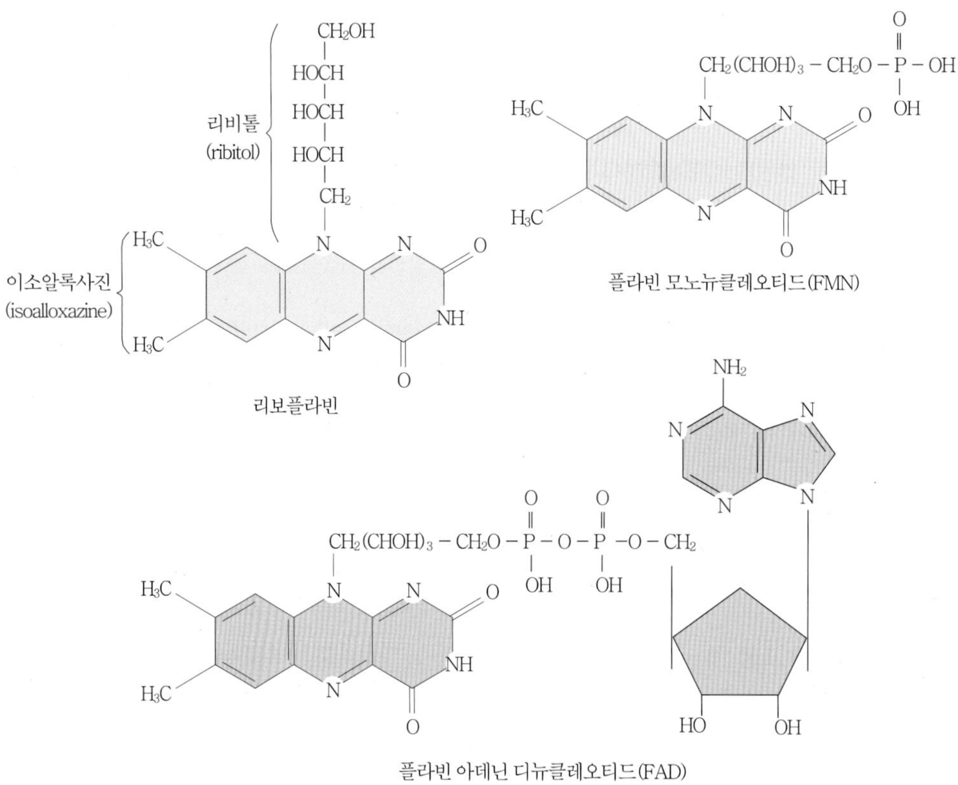

그림 6-4 비타민 B_2, FMN, FAD의 구조

비타민 B_2는 동식물계에 널리 분포되어 있으며 동물성 식품에는 간, 우유나 유가공품, 달걀흰자, 식물성 식품에는 녹엽채소, 곡류의 배아, 효모 등에 많이 함유되어 있다. 우리나라 성인 남자는 1일 1.5mg, 성인 여자는 1.2mg을 권장량으로 하고 있다.

3) 나이아신(niacin)

나이아신(비타민 B_3)은 니코틴산(nicotinic acid)이나 니코틴아미드(nicotinamide)

의 동족의 생물활성을 갖는 유도체에 붙여진 일반명이다(그림 6-5).

니코틴산(niacin) 니코틴아미드(niacinamide)

그림 6-5 나이아신 활성을 가진 니코틴산과 니코틴아미드

니코틴산 및 니코틴아미드는 생체 내에서 니코틴아미드 아데닌 디뉴클레오티드(nicotinamide adenine dinucleotide, NAD) 및 니코틴아미드 아데닌 디뉴클레오티드 인산(nicotinamide adenine dinucleotide phosphate, NADP)으로 되어 열량영양소의 많은 산화·환원반응의 조효소로서 작용하고 있다. 자연계에서는 주로 니코틴아미드로 존재하고 인체 내에서는 필수아미노산인 트립토판(tryptophan)이 산화되어 합성되는 물질로, 트립토판 60mg으로부터 나이아신 1mg이 합성된다고 한다.

나이아신은 신맛을 지닌 백색의 침상결정으로 대체로 열, 빛, 공기, 산, 알칼리에 대해 안정하기 때문에 가열조리에 의해서도 파괴가 적다.

나이아신이 부족하면 피부와 점막에 약한 손상이 일어나고, 심각하게 결핍되면 피부염, 설사, 정신이상, 색소 침착이 일어나는 펠라그라(pellagra) 증세가 따르며, 개의 경우에는 입 점막과 혀가 흑색으로 변하는 흑설병이 생긴다. 즉 나이아신은 이런 질병을 예방할 수 있기에 항펠라그라성 인자(antipellagra factor) 또는 항흑설병 인자(antiblack tongue factor)라고도 한다.

나이아신의 필요량은 식품에서 섭취한 나이아신뿐만 아니라 체내에서 트립토판으로부터 생성되는 양에 따라서 달라진다. 우리나라 성인의 경우 나이아신의 1일 권장량은 남자가 16mg, 여자는 14mg 정도이다.

나이아신은 식품 중에 광범위하게 분포되어 있으며, 특히 육류, 간, 땅콩, 커피, 효모, 밀배아 등에 많이 함유되어 있다. 계란과 우유에는 나이아신의 함량은 적으나 트립토판의 함량이 많으므로 나이아신의 효과가 크다.

4) 판토텐산(pantothenic acid)

판토텐산(비타민 B_5)은 그리스어로 판토스(panthos), 즉 어느 곳에서나 존재한다는 뜻으로 자연계에 널리 분포되어 있다. 판토텐산은 효모의 성장인자로서 발견되었고, **그림 6-6**에 나타낸 바와 같이 조효소 CoA(coenzyme A)의 구성성분으로 생체 내에서 아세틸코엔자임 A(acetyl CoA)가 되어 에너지 생성이나 헤모글로빈, 지방산, 스테롤, 스테로이드 호르몬의 합성 및 분해에 관여한다. 판토텐산은 점성이 있고 미황색의 유상물질로서 산이나 알칼리에서는 불안정하여 쉽게 분해되나, 열에는 안정하여 소량의 물로 조리하면 90%가 보유되며, 다량의 물로 조리해도 70%가 보유된다.

판토텐산은 장내세균에 의해 합성되고 식품 전반에 널리 분포되어 있기 때문에, 항비타민이나 판토텐산 결핍식이를 제공하지 않는 한 사람에게는 결핍증이 거의 일어나지 않는다. 만약 결핍되면 피로, 불면, 메스꺼움, 근육경련 및 손발의 화끈거림 증상이 나타난다. 정상인은 하루 소변 중에 평균 3.5mg 정도 판토텐산을 배설하기 때문에 판토텐산의 1일 권장량은 5mg이면 충분하다고 한다.

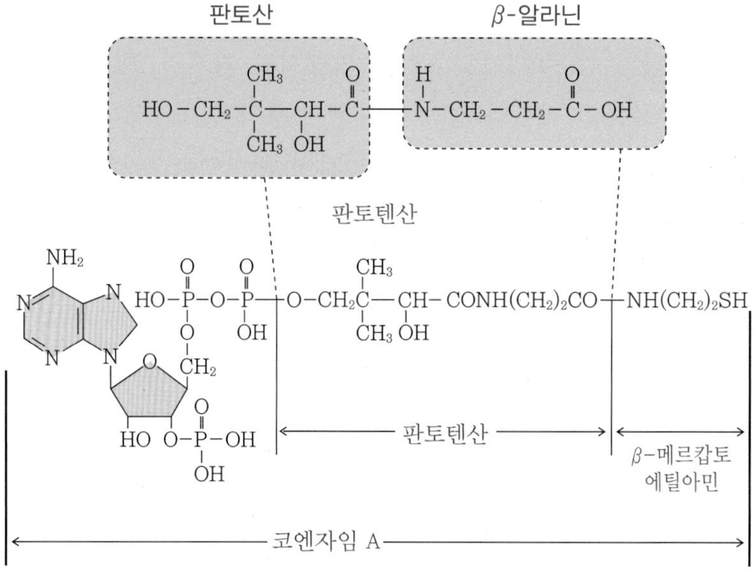

그림 6-6 판토텐산의 체내활성형 CoA의 구조

판토텐산은 식품 중에 널리 분포되어 있는데 간, 효모, 육류, 도정하지 않은 곡류, 두류 및 난황 등에 다량 함유되어 있고 채소, 과일 및 우유에는 소량 함유되어 있다.

5) 비타민 B_6(pyridoxine)

비타민 B_6는 피부염의 예방인자로서 발견되었고, 피리독신(pyridoxine, 피리딘의 유도체)이라고도 한다.

자연계에 존재하는 비타민 B_6는 피리독신(pyridoxine), 피리독살(pyridoxal), 피리독사민(pyridoxamine)의 3종류가 있으며 대부분 인산에스테르(phosphoester) 형태로 존재한다(**그림 6-7**).

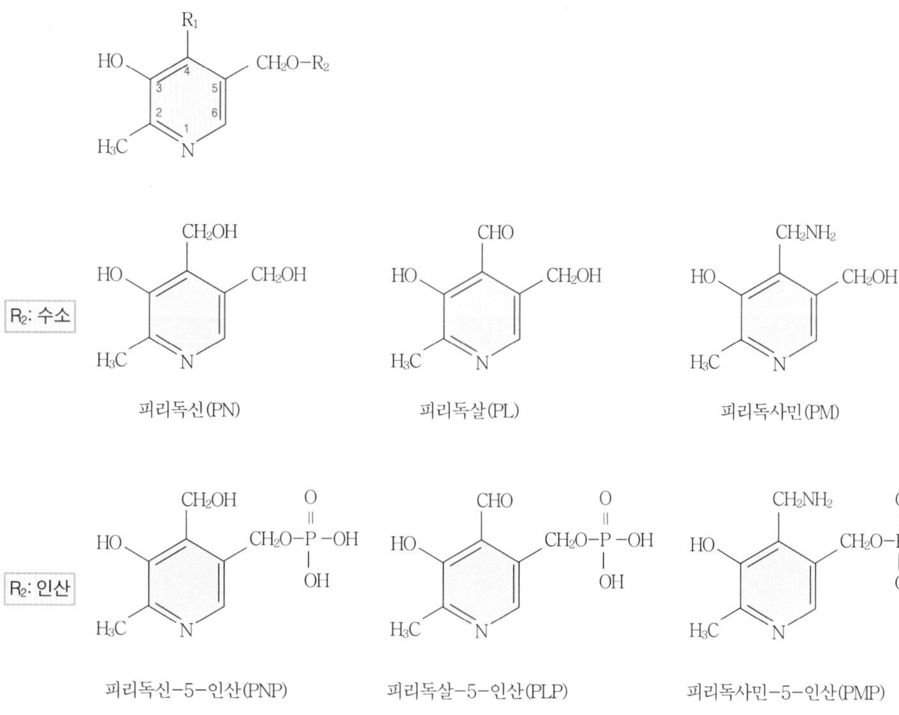

그림 6-7 비타민 B_6의 기본구조

동물성 식품에는 피리독살과 피리독사민이 많이 함유되어 있고, 식물성 식품에는 세 가지 모두 함유되어 있다. 그러나 비타민 B_6로서 효력은 동일하다.

체내에 흡수된 비타민 B_6는 조직 내에서 모두 인산과 결합하여 조효소인 피리독살인산(pyridoxal phosphate, PLP)이 된다. 그러므로 체내에서 비타민 B_6가 실제로 사용되는 형태는 피리독살이다. 결국, 비타민 B_6는 PLP의 형태로 다른 비타민 B와는 달리 에너지 대사과정에서는 작용하지 않고 조효소로서 아미노산 대사에 관여하며, 햄 색소의 합성에도 관여한다. 이러한 아미노산 대사상의 중요성 때문에 단백질 섭취량이 증가하면 비타민 B_6의 섭취량도 증가한다.

비타민 B_6는 인체 내에서 장내세균에 의해 합성되고 동식물성 식품에 광범위하게 많이 존재하므로 실제로 비타민 B_6의 결핍증은 거의 나타나지 않는다. 따라서 소요량도 확실히 정해져 있지 않으나, 보통 1~2mg 정도이다. 결핍증은 비타민 B_6 복합체가 전반적으로 부족할 때 발생하는데, 귀, 코, 입의 습진이나 지루성 피부염 증세가 나타난다.

비타민 B_6를 많이 함유한 식품으로는 간, 효모, 어류, 육류, 두류, 곡류, 과실 등이 있다.

6) 비오틴(biotin)

비오틴(비타민 B_7)은 효모의 생육인자를 난황에서 분리하여 항난백장애인자(anti egg white injury factor)로 알려져 있고, 피부염에 관계가 있는 항피부염 인자와 동일한 물질이라고 밝혀져 비타민 H[Haupt(독일어), 피부]라고도 한다. 비오틴은 티아민과 같이 황(S)을 함유하고 있고, 요소(urea), 티오펜(thiophene), 발레릭산(valeric acid)으로 결합되어 있는 구조를 가지고 있다(**그림 6-8**).

비오틴은 카르복실라아제(carboxylase)의 구성성분으로 포도당과 아미노산 대사, 지방산 합성에 관여하고 있다. 백색결정으로 열, 산, 광선에는 안정하나 알칼리나 산화제(H_2O_2)에 불안정하다. 생난백을 과량으로 섭취하면 비오틴이 결핍될 수 있는데 이것은 달걀흰자 중에 함유된 당단백질인 아비딘(avidin)이 비오틴의 흡수를 방해하기 때문이다. 그러나 달걀흰자는 가열하게 되면 아비딘이 변성되므로 달걀을 익힐 경우 이러한 염려는 없게 된다.

비오틴은 거의 모든 종류의 식품에 함유되어 있고, 장내 세균에 의해 합성되기 때문에 사람에게 비오틴 결핍증은 거의 일어나지 않는다. 만약 결핍된다면 메스꺼움, 구토, 식욕부진 등의 위장 증상이나 탈모, 지루성 피부염, 설염, 발톱의 깨어짐과 같은 피부증상이 나타날 것이다. 사람의 비오틴 소요량은 분명하지 않으나 하루 30㎍ 정도면 충분하다고 한다.

비오틴은 간에 특히 많이 함유되어 있고, 효모, 난황, 콩, 우유, 채소, 과일에 다량 함유되어 있으나 육류나 곡류에는 비교적 적다.

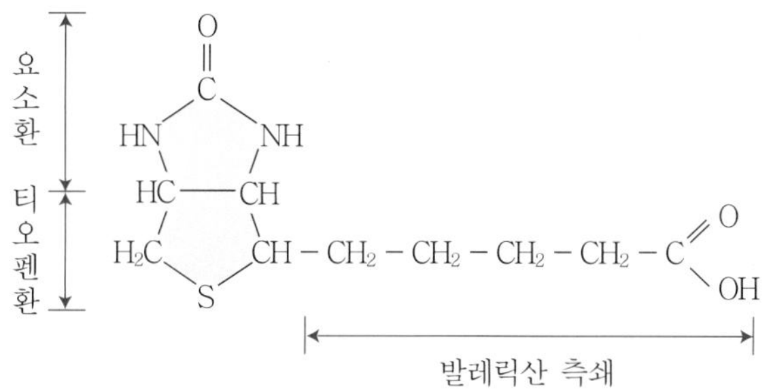

그림 6-8 비오틴의 구조

7) 엽산(folic acid)

엽산(비타민 B_9)은 거대적아구성 빈혈 예방인자로서 비타민 M(monky), 비타민 Bc(chick), 폴라신(미국에서)이라고도 불린다. **그림 6-9**에 나타낸 바와 같이 조효소 테트라히드로폴산(tetrahydrofolate, THF)의 형태로 아미노산이나 핵산의 합성, 적혈구 합성에 관여하고 있다. 황색 결정으로 산성상태에서 가열, 자외선, 산화에 불안정한 편이나 비타민 C가 공존하면 보호효과를 지닌다. 알칼리성에서는 열에는 안정하나 광선에 의해서 분해된다. 조리용액에 용출되기도 하고 열에 의하여 파괴되기도 하는데 특히, 산소와 알칼리 존재 시 많은 양이 파괴된다. 푸른잎 채소류를 끓이면 상당량의 엽산 파괴가 수반된다.

엽산은 체내의 장내세균에 의해 합성되므로 정상적인 사람에게서는 결핍증상이 나타나지 않아 그 소요량은 확실하지 않으나 성인은 하루 0.4mg으로 충분하다고 한다. 한편, 비정상적인 식생활과 심한 다이어트를 하는 여성, 노인, 임산부, 알코올 중독자 등의 경우 결핍이 나타날 수 있다. 엽산이 부족하면 비정상적인 크기의 미숙한 적혈구가 증가되어 발생하는 거대적아구성 빈혈에 걸

리게 된다. 엽산은 간, 엽채류, 두류, 과일류, 밀의 배아, 효모 등에 많이 함유되어 있다.

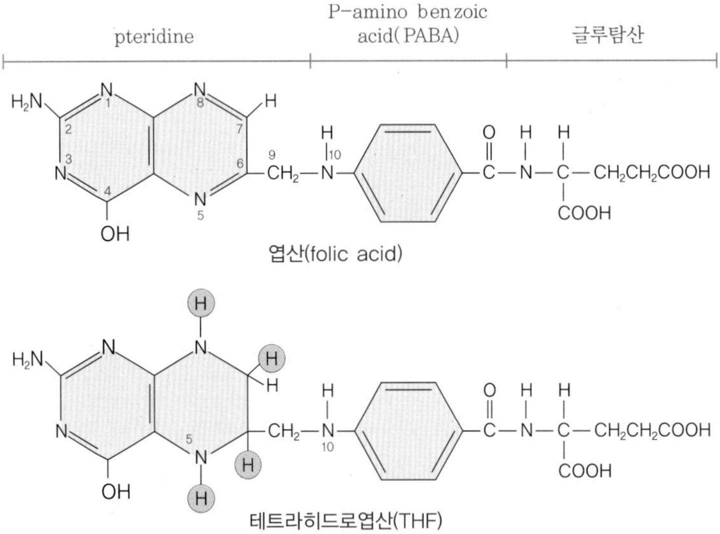

그림 6-9 엽산과 THF의 구조

8) 비타민 B_{12}(cobalamin)

비타민 B_{12}는 항악성빈혈 인자(antipernicious anemia factor)로서 발견되었고, 분자 중에 코발트(Co)를 함유하고 있어 코발아민(cobalamin)이라고 부른다. 여러 종류의 코발아민(hydroxycobalamin, nitrocobalamin, chlorocobalamin, sulfocobalamin)이 존재하여 모두 비타민 B_{12}의 효력을 나타내지만, CN이 결합된 시아노코발아민(cyanocobalamin)이 가장 활성이 크다(**그림 6-10**).

비타민 B_{12}는 암적색의 침상 결정으로 열에는 안정하나 광선과 산, 알칼리용액에서는 서서히 파괴된다. 보통 조리과정에서 손실률은 약 30%이다.

비타민 B_{12}는 보통 장내세균에 의해 합성되므로 사람에게는 결핍증이 잘 나타나지 않고, 또한 섭취부족으로 인한 결핍증 역시 거의 볼 수 없으나, 극단적인 채식주의자들에게서는 찾아볼 수 있다. 비타민 B_{12}의 결핍증은 성인의 경우 악성 빈혈이나 신경 증상(환각, 불안감, 망상, 손발 지각이상)을 보이며, 유아는 성장 지연, 설사, 구토, 혈구 감소, 산뇨증을 보이게 된다. 즉 비타민 B_{12}가 이러한 증상을 예방하므로 항악성빈혈 인자라고 부른다. 우리나라에서는 아직 비타민 B_{12}의 섭취 권장량은 정하지 않고 있다.

비타민 B_{12}는 식물성 식품에는 존재하지 않고, 거의 동물성 식품에 함유되어 있으며 간, 육류, 달걀, 치즈, 우유 등에 많이 함유되어 있다.

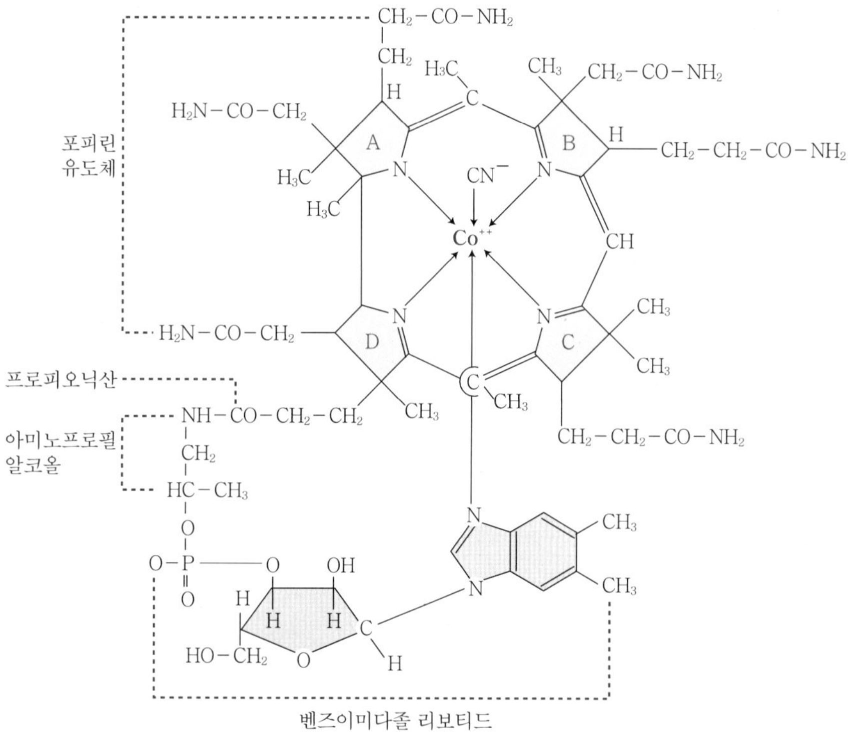

그림 6-10 비타민 B_{12}의 구조

9) 비타민 C(L-ascorbic acid)

비타민 C는 항괴혈병 인자(antiscorbutic factor)로서 발견되고, 화학명은 아스코르브산으로 산화형과 환원형이 있고(**그림 6-11**), 생체 내 산화·환원반응에 관여하고 있다. 환원형은 강한 비타민 C의 작용을 나타내며 산화형보다 두 배의 효력을 갖고 있다. 비타민 C는 콜라겐이나 스테로이드 호르몬을 합성하며,

철의 흡수를 촉진시키고, 감기에 대한 저항력을 증가시키는 효과가 있다. 최근에는 소화관 내에서 발암물질의 하나인 니트로아민(nitroamine)의 생성을 강하게 저해하는 작용 외에도 면역능 증강, 항암 작용, 항동맥경화 작용, 항혈압 작용, 항히스타민 작용 등이 보고되고 있다.

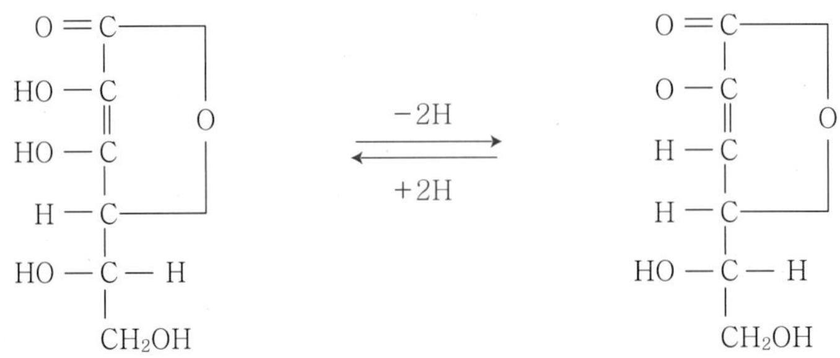

L-ascorbic acid (환원형) 생리적 효과 1

L-dehydroascorbic acid (산화형) 생리적 효과 1/2~1/3

그림 6-11 환원형과 산화형 아스코르브산의 구조

비타민 C는 수용성 물질이기 때문에 가열조리에서 50% 정도가 조리용액으로 용출되어 손실되기도 하며, 수용액 상태에서 알칼리성용액, 높은 온도, 산소 및 아연, 철, 특히 구리 같은 미량원소가 존재하면 산화되기 쉽다. 또 식물의 조직 중에는 비타민 C 산화효소(ascorbinase)가 들어 있는데 이 산화효소는 생체조직 내에서는 그 작용이 억제되지만 일단 조직이 파괴되면 곧 작용하여 비타민 C를 산화·분해한다. 특히 이 산화효소는 채소 중 호박, 당근, 오이 등에 많이 함유되어 있으며 조리과정 중에 비타민 C가 쉽게 파괴될 수 있다. 한편, 과일은 채소에 비하여 조리조작에 의한 비타민 C의 손실량이 적은데 왜냐하면 과일에는 대개 산이 포함되어 있어 산화파괴가 억제되기 때문이다. 조리에 따른 과일의 비타민 C 파괴량은 평균 10%에 불과하다.

비타민 C가 결핍되면 모세혈관이 약화되어 쉽게 멍들고, 콜라겐 합성이 저하되고 연골이나 근육조직의 변형이 일어난다. 이 외에도 점막과 피부의 출혈, 빈혈, 쇠약 증세 등이 뒤따르게 된다. 우리나라 성인의 경우 비타민 C의 1일 권장량은 100mg이며, 임신 중이나 수유기에는 10~35mg을 추가적으로 섭취하는 것이 좋다.

비타민 C는 신선한 채소, 과일에 많이 함유되어 있고, 곡류, 모든 유지류, 설탕에는 전혀 함유되어 있지 않으며 육류, 생선, 달걀, 우유 등의 동물성 식품에는 극소량만이 함유되어 있을 뿐이다.

10) 비타민 L과 비타민 P

비타민 L은 뇌하수체 전엽을 자극하여 젖의 분비호르몬(프로락틴)의 생성을 도와 유즙분비를 촉진하는 인자(lactation factor)로서 붙여진 이름으로 L_1과 L_2가 있다. L_1은 간에, L_2는 효모에 많이 함유되어 있으나 사람은 장내세균에 의해 합성되므로 결핍증상은 거의 없다.

괴혈병의 치료 시 비타민 C 외에 레몬즙이 더 효력이 있음을 알게 되고 그 유효 성분이 혈관의 삼투성(permeability)을 조절하여 비타민 P라 하였다. 현재 비타민 P의 작용을 가진 것으로는 감귤류의 과피에 들어 있는 헤스페리딘(hesperidin), 메밀, 아스파라거스에 들어 있는 루틴(rutin) 등이 알려져 있다. 이 외 엽채류에 많이 함유되어 있다. 비타민 P는 삼투성을 조절하고 비타민 C와 함께 모세혈관의 출혈을 방지하는 인자이다. 즉, 결핍되면 혈관의 저항력이 약해지고, 피부에 혈액이 침투되므로 보라색 반점이 생기게 된다. 비타민 P의 하루 소요량은 확실하지 않지만 약 40~50mg이 필요하다고 한다.

제7장

무기질(Mineral)

Point

① 체내 필요량에 따른 무기질의 종류를 구분한다.
② 다량무기질과 미량무기질의 종류와 특징을 이해한다.
③ 산성식품과 알칼리성 식품을 구분할 수 있다.
④ 식품 중 무기질의 변화를 이해한다.

무기질은 식품을 550~600℃에서 태워 완전히 연소시켜서 재로 남는 부분이므로 회분(ash)이라고도 하며, 생물체 내에서 에너지원은 되지 않으나 생물체의 구성성분으로 존재하면서 중요한 생리적 기능을 가진 미량의 식품 성분이다. 식품 및 인체의 구성성분으로 중요한 생리 작용을 나타내는 무기질은 약 20여종이며 인체 내에서 체중의 약 2~4%를 차지하고 있다. 무기질은 인체 내에서 스스로 합성하지 못하며, 단일원소 그 자체가 영양소로서 반드시 외부에서 섭취되어야 하는 필수 영양소이다.

1. 무기질의 분류

식품에 비교적 많이 함유된 원소는 칼슘(Ca), 칼륨(K), 나트륨(Na), 마그네슘(Mg), 인(P), 황(S), 염소(Cl) 등의 다량원소(macrominerals)와 철(Fe), 구리(Cu), 요오드(I), 아연(Zn), 코발트(Co), 망간(Mn), 불소(F), 셀레늄(Se), 크롬(Cr), 몰리브덴(Mo) 등의 미량원소(microminerals 또는 traceminerals)가 있다. 이들 무기질 중 일반적으로 하루에 100mg 이상을 필요로 하는 다량 무기질(**표 7-1**)과 하루에 100mg 이하를 필요로 하는 미량 무기질(**표 7-2**)로 분류한다.

표 7-1 다량 무기질의 생리작용과 급원식품

무기질	생리작용	결핍증상	급원식품
칼슘 (calcium, Ca)	골격과 치아의 형성 혈액의 응고 촉진 근육의 수축이완작용 신경의 흥분억제 효소의 활성화(ATPase) 삼투압의 유지	골격과 치아의 발육부진 골연화증 구루병 혈액응고 불량 내출혈	멸치, 우유, 유제품, 해조류, 대두, 칼슘강화식품
칼륨 (potassium, K)	삼투압 및 pH 조절 근육의 수축 신경자극전달 글리코겐 및 단백질합성	근육 이완 발육부진 체액의 이동 구토 설사	곡류, 채소류, 과일류
나트륨 (sodium, Na)	삼투압 및 pH 조절 신경의 흥분억제 타액 효소(ptyalin)의 활성화	식욕부진 소화불량 과잉증(삼투압 상승으로 인한 부종)	식탁염, 가공식품, 양념류, 스낵과자류
마그네슘 (magnesium, Mg)	골격과 치아의 형성 근육과 신경의 흥분억제 당질대사효소의 조효소 구성성분	신경계의 자극감수성 촉진 혈관확장 경련 과잉증(Ca의 배설촉진, 골연화증)	곡류, 두류, 감자, 조류, 녹색채소
인 (phosphorus, P)	골격과 치아의 형성 에너지대사에 관여 삼투압 및 pH 조절 지방산의 이송	골격과 치아의 발육부진 골연화증 성장부진 구루병	육류, 난류, 어패류, 두류
황 (sulfur, S)	함황아미노산의 구성성분 효소의 활성화 항독소작용 세포단백질의 구성요소	손톱과 발톱의 발육부진 모발의 발육부진 체단백질의 질적 저하	육류, 어류, 우유, 달걀, 두류
염소 (chloride, Cl)	삼투압 및 pH 조절 위액의 산성유지 소화에 관여	위액의 산도저하 식욕부진 소화불량	식탁염, 가공식품

표 7-2 미량 무기질의 생리작용과 급원식품

무기질	생리작용	결핍증상	식품 중의 소재
철 (iron, Fe)	헤모글로빈의 구성성분 산화적 호흡촉매작용 조효소의 성분 효소의 활성화	저혈색소성빈혈 피로 유아발육부진 손발톱의 편평	육류(간), 어패류, 두류, 녹황색채소
구리 (copper, Cu)	헤모글로빈의 합성촉진 철의 산화작용 철의 흡수와 운반에 관여	저혈색소성빈혈	해산물(연체동물, 갑각류), 육류(간, 내장)
요오드 (iodine, I)	갑상선호르몬의 성분 (기초대사촉진)	갑상선종	해조류, 해산물
코발트 (cobalt, Co)	비타민 B_{12}의 구성성분 적혈구 생성에 관여	비타민 B_{12} 결핍증 악성빈혈	채소류, 곡류, 육류(간), 어류
불소 (fluoride, F)	골격, 치아의 경화 충치 예방	충치 유발 골다공증	해조류, 불소첨가음료
아연 (zinc, Zn)	췌장호르몬인 인슐린의 성분 카보닉 안히드라아제(carbonic anhydrase)의 구성성분	발육장애 탈모증상 빈혈	패류(굴, 소라, 가리비, 게), 육류
망간 (manganese, Mn)	발육에 관여 단백질 대사에 관여 포도당 산화작용 지방산의 합성반응 활성화	생식작용불능 성장장애	곡류, 견과류, 채소류, 두류
몰리브덴 (molybdenum, Mo)	효소의 구성성분 (잔틴산화효소, 아황산산화효소)	뇌의 위축 기능장애 수정체 이상	두류, 곡류, 견과류
셀레늄 (selenium, Se)	글루타티온 과산화효소의 성분 항산화작용	심장기능 저하 근육약화 성장장애	어패류, 견과류, 곡류

2. 무기질의 기능과 특징

표 7-1과 **표 7-2**에 나타낸 바와 같이 무기질의 중요한 기능은 다음과 같다.

① 무기질은 가용성 염류로서 항상 체액 속에서 근육 및 신경조직의 자극에 대한 감수성을 유지시킨다.

② 무기질의 완충작용에 의해 산, 알칼리 평형을 유지하고 있기 때문에 혈액과 체액의 pH가 일정하게 유지하도록 한다.

③ 세포의 삼투압 조절에 큰 역할을 하여 세포막의 투과성을 조절하고 세포액의 이동에 관여한다.

④ 뼈와 치아의 구성성분이 되어 골격조직을 이룬다.

⑤ 체내 대사 작용에 중요한 효소의 구성성분이 되며, 효소반응의 촉매로서 작용을 한다.

⑥ 무기질은 상호 간에 상승작용과 길항작용을 하면서 신체의 생리작용을 조절하고 있다. 예를 들면, 지나친 칼슘의 섭취가 아연의 체내량을 낮추고, 마그네슘과 철이 인의 흡수를 방해한다거나 칼륨과 나트륨은 상호 간에 한쪽의 지나친 섭취는 다른 한쪽의 흡수를 저해하는 현상이 발생한다. 또한 인체 내 무기질 밸런스는 중금속의 흡수를 저해하고 배설을 촉진시켜 체내 중금속 중독으로 인한 여러 가지 질병을 예방하는 효과를 가져 올 수 있다. 예를 들면, 셀레늄은 중금속의 하나인 카드뮴(특히 담배 속)의 독성영향으로부터 독성을 완화시키는 역할을 한다.

3. 알칼리성 식품과 산성 식품

식품에 함유되어 있는 무기질은 칼슘(Ca), 칼륨(K), 나트륨(Na), 마그네슘(Mg), 철(Fe), 구리(Cu), 망간(Mn), 코발트(Co), 아연(Zn)과 같이 Ca^{2+}, K^{+}, Na^{+}, Mg^{2+}, Fe^{2+}, Cu^{2+}, Mn^{2+}, Co^{2+}, Zn^{2+} 등 양이온을 생성하는 알칼리 생성 원소와 인(P), 황(S), 염소(Cl), 요오드(I)와 같이 PO_4^{3-}, SO_4^{2-}, Cl^{-}, I^{-} 등 음이온을 생성하는 산 생성 원소가 있다.

식품에 함유된 이들 알칼리 생성 원소와 산 생성 원소의 당량을 비교하여 산

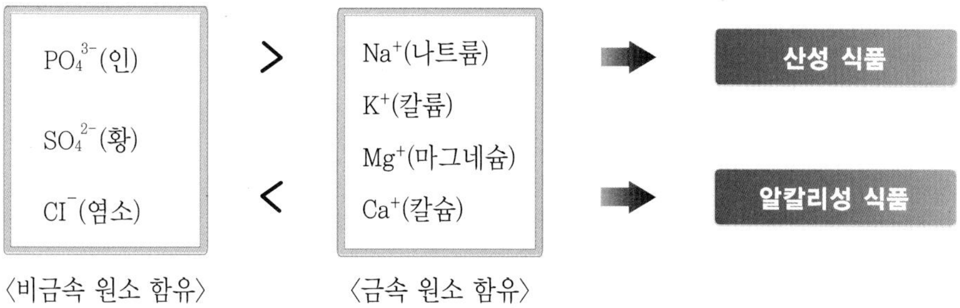

그림 7-1 **알칼리성 식품과 산성 식품 비교**

생성 원소보다 알칼리 생성 원소가 많은 식품을 알칼리성 식품(alkali forming foods)이라 하고, 그 반대의 것을 산성 식품(acid forming foods)이라고 한다.

식품이 갖고 있는 알칼리성과 산성의 비율을 각각 알칼리도(alkalinity) 및 산도(acidity)라고 하며 이것은 식품 100g을 완전히 연소시켜 얻은 회분의 수용액을 중화하는 데 필요한 0.1N HCl 또는 0.1N NaOH의 ml수로 측정한다. 주요 식품의 산도와 알칼리도를 **표 7-3**에 나타내었다.

산성 식품과 알칼리성 식품을 구분할 때 산성 식품은 비금속 원소가 금속 원소보다 더 많이 든 식품을 말하고, 금속 원소와 비금속 원소의 양이 같으면 중성 식품, 금속 원소가 비금속 원소보다 많으면 알칼리성 식품이다. 보통 곡류는 탄수화물을 많이 가지고 있어 체내에서 산화·분해되면 이산화탄소(CO_2)와 물이 생성되고 이것이 체내에서 탄산(H_2CO_4)이 되므로 산성 식품이다. 육류와 어류는 단백질과 지방을 많이 함유하고 있으며, 단백질에는 황, 지방에는 인을 많이 가지고 있기 때문에 황산(H_2SO_4)과 인산(H_3PO_4)을 생성하여 산성화되므로 이들 식품을 산성 식품이라 한다. 한편, 과일은 유기산을 함유하고 있어 그대로는 산성이지만 유기산은 체내에서 이산화탄소와 물로 분해되며, 함유 무기질이 알칼리 생성 원소이기 때문에 알칼리성 식품에 속한다.

산성 식품의 대부분은 열량이 높고 단백질도 풍부하며, 비타민 A, B_1, B_2와 같은 중요한 영양소를 다량 가지고 있어 인체를 구성한다. 반면 알칼리성 식품은 칼슘이나 칼륨 등의 무기질이나 여러 효소를 함유하고 있어 건강을 유지하는데 필수적이다. 따라서 산성 식품이 무조건 나쁘다는 일부 소비자들의 그릇된 인식은 바뀌어야 하고, 일상생활에서 음식물을 섭취할 때는 육류와 어패류에 채소,

감자, 과일을 배합하는 등 산성 식품과 알칼리성 식품이 한쪽으로 치우치지 않도록 주의하여 항상 음식을 골고루 섭취하는 습관이 필요하다.

표 7-3 주요 식품의 알칼리도와 산도

<table>
<tr><th colspan="3">알칼리성 식품</th><th colspan="3">산성 식품</th></tr>
<tr><th colspan="2">식품명</th><th>알칼리도</th><th colspan="2">식품명</th><th>산도</th></tr>
<tr><td rowspan="2">해조류</td><td>다시마</td><td>40</td><td rowspan="5">곡류</td><td>백미</td><td>4.3</td></tr>
<tr><td>미역</td><td>16</td><td>현미</td><td>9~14</td></tr>
<tr><td rowspan="5">채소류</td><td>시금치</td><td>15.6</td><td>보리</td><td>10</td></tr>
<tr><td>양배추</td><td>4.9</td><td>밀가루</td><td>3.4</td></tr>
<tr><td>호박</td><td>1</td><td>옥수수</td><td>5</td></tr>
<tr><td>당근</td><td>10</td><td rowspan="5">어패류</td><td>오징어, 문어</td><td>10~20</td></tr>
<tr><td>무</td><td>10</td><td>도미</td><td>8.6</td></tr>
<tr><td rowspan="4">과일류</td><td>귤</td><td>3.6</td><td>대합</td><td>7.5</td></tr>
<tr><td>감</td><td>2.7</td><td>참치</td><td>15.3</td></tr>
<tr><td>사과</td><td>3</td><td>굴</td><td>10</td></tr>
<tr><td>오렌지</td><td>5</td><td rowspan="3">육류</td><td>닭고기</td><td>10.4</td></tr>
<tr><td rowspan="2">감자류</td><td>감자</td><td>5.4</td><td>돼지고기</td><td>6.2</td></tr>
<tr><td>고구마</td><td>4.3</td><td>쇠고기</td><td>12~13</td></tr>
<tr><td>알류</td><td>난백</td><td>3.2</td><td rowspan="3">난·유류</td><td>난황</td><td>19.2</td></tr>
<tr><td rowspan="2">유즙</td><td>인유</td><td>3</td><td>치즈</td><td>4.3</td></tr>
<tr><td>우유</td><td>0.3</td><td>버터</td><td>4</td></tr>
<tr><td rowspan="2">두류</td><td>대두</td><td>10.2</td><td rowspan="2">콩류</td><td>완두콩</td><td>2.5</td></tr>
<tr><td>팥</td><td>7.3</td><td>땅콩</td><td>3.0</td></tr>
</table>

4. 무기질의 변화

식품 중 무기질의 변화는 화학적 변화, 상태 변화, 조리가공에 의한 무기질의 손실 등을 들 수 있다.

(1) 화학적 변화

식품 중에 있는 무기질의 화학적 변화는 pH의 이동에 의한 염류와 이온의 가역반응, 효소에 의한 유기태와 무기태의 가역반응이 약간 일어날 뿐이며, 본질적인 화학적 변화는 거의 일어나지 않는다.

(2) 상태 변화

채소를 가열할 때 세포 내외의 삼투압의 차이에 의해 무기질과 수분의 이동이 일어난다. 즉, 세포 속의 삼투압이 높으면 세포 속의 무기질은 세포 밖으로 유출되고, 세포 밖의 수분은 세포 내외의 삼투압과 같아지려고 한다. 그래서 세포는 흡수, 팽윤하게 되고 세포 외액의 무기질의 농도는 증가하게 된다.

식품의 무기질의 유실을 줄이는 방법은 세포액과 삼투압이 같은 생리 식염수에 담갔다가 단시간 삶는 것으로 외관과 풍미가 크게 변하지 않는다. 이 원리를 채소의 조리가공에 응용하면 풍미를 그대로 유지할 수 있다.

한편, 세포 밖의 삼투압이 높으면 세포 안의 수분이 밖으로 빠져나가고 세포 밖의 성분이 세포 안으로 침투하여 세포 내외의 삼투압이 같아진다. 따라서 세포는 탈수, 수축되고 세포 외액의 수분이 많아진다. 채소의 소금 절임이나 간장, 된장, 설탕 등의 조미료에 의한 절임은 이 원리를 이용한 것이다.

또한, 조미료의 종류에 따라서 세포막을 통과하는 속도가 다르다. 물, 간장, 설탕의 순서로 분자량이 작을수록 빨리 통과한다. 만일 채소에 설탕의 단맛을 들인 조리가공을 하려면 먼저 설탕에 재운 다음 간장을 넣는 것이 좋다.

(3) 조리가공에 의한 무기질의 손실

식품의 종류, 조리방법, 무기질의 종류에 따라 손실량이 다르지만, 일반적으로 조리가공에 의한 무기질의 손실량은 다른 영양소보다 훨씬 크다. 예를 들면, 구울 때에는 변화가 없으나, 찔 때는 생선이 10~30%, 채소는 0~50% 손실이 생기며, 삶을 때에는 생선이 15~25%, 채소는 25~50%의 손실이 생긴다. 조리 가공 시 무기염류는 비교적 안정하지만 물에 용해되면 상당량 손실

될 수 있다. 예로 당근, 두류, 양배추, 그 밖의 채소류 중의 칼슘이 12~40%가 손실된다.

(4) 다른 성분에 대한 기타 작용

무기질 중에서 Cu^{2+}와 Fe^{3+} 등은 식물의 색소를 고정하여 변색을 방지하는 효과가 있고, Ca^{2+}, Mg^{2+}, Al^{3+} 등은 식품 내 단백질을 응고시키는 작용을 한다.

제8장

식품과 효소(Enzyme)

Point

① 효소의 종류와 성질을 이해한다.
② 효소반응에 영향을 미치는 인자를 이해한다.
③ 효소의 식품 산업적 이용에 대해 이해한다.
④ 효소반응의 억제 및 식품저장방법을 이해한다.

효소(enzyme)란 동식물, 미생물의 생활 세포의 원형질에서 생산되어 극미량으로도 생체의 여러 가지 복잡한 화학반응을 촉진 또는 지연시켜 생리현상을 환경에 맞추어 정상적으로 영위하게 하는 일종의 생체 촉매(catalyst)물질이다. 보통 하나의 화학반응에는 하나의 특정 효소가 관여하고 있다고 생각할 수 있으므로 효소의 종류도 매우 많고, 생물에 의해서 생산되는 생체촉매는 약 2,200여 종류가 있다. 효소는 단백질로 되어 있기 때문에 단백질의 성질을 나타내고 열에 불안정하며, 최적온도와 최적 pH에 의해서 활성이 영향을 받는다. 또한 효소는 반응 전후에 자신은 변하지 않으면서 화학반응의 속도를 빠르게 한다.

효소는 대부분 단순 단백질 또는 복합 단백질에 속한다. 많은 효소는 단백질 부분에 보결분자단인 조효소(coenzyme)가 결합되어 있는데 단백질 부분을 결손효소(apoenzyme)라 한다. 이 두 효소가 결합한 상태를 완전효소(holoenzyme)라고 부르고 이때 비로소 활성을 갖게 된다(**그림 8-1**).

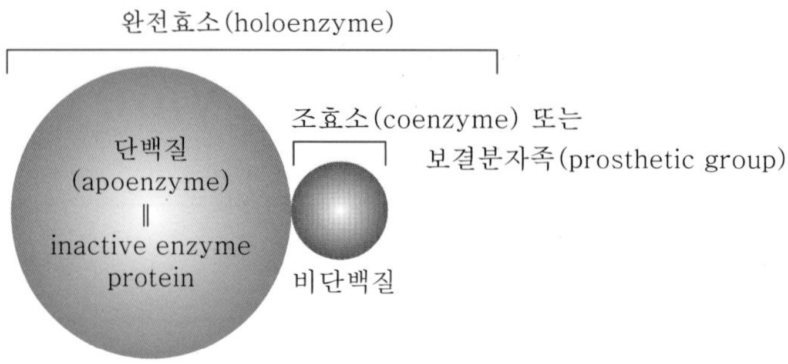

그림 8-1 복합단백질 효소

식품의 조리, 가공, 저장, 발효, 부패 중에는 식품 자체의 효소와 미생물이 분비하는 효소가 중요한 역할을 하므로, 효소 반응이 좋지 않은 방향으로 진행될 때에는 억제하는 방법을 사용해야 하고, 반대로 유리한 방향으로 진행될 때에는 촉진시키는 방법을 사용해야 한다.

효소가 식품에 작용하는 예를 들면 다음과 같은 경우를 생각할 수 있다.

① 육류, 치즈 및 된장의 숙성과 같은 식품 중에 함유되어 있는 효소작용을 적극적으로 이용하는 경우

② 일반적으로 신선한 식품의 선도 유지 혹은 변색 방지를 위해 식품 중의 효소작용을 억제하는 경우

③ 과즙이나 포도주에 펙틴(pectin) 분해 효소를 첨가하여 혼탁한 것을 없애거나, 육류에 프로테아제(protease)를 첨가하여 육질을 연화시키는 등 외부로부터 적당한 효소를 식품에 첨가하는 방법으로 식품의 질적 향상 및 부가가치를 향상시킬 수 있는 경우

④ 전분으로부터 효소의 분해 작용을 이용해 포도당을 제조하거나, 글루탐산(glutamic acid)이나 아스파트산(aspartic acid)에 효소를 사용하여 제조하는 경우

이와 같이 식품을 다룰 때는 효소에 의해 복잡하고 미묘한 변화를 일으키기 때문에 효소의 적절한 이용을 위해 일반적인 성질과 특성을 아는 것이 중요하다.

1. 효소의 분류와 명명

1961년 국제생화학연합의 효소위원회(The Commission on Enzymes of the International Union of Biochemistry)에서는 효소가 촉매하는 화학반응의 종류에 따라 모든 효소를 여섯 그룹으로 분류하여 효소의 분류번호를 붙이고 그 효소명은 어미에 '-ase'를 붙이기로 하였다.

(1) 산화 · 환원효소(oxidoreductase)

산화·환원반응은 탈수소반응, 수소첨가반응 등에 관여하는 효소로서 oxidase, dehydrogenase 등이 있다. 예를 들면 polyphenoloxidase(과실류의 갈변반응에 관여), lipoxygenase(식물체의 불포화지방산의 산화 촉진), glucose oxidase(산소제거제로 식품 변질 방지에 이용), peroxidase와 catalase(과산화물 제거), alcohol dehydrogenase(알코올 발효에 관여) 등이 있다.

(2) 전이효소(transferase)

공여체로부터 수용체에 메틸기($-CH_3$), 아세틸기($-CH_3CO$), 아미노기($-NH_2$), 인산기(PO_4^{3-}) 등과 같은 원자단을 전이시키는 효소로서 aminotransferase(아미노기에 관여), kinase(인산기에 관여) 등이 있다.

(3) 가수분해효소(hydrolase)

영양소의 소화흡수에 관여하는 효소로서 물분자의 개입으로 기질의 공유결합을 분해한다. 즉, 에스테르결합, 글루코시드결합, 펩티드결합, 아미드결합 등의 가수분해반응에 관여하는 효소로 esterase, amylase(α-형과 β-형), peptidase, lactase, maltase 등이 있다.

(4) 제거효소(lyase)

기질로부터 특정의 기를 분해하여 이중결합을 생성하거나, 이중결합에 어떤 기를 붙이는 반응을 촉매하는 효소로서, 탈탄산, 탈알데히드, 탈수, 탈암모니아반응 등에 관여한다. glutamate decarboxylase(γ-aminobutyric acid + CO_2), pyruvate decarboxylase(acetaldehyde + CO_2) 등이 있다.

(5) 이성화효소(isomerase)

화합물의 입체이성화반응, 즉 분자의 화학식은 같으나 구조식이 다른 이성질체로 바꾸는 데 촉매하는 효소로서, 글루코스 이성화효소(glucose isomerase), PGM(phosphoglucomutase) 등이 있다.

(6) 합성효소(ligase)

ATP와 같은 고에너지 물질과 반응하여 기질의 두 화합물을 결합시켜 새로운 물질을 합성하는 반응을 촉매하는 효소로서 대표적으로 아세틸-CoA 합성효소(acetyl-CoA synthetase)를 들 수 있다.

$$\underset{\text{아세트산}}{CH_3COOH} + CoASH + ATP \rightarrow \underset{\text{아세틸-CoA}}{CH_3COSCoA} + \underset{\text{피로인산}}{H_4P_2O_7} + AMP$$

이 중에서 식품과 관계가 비교적 많은 효소군은 가수분해효소와 산화·환원효소이다. 이와 같은 분류에 따라 성질이 판명된 효소에 대해서는 효소 번호와 계통명을 붙이게 된다. 분류된 효소마다 4단위의 코드숫자를 붙여 효소 분류의 기초로 삼았다(EC No.). 제1의 숫자는 1~6까지로 위의 6군이 속하는 것이고, 제2, 제3의 숫자는 반응을 세분화하여 그 공여체와 필요로 하는 조효소 등에 붙이고 제4의 숫자는 앞의 3개 숫자에 의해 분류된 일군의 효소들의 일련번호이다. 그러나 이와 같이 효소의 계통명은 효소의 반응형식을 표현하여 매우 복잡하기 때문에 일반적으로 관용명과 상용명을 사용하는 것이 많다.

관용명(systematic name)은 효소의 발견 당시 이름이 그대로 습관적으로 사용되는 것으로 전분분해효소인 디아스타아제(diastase), 타액 중에서 당을 분해하는 효소인 프티알린(ptyalin), 단백질 분해효소로 위액에 존재하는 펩신(pepsin),

췌장에서 분해되는 트립신(trypsin), 파파야에 존재하는 단백질 분해효소인 파파인(papain), 파인애플의 브로멜린(bromelin), 무화과의 피신(ficin), 송아지 위액에 존재하며 치즈 제조에 사용되는 레닌(rennin) 등을 예로 들 수 있다.

상용명(trivial name)은 작용기질과 결부시켜 어미에 -ase를 붙이는 방법으로 다음과 같다.

① 효소가 반응하는 기질의 어미에 -ase를 붙이는 경우

예) cellulase, sucrase, maltase, lipase, protease, carbohydrase 등

② 효소가 촉매하는 반응 형식에 따라 -ase를 붙이는 경우

예) hydrolase, oxidase, decarboxylase 등

③ 효소가 촉매하는 기질과 반응 형식을 조합하여 어미에 -ase를 붙이는 경우

예) succinate dehydrogenase, triose phosphate isomerase, alcohol dehydrogenase 등

2. 효소의 특이성

효소 중에는 어떤 특정 기질에 대하여 거의 절대적인 특이성을 나타내며(그림 8-2), 매우 비슷한 분자인 경우에도 작용하지 않는 것이 있는 반면 비교적 넓은 특이성을 가지면서 공통된 구조적 특징을 갖는 많은 화합물에 작용하는 효소도 있다.

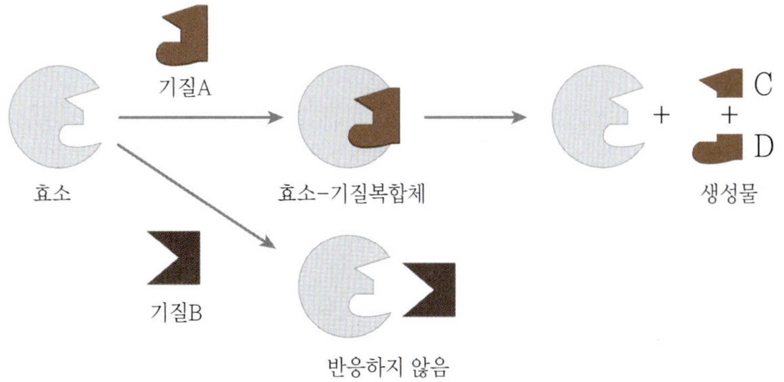

그림 8-2 효소의 기질특이성

효소의 기질특이성에 대한 연구로부터 기질분자는, 촉매반응을 받게 되는 활성부위(active site) 또는 촉매부위(catalytic site)라는 효소분자 표면상의 특이적 영역 사이에서 상보적인 '열쇠와 자물쇠'의 관계를 맺는 개념이 생겨나게 되었다. 기질 특이성을 보면 다음 3가지 종류로 나눌 수 있다.

(1) 절대적 특이성(absolute specificity)

유사한 기질 중 특이적으로 한 종류의 기질에만 작용(촉매)하는 것을 말한다. 예를 들면 펩티다아제(peptidase)는 펩티드만을, 펩신(pepsin)은 단백질만을, 우레아제(urease)는 요소(urea)만을 가수분해하는 경우이다.

(2) 상대적 특이성(relative specificity)

어떤 기질과는 우선적으로 작용하고 다른 유사기질과도 어느 정도 반응을 하는 경우를 말하며, 결합 특이성을 갖는 효소들은 결합의 구조적 특징과 관계없이 어떤 특별한 종류의 화학적 결합에 촉매반응을 한다. 예를 들면 리파아제(lipase)는 지질을 우선적으로 가수분해하고 지질이 아닌 저급의 에스테르(ester)는 서서히 분해한다.

(3) 광학적 특이성(optical specificity)

효소가 기질의 광학적 구조의 차이에 따라 특이성을 나타내는 경우를 말한다. 즉, D-형과 L-형 또는 α-형과 β-형에 대하여 작용하는 효소가 각각 다르게 존재한다. 예를 들면 페니실리움(*penicillium*) 속에 함유되어 있는 포도당 산화효소(glucose oxidase)는 베타-D-포도당(β-D-glucose)을 산화시키지만, 같은 D-포도당(D-glucose)이라 하더라도 알파-D-포도당(α-D-glucose)에는 작용하지 않는다.

3. 효소반응에 영향을 주는 인자

(1) 온도

효소의 활성은 온도와 깊은 관계가 있다. 효소의 반응속도는 온도가 상승하면 반응속도도 증가되지만 효소는 단백질이므로 일정 온도 이상이 되면 활성이 저하되고 결국에는 변성되어 활성을 잃게 된다.

일반적으로 30~40℃가 효소에 대한 최대의 활성을 가지며 효소의 최적 온도(optimum temperature)는 반응시간, 효소 농도, 기질 농도, 용액의 pH, 공존하는 화학물질 등에 의해서 영향을 받는다(**그림 8-3**).

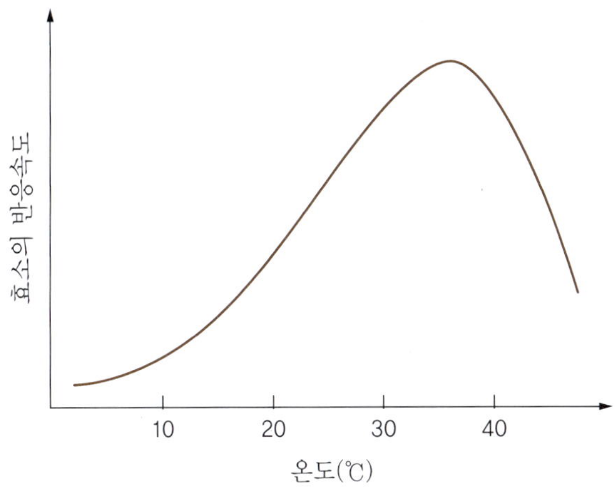

그림 8-3 온도에 따른 효소의 반응 속도

(2) pH

효소작용은 pH에 의하여 크게 영향을 받는다. 효소활성이 가장 좋은 때의 pH를 최적 pH(optimum pH)라 하며, 효소에 따라 최적 pH가 다르다. 대개 pH 4.5~8.0 범위이지만, 단백질 분해효소인 펩신의 최적 pH는 pH 1~2, 트립신은 pH 7~8, 전분 분해효소인 아밀라아제는 pH 7 범위로 효소의 최적 pH는 완충액의 종류, 기질 및 효소의 농도, 작용 온도 등에 따라 달라진다. 효소를 이용한 식품 가공에 있어서는 기질에 대한 효소 활성을 안정한 pH 범위로 유지시켜 주어야 한다.

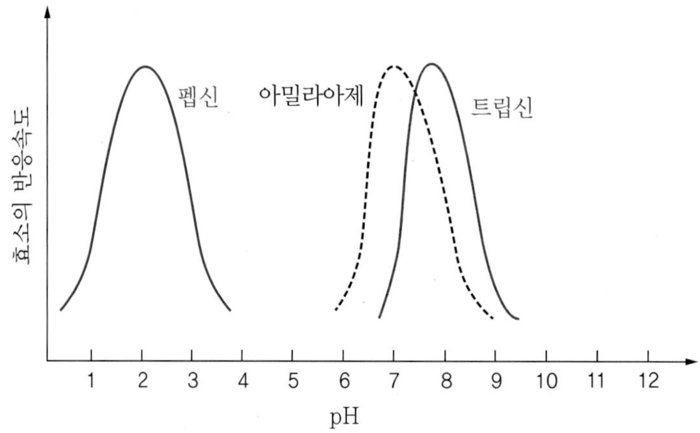

그림 8-4 pH에 따른 효소의 반응 속도

4. 효소의 식품 산업적 이용

효소반응은 ① 기질 특이성이 있기 때문에 부산물이 생기지 않으며, ② 온화한 조건(상온, 상압, 중성부근)에서 반응하는 효소가 많고, ③ 효소를 고정화하는 방법에 의해 연속조작이 가능하다. 이러한 특징으로 다른 화학 반응에 비해 뛰어난 점을 갖고 있기 때문에, 앞으로 더욱더 식품의 생산·가공, 의료분야, 화학 분석 특히 생체 성분의 분석, 의료품의 제조 가공 등의 산업분야를 비롯하여 우리들의 일상생활에서도 효소를 화학반응의 촉매로서 적극적으로 이용하려는 시도가 급증하고 있다. 그중에서 식품관련 분야에서 효소의 이용에 대해서 보면 크게 4가지로 나눌 수 있다. 즉 전분의 가공, 단백질의 가공, 과일, 채소 및 곡류 등의 가공, 발효가공이 있다. **표 8-1**은 식품제조에 관련해서 이용되고 있는 효소를 나타내었다.

표 8-1 식품 제조·가공에 주로 이용되는 효소

효소분류	효소명	용도
산화·환원효소 (oxidoreductase)	카탈라아제(catalase)	수산가공, 우유로 치즈 만들 때 보존제로 사용한 과잉의 H_2O_2 제거
	아스코르브산 산화효소 (ascorbate oxidase)	수산동결제품의 품질개량
	포도당 산화효소(glucose oxidase)	맥주, 탄산음료, 과일주스 등의 방부 (산소 제거) 산화받기 쉬운 전지분유, 제빵, 커피, 코코아, 육·유제품의 저장성 증진에 이용
	탄나아제(tannase)	차(茶)음료 등의 혼탁방지 및 풍미개선
가수분해효소 (hydrolase)	산성 프로테아제(acidic protease)	조미료 제조, 물성의 개
	중성 프로테아제(neutral protease)	제빵, 발효식품, 단백질분해, 오징어의 박피
	알칼리성 프로테아제(alkalic protease)	조미료 제조
	렌넷(rennet)	식품용도의 응유효소, 치즈 제조에 유용
	아미노펩티다아제(aminopeptidase)	치즈성숙기간 단축 및 저지방치즈 제조, 조미료 제조
	리파아제(lipase)	향미개선, 지방분해, 제빵, 에스테르교환반응 유지의 품질 개조에 유용
	α-아밀라아제(α-amylase)	맥아당, 올리고당 제조, 주조, 제과·제빵, 맥주, 전분, 주스
	β-아밀라아제(β-amylase)	물엿의 제조
	글루코아밀라아제(glucoamylase)	포도당 제조
	셀룰라아제(cellulase)	콩의 연화, 과실·채소·곡류의 가공, 아직 거르지 않은 술의 점도저하
	헤미셀룰라아제(hemicellulase)	맛의 증가, 품질개량에 유용
	펙티나아제(pectinase)	주스, 와인, 과즙의 청징화 및 과즙률 향상
	나린지나아제(naringinase)	과일주스의 쓴맛 제거
	헤스페리디나아제(hesperidinase)	밀감통조림의 혼탁방지
	파파인(papain)	맥주의 혼탁방지, 육질 연화
	락타아제(lactase)	아이스크림, 농축유 등에서 젖당의 결정석출 방지 및 감미증강
	안토시안아제(anthocyanase)	과일통조림의 탈색, 백포도주용 포도과즙의 탈색
이성화효소 (isomerase)	글루코오스 이성화효소 (glucose isomerase)	이성화당 제조

(1) 전분 가공

1) 물엿의 제조

물엿은 전분을 α-amylase로 액화하는 동시에 β-amylase의 작용으로 당화하여 맥아당의 함유량이 높고 적당한 단맛을 낸다. 이 물엿은 그대로 농축하기 때문에 독특한 향미를 가지고 있다.

2) 포도당 제조

포도당 제조방법으로는 산당화법과 효소당화법이 있다. 산당화법은 전분유액에 산을 넣어 가열하면 가수분해되어서 포도당이 생성되는데, 분해가 진행됨에 따라 쓴맛의 물질을 포함한 올리고당이 축합에 의해 생성되어 쓴맛이 나는 결점이 있다. 그러나 효소당화법은 이같은 결점을 보완하여 글루코아밀라아제(glucoamylase)를 이용하여 전분의 액화공정과 당화공정으로 포도당을 제조하고 있다.

3) 포도당 이성화에 의한 과당의 제조

당류반응 중에서 이성화반응을 이용해 알도오스(aldose)인 포도당을 케토오스(ketose)인 과당으로 하면 그 감미도가 증가한다. 효소당화법에 의해 고순도의 포도당을 대량 제조한 후 포도당 이성화효소의 작용에 의해 과당으로 이성화해서 양자의 비율을 1:1로 만들어 전화당을 제조한다.

(2) 단백질 가공

1) 치즈의 제조

치즈는 동물의 유즙 또는 우유를 원료로 해서 이것에 유산균 및 렌넷(rennet)을 첨가해서 우유성분을 응고시키며, 식염을 첨가하고 가압해서 발효, 숙성시킨 식품이다. 렌넷은 생후 3~5주된 송아지의 제4위에서 프로카이모신(prochymosin)이 분비되는 것으로 그중에 카이모신(chymosin, rennin)을 포함하고 있고 우유에 렌넷을 첨가하면 우유의 단백질성분인 카세인이 레닌에 의해 응고한다.

2) 어육용액 제조

어육용액은 어류로부터 얻어진 신선한 액상물을 농축한 것이다. 자기소화 또는 프로테아제가 많이 사용된다. 즉, 어류를 프로테아제로 분해하고 그 수용성 부분을 건조시킨 것으로 조미료 및 사료 등에 사용된다.

3) 육질 연화제 사용

육질이 딱딱한 축육 또는 냉동육의 육질개선을 위해서 프로테아제를 주체로 하는 식육연화제가 이용되는데, 엘라스틴은 파파인으로 분해되고 콜라겐은 파파인, 브로멜린, 사상균의 프로테아제 등에 의해서 분해된다. 일반적으로 육질 연화제로는 연화효과가 우수한 파파인이 많이 이용되고 있다.

(3) 과일과 채소 가공

1) 밀감류의 쓴맛 제거

밀감과 같은 과일류의 통조림 제조 시에는 미리 당액 중에 나린지나아제(naringinase)를 혼합해서 통조림을 밀폐해서 살균한다. 이때 고온으로 인하여 효소가 통조림 내부의 과육 내로 침투되는 것이 촉진되면 보존 중에 서서히 효소의 활동이 작용하여 3주 후에는 과육 내의 나린진이 거의 분해된다. 특히 여름밀감은 쓴맛이 강해서 과일통조림용으로 그대로 사용하기에는 적합하지 않다.

2) 밀감 통조림 백탁 방지

헤스페리딘은 밀감류에 포함되어 있으며 비타민 P로서 의약에 공급되지만, 밀감을 과즙과 함께 통조림 할 경우 백탁물질을 생성하여 상품가치를 감소시킨다. 백탁은 감귤의 과육 중에 헤스페리딘이 당액에 용출되어 결정화한 것이다.

따라서 백탁은 헤스페리디나아제(hesperidinase)를 당액에 사용하여 막을 수 있다.

3) 과즙의 탈색

베타글루코시다아제(β-glucosidase)는 복숭아의 흰 과육 일부에 있는 안토시안계 색소가 통조림 등의 주석과 반응하여 불쾌한 엷은 붉은색으로 변하는 것을 막기 위해 사용하는 효소이다. 이 효소는 안토시아닌의 글루코시드 결합을 특이적으로 분해하는 효소로 안토시안아제(anthocyanase)라고 한다. 복숭아 과육에는 효소의 침투가 어려워 복숭아 주스의 통조림에 사용하는 과즙의 탈색이나, 백포도주용 포도과즙의 탈색에 이 효소가 활용된다.

4) 과즙의 청징화

펙티나아제(pectinase)는 투명한 과즙을 제조하고 펙틴을 저분자화하는 역할을 한다. 또한 여러 가지 음료의 원료를 청징화하는 데 사용되는 효소이다.

5) 밀감 내피의 박피

펙티나아제를 이용하고, 이 외에 펙틴을 다량 포함한 채소나 과일의 가공에도 이용성이 크다.

6) 셀룰로오스(cellulose) 당화

셀룰라아제(cellulase)에 의한 셀룰로오스의 당화는 폐기물, 신문지 등의 폐지, 볏짚, 보릿짚, 농산 폐기물 등을 분해할 때 활용되는 것으로, 효소 당화에 있어서 세계적으로 주목되는 연구 분야이다.

(4) 발효 가공

된장, 간장, 식초 및 주류와 함께 치즈, 요구르트, 청국장 등과 같은 발효식품에 효소의 이용성이 더욱 다양해지고 있다.

한편, 산업적으로 생산되고 있는 효소제의 급원을 보면 **표 8-2**와 같다.

표 8-2 식품 산업용 효소제의 급원

급원	효소
동물성	
소, 돼지의 췌장	판크레아틴, 트립신, 리파아제, α-아밀라아제
돼지의 위	펩신
송아지의 제4위	레닌
소의 간	카탈라아제
식물성	
엿기름	α-아밀라아제, β-아밀라아제
고구마	β-아밀라아제
파파야 수지	파파인
파인애플	브로멜린
미생물성	
Aspergillus oryzae	α-아밀라아제, 프로테아제
Aspergillus niger	α-아밀라아제, 글루코아밀라아제, 셀룰라아제, 펙티나아제, 포도당 산화효소, 카탈라아제
Rhizopus sp.	아밀라아제, 글루코아밀라아제, 리파아제
Bacillus subtilis	α-아밀라아제, 프로테아제
Saccharomyces cerevisiae	인버타아제
Saccharomyces fragilis	락타아제

5. 효소반응의 억제와 식품저장

효소반응을 억제하기 위해서는 ① 효소의 불활성화, ② 반응속도 저하, ③ 기질 제거 혹은 산소와의 접촉을 피하게 하는 등의 원리를 이용한다. 대응하는 구체적인 처리 방법은 **그림 8-5**와 같다. 식품의 저장은 효소의 활성을 억제함으로써 식품의 품질을 유지시킬 수 있다. 이들 처리법은 효소활성의 억제를 통해서 미생물의 활동을 억제하는 것이 된다. 건조, 염장, 당장, 초절임, 발효, 훈연, 가열살균, 저온저장 등의 저장법은 각각 상기(上記)의 원리 중 어느 쪽에든 해당하는 방법이라 할 수 있다.

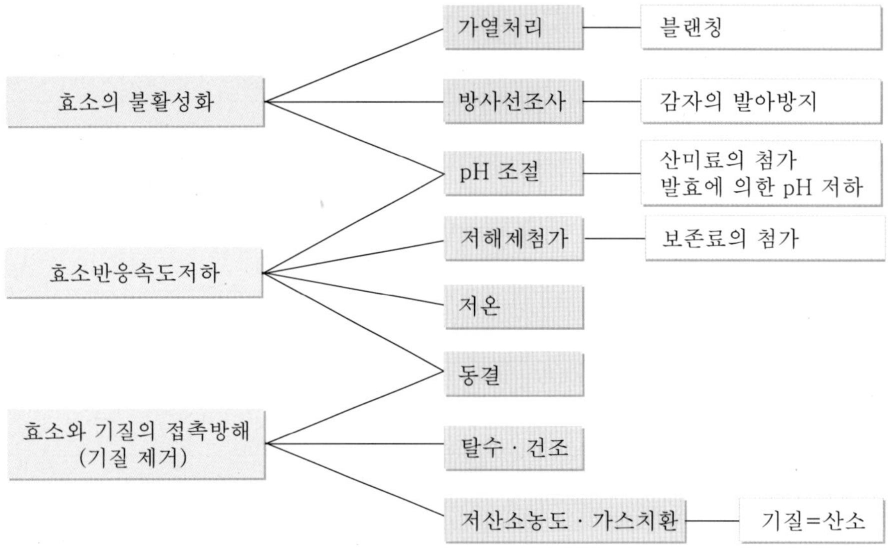

그림 8-5 효소반응의 억제와 식품저장

제9장

식품의 갈변

Point

① 식품의 갈변 반응의 종류를 알 수 있다.
② 효소적 갈변 반응을 이해한다.
③ 효소적 갈변의 억제방법을 이해한다.
④ 비효소적 갈변 반응의 종류와 특징을 이해한다.

식품을 저장, 가공, 조리할 때 식품의 색이 갈색으로 변하는 것을 갈변(browning)이라 한다. 대부분의 갈변반응은 식품의 외관과 풍미를 나쁘게 하며 비타민과 아미노산의 손실을 가져오지만 경우에 따라서는 바람직한 방향으로 진행하는 경우도 있다. 즉, 간장, 된장의 갈변반응과 커피, 홍차, 맥주, 빵, 비스킷 등의 갈변반응은 색뿐 아니라 향미에도 영향을 주어 식품의 품질을 향상시키는 경우를 예로 들 수 있다.

식품의 갈변반응은 여러 종류가 있으나 효소가 직접 관여하는 효소적 갈변반응(enzymatic browning)과 효소 없이 일어나는 비효소적 갈변반응(nonenzymatic browining)으로 크게 두 가지로 분류된다.

표 9-1 갈변 반응의 종류

효소적 갈변 반응 (enzymatic browning)	폴리페놀옥시다아제(polyphaenol oxidase)
	티로시나아제(tyrosinase)
비효소적 갈변 반응 (non-enzymatic browning)	마이얄 반응(maillard reaction)
	캐러멜화 반응(caramelization)
	아스코르브산 산화 반응(ascorbic acid oxidation)

1. 효소적 갈변

효소반응에 의한 품질변화의 최대 특징은 온화한 조건에서 급속하게, 그것도 특정의 화학변화가 선택적으로 일어나는 것이다. 일반적으로 효소적 갈변현상은 폴리페놀(polyphenol)을 함유한 신선한 식물체가 손상을 받으면 공존하는 폴리페놀옥시다아제(polyphenol oxidase)에 의해 산화되어 갈색의 멜라닌으로 전환되는 갈변반응과 이와 본질적으로 같은 티로신(tyrosine)의 산화에 관여하는 티로시나아제(tyrosinase)에 의한 갈변반응이 중요하다.

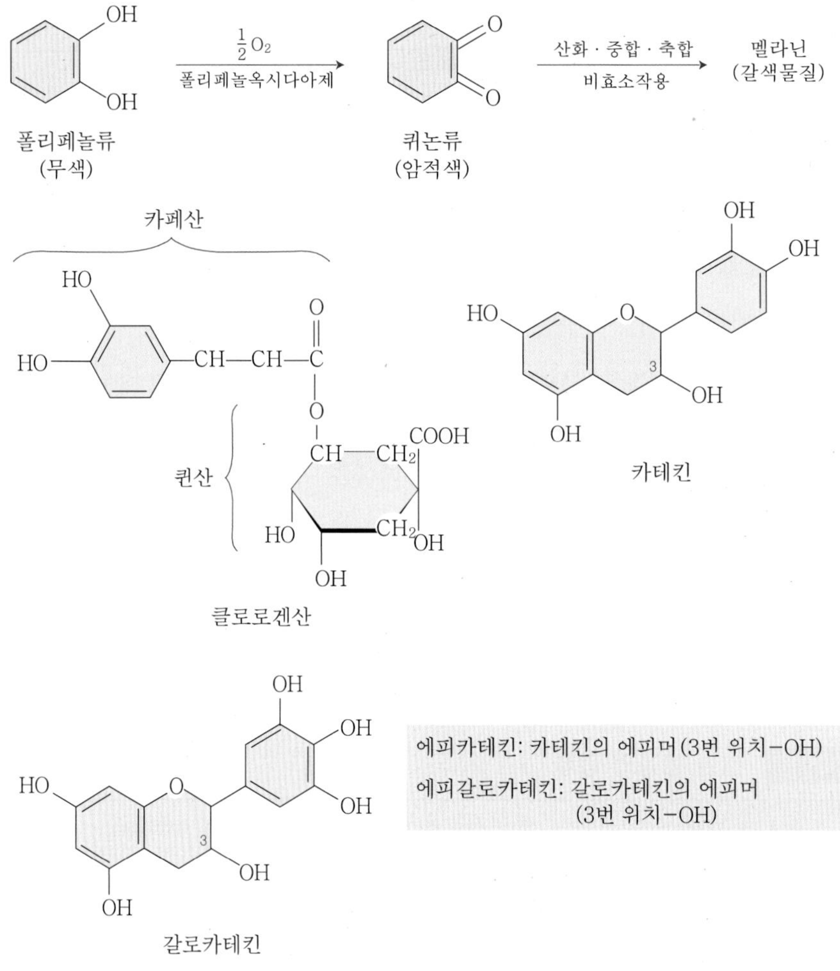

그림 9-1 폴리페놀옥시다아제에 의한 갈변반응과 대표적인 폴리페놀화합물

(1) 폴리페놀옥시다아제에 의한 갈변

구리(Cu)를 함유하는 금속효소인 폴리페놀옥시다아제에 의한 갈변반응은 폴리페놀류가 폴리페놀옥시다아제에 의해서 *O*-퀴논(*O*-quinone) 화합물로 산화되고, 생성된 퀴논 화합물이 계속해서 산화·중합되어 갈색의 색소가 형성되기 때문이다. **그림 9-1**에 나타낸 바와 같이 카테콜형(클로로겐산, 카페산, 카테킨류)의 폴리페놀이 갈변화되기 쉽다. 예를 들면, 사과나 배를 깎아서 공기 중에 놓아두면 갈변하는데, 이것은 클로로겐산과 피로카테킨 등의 폴리페놀류가 폴리페놀옥시다아제에 의해 퀴논으로 산화되고 이것이 중합하여 갈색 물질을 만들기 때문이다. 폴리페놀옥시다아제는 구리(Cu)나 철(Fe)에 의해 활성화되고 염소(Cl)이온으로 억제된다. 그러므로 사과나 배의 갈변은 구리나 철로 된 도구의 사용을 피하고 묽은 소금물에 담그면 방지할 수 있다.

일반적으로 폴리페놀류의 갈변화반응은 식품의 품질이 저하되는 바람직하지 못한 부분이지만, 홍차의 경우는 발효과정에서 홍차 특유의 맑은 적색을 형성하여 오히려 품질향상이 된다. 이 색소의 변화는 산화과정에서 카테킨류인 에피카테킨 및 에피갈로카테킨이 폴리페놀옥시다아제에 의해 산화된 후, 중합반응을 거쳐 홍차의 선명한 적색 색소인 테아플라빈(theaflavin)으로 변화한 것이다(**그림 9-2**).

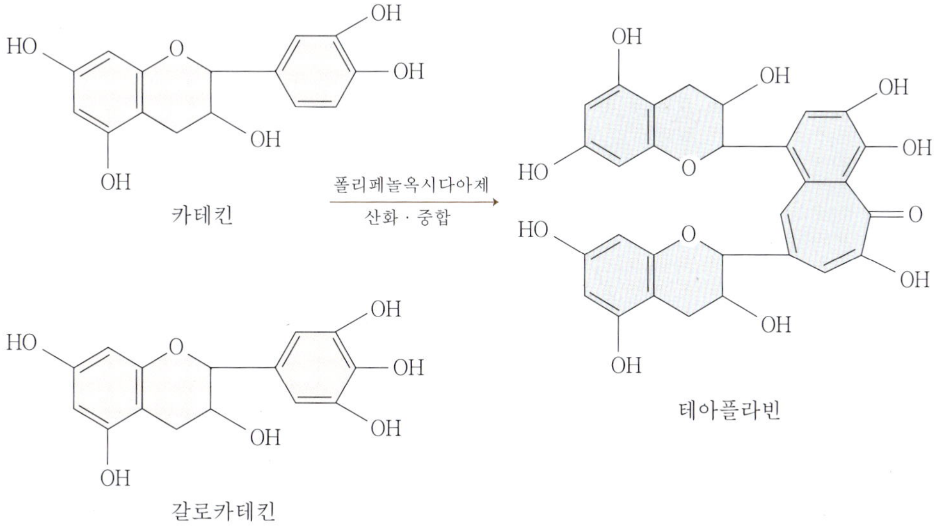

그림 9-2 홍차의 테아플라빈 생성

(2) 티로시나아제에 의한 갈변

티로시나아제에 의한 갈변반응은 티로신(tyrosine, mono phenol)이 모노페놀옥시다아제에 의해 디히드록시페닐알라닌(3,4-dihydroxyphenylalanin: DOPA)을 생성하고 계속해서 *O*-퀴논화합물(DOPA-퀴논)로 산화되고, 그것이 중합하여 갈색의 멜라닌색소를 형성한다(**그림 9-3**). 티로시나아제에 의한 갈변반응은 산소의 존재하에 과일, 채소의 갈변현상과 밀접한 관계가 있으며 특히, 감자의 갈변에 관여하는데, 이 효소는 수용성이므로 깎은 감자를 물속에 담그면 티로시나아제가 용출되어 감자의 갈변을 막을 수 있다.

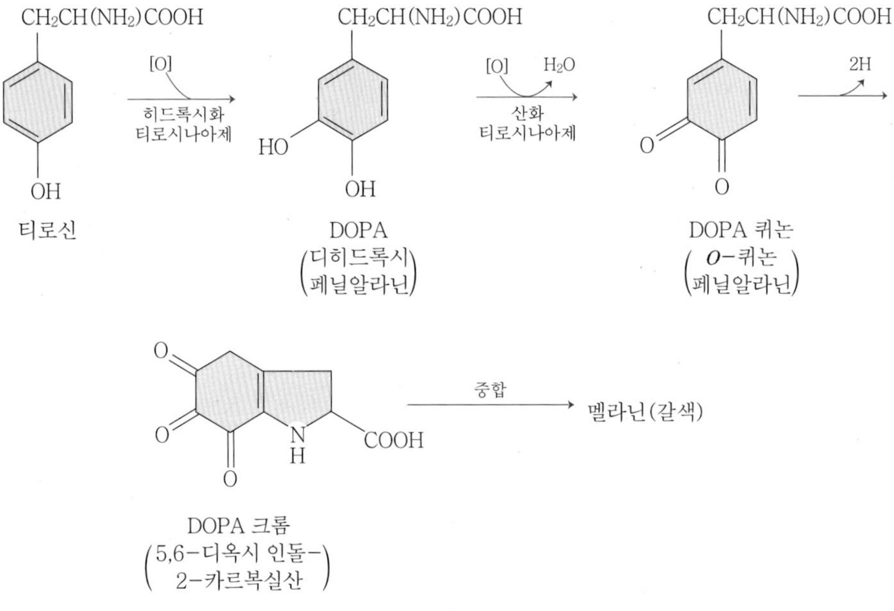

그림 9-3 **티로시나아제의 갈변반응**

(3) 효소적 갈변의 억제

효소적 갈변은 효소, 기질, 산소의 세 가지 요소가 있을 때 일어나게 된다. 이 중 하나라도 존재하지 않는다면 효소에 의한 갈변반응을 억제할 수 있는데, 여러 가지 방법 중 효소의 불활성화와 효소의 최적조건의 변동에 의한 억제방법이 원칙적으로 이용된다. 효소적 갈변의 억제 방법은 **표 9-2**과 같다.

표 9-2 효소적 갈변의 억제방법

종류	방법	예
가열처리	· 효소는 단백질로 구성되어 있으므로 polyphenol oxidase, tyrosinase 등을 가열로 불활성화 · 고온에서 효소단백질이 변성	· 채소, 과일 통조림의 blanching
pH 조절	· polyphenol oxidase(최적 pH 5.8~6.8)가 존재하는 식품의 pH를 변화시켜 산성으로 하여 억제 · pH 3 이하에서는 효소활성이 저하, pH 5~7에서는 활성이 높음	· 과일을 박피 후 산용액에 침지, 구연산이나 염산(HCl)용액에 침지
온도조절	· −10℃까지는 효소작용이 계속되므로 식품의 온도를 −10℃ 이하로 유지	· 동결저장
효소저해제 이용	· 아황산가스와 아황산염은 polyphenol oxidase에 대하여 강한 저해작용을 가지므로 감자, 사과, 복숭아 등의 가공 시 갈변방지를 위해 사용	· SO_2, 아황산염, 소금의 사용 · SO_2는 가스상태로, 아황산염은 묽은 용액상태로 사용
효소 및 기질제거	· 갈변기질과 효소가 수용성인 경우 물에 담가 침출시키면 polyphenol 화합물에 의한 갈변을 막을 수 있으며 산소의 접촉도 방지 가능 · 탄닌을 제거할 목적으로 과즙에 젤라틴 같은 것을 가하면 결합되어 불용성 물질로 침전되어 제거 가능	· 감자, 고구마, 밤껍질을 벗긴 후 물에 침지
산소제거	· 산소가 존재하면 효소적 갈변이나 비효소적 갈변이 촉진되므로 산소를 제거하여 산소의 접촉을 억제	· 분유 등의 밀폐용기에 N_2가스, CO_2가스 등 불활성가스를 충전 · 원료의 전처리 과정에서 과일절편을 소금물이나 맹물에 담그는 것도 산소의 차단에 의한 갈변억제방법 · 과육을 설탕액에 담가 진공치환으로 과육 중의 공기를 당액과 치환
환원성물질 첨가	· 갈색화반응은 산화반응이므로 환원성물질을 가하면 억제할 수 있어 효소적, 비효소적 갈변을 억제	· ascorbic acid 첨가 · SH 화합물, cysteine, glutathione 첨가
금속이온 제거	· polyphenol oxidase와 tyrosinase는 구리를 가진 금속효소로 Fe, Cu 용기를 사용하면 효소활성촉진으로 갈변이 증가	· 철제금속용기사용 억제 · 대나무, stainless그릇 사용
과즙이용	· 파인애플주스에는 티올(−SH) 물질이 있고, 레몬에는 구연산과 비타민 C가 많아 환원제의 역할을 함	· 귤, 레몬, 파인애플, 토마토 등은 갈변물질이 없으나 사과, 배, 복숭아, 가지, 우엉 등은 polyphenol 화합물이 많아 갈변되기 쉬움

2. 비효소적 갈변

식품 내의 비효소적 갈변 반응은 식품의 여러 가지 성분과 반응단계가 복잡하여 한 가지 반응이 단독으로 일어나기보다는 몇 가지 반응이 복합적으로 일어나는데 크게 메일라드(maillard) 반응, 캐러멜화(caramelization) 반응 및 아스코르브산 산화(ascorbic acid oxidation) 반응 세 가지로 분류할 수 있다.

(1) 메일라드 반응에 의한 갈변

메일라드 반응이란 환원당과 아미노 화합물들에 의한 갈변반응으로 아미노-카르보닐 반응(aminocarbonyl reaction)이라고도 하며, 1912년 프랑스의 화학자 Mailliard, M.C.에 의해 처음 발표되었다. 즉, 유리 알데히드기나 케톤기와 같은 카르보닐기를 가진 당류가 아미노산, 아민, 펩티드, 단백질과 같이 아미노기를 가진 질소화합물과 반응하여 갈색의 멜라노이딘을 형성한다(**그림 9-4**).

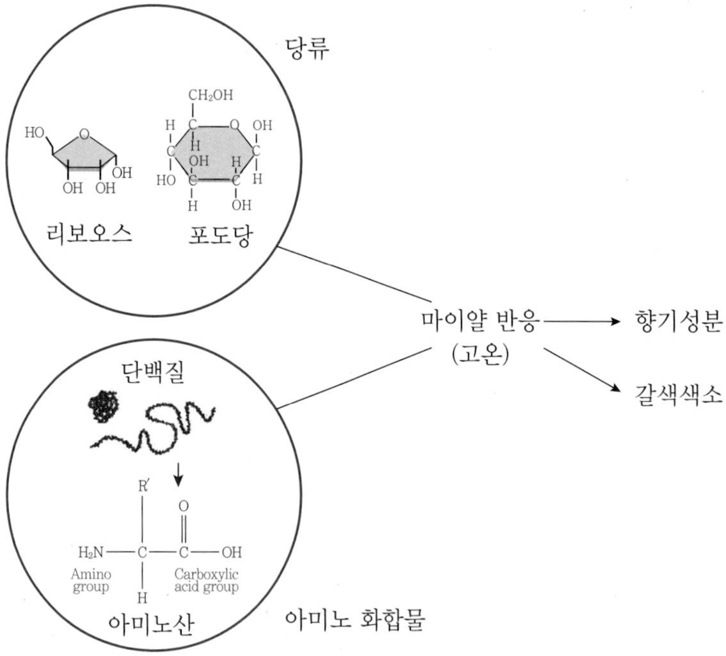

그림 9-4 메일라드 반응에 의한 갈색 색소의 생성

일반적으로 대부분의 식품은 유리의 환원당, 카르보닐화합물 및 아미노 화합물을 다소간 함유하고 있으므로 거의 모든 식품에서 이 반응이 일어날 가능성이 많다. 특히, 이 반응은 자연발생적으로 일어나고, 그 결과 품질의 열화, 리신(lysin)과 같은 영양소의 저하를 가져오기도 하나, 커피, 홍차, 식빵, 된장, 간장, 위스키와 같은 식품에서는 식품의 빛깔, 풍미, 방향을 얻을 수 있다.

메일라드 반응의 진행과정은 초기 단계, 중간 단계, 최종 단계의 세 단계로 나눈다.

1) 메일라드 반응과정

① 초기 단계(Initial stage)

초기 단계에서는 환원당과 아미노 화합물이 축합반응에 의해 질소배당체(D-glycosylamine)를 형성하고 형성된 질소 배당체가 아마도리 전위(amadori rearrangement)를 일으켜 아마도리 전위 생성물을 형성한다. 아마도리 전위란 질소배당체가 대응하는 케토오스(ketose)로 전환되는 것으로, D-글리코실아민(D-glycosylamine)의 경우에는 D-프락토실아민(D-fructosylamine)으로 전위되는 것을 말한다(**그림 9-5**, 초기단계).

② 중간 단계(Intermediate stage)

중간 단계에서는 아마도리 전위 생성물들이 산화, 탈수, 분해가 일어나 반응성이 풍부한 오손(osone), 데옥시오손(deoxyosone), 불포화 3,4-디데옥시오손(unsaturated 3,4-dideoxyosone), 리덕톤(reductone) 및 환상의 히드록시메틸 푸르푸랄(hydroxymethyl furfural: HMF) 등이 형성되며, 산화된 당류의 분해산물이 형성되어 갈변에 관여하게 되고 각종 휘발성 물질이 형성된다. 이 단계의 생성물은 무색 내지 담황색을 띠게 된다(**그림 9-5**, 중간단계).

③ 최종 단계(Final stage)

최종 단계에서는 중간 단계에서 생성된 각종 분해 생성물 사이에서 서로 상호반응이 일어나 착색물질이 형성되는데, 알데히드와 탄산가스(CO_2)가 생성되는 스트렉커 반응(Strecker reaction)과 알돌형 축합반응(aldol condensation) 그리고 멜라노이딘(melanoidine) 형성반응 등이 일어난다(**그림 9-5**, 최종단계).

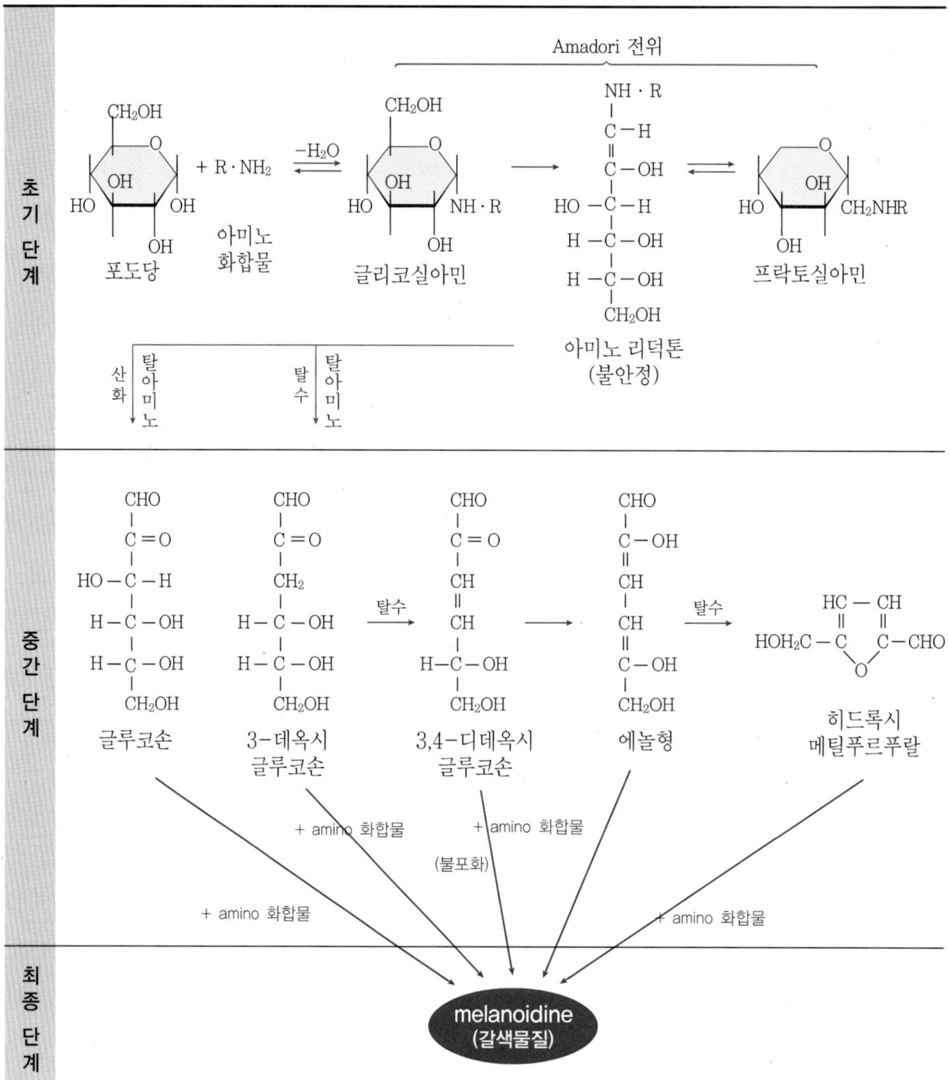

그림 9-5 메일라드 반응의 과정

• 스트렉커 분해반응: 중간 단계에서 생성된 α-디카르보닐 화합물과 α-아미노산이 반응하면 스트렉커 분해반응이 일어나고, α-아미노산은 탈탄산(decarboxylation)반응을 거쳐 탄소수가 하나 적은 알데히드와 아미노리덕톤(amino reductone)을 생성한다. 알데히드는 향기 성분이 되며 생성된 2분자의 아미노리덕톤은 계속 여러 반응에 참여하여 갈변에 관여한다.

- 알돌형 축합반응: 중간 단계에서 리덕톤의 분해에 의해 생성된 카르보닐 화합물들 중 α-위치에 수소를 가진 화합물들은 알돌형 축합반응을 일으키며 점점 큰 분자량의 화합물을 생성한다.
- 멜라노이딘 형성반응: 5-히드록시메틸-2-푸르푸랄, 리덕톤, 알돌형 축합반응 생성물들, 스트렉커 반응 생성물들은 서로 쉽게 축합·중합되고, 여기에 아미노 화합물들의 계속적인 축합으로 불포화도가 매우 큰 형광성 갈색을 지닌 중합체인 멜라노이딘이 형성된다.

표 9-3 메일라드 반응에 영향을 미치는 인자와 억제방법

종류	갈변의 영향	억제방법
온도	·온도상승으로 갈변은 증가되며 10℃ 상승으로 3~5배 촉진(Q_{10}=3~5) ·80℃ 이상에서는 산소의 유무에 관계없이 같은 정도로 갈변 ·실온에서는 산소가 있을 때 갈변 촉진	저온저장
pH	·pH 3 이하에서는 갈변 속도가 느리고 pH 6.5~8.5에서는 갈변 속도가 빠름 ·pH가 증가할수록(알칼리성) 갈변은 촉진	pH 조절(예: 계란분말 제조 시 탈수 전 산 첨가, 재구성 후 계란에 $NaHCO_3$으로 중화)
당의 종류	·일반적으로 환원성 단당류의 경우 갈색화 속도가 크며, 그 크기는 펜토오스류 > 핵소오스류 > 설탕의 순 ·핵소오스 중에서는 과당(fructose)이 갈색화 반응을 가장 잘 일으킴	1. 반응물질 제거 포도당 대신 설탕을 사용하면 유리카보닐기가 없어 효과적 2. 화학적 저해제 첨가 환원당의 카르보닐 화합물에 결합시켜 반응을 억제하는 물질 첨가(아황산염, 황산염, 티올, 칼슘염)
아미노(amino) 화합물	·아미노산(amino acid), 펩티드(peptide), 단백질(protein), 아민류(amines)가 갈변에 관여하는데, 일반적으로 아민류는 아미노산보다 갈변속도가 빠름 ·염기성 아미노산(lysine, arginine)이 중성 아미노산(glycine)이나 산성 아미노산(glutamic acid)보다 갈변 속도가 빠름	
수분, 금속, 빛, 산소	·완전 건조상태에서 진행이 어렵고 수분이 10~15%일 때 가장 쉽게 갈변 ·철과 구리는 리덕톤(reductones)의 산화를 촉매 ·자외선과 산소도 갈변 촉진	수분조절: 10~15% 이하로 억제, 금속용기 사용금지, 차광장치 산소제거: 불활성가스 충전
기질농도	·온도가 일정할 때 멜라노이딘 양은 환원당의 농도에 비례 ·유리아미노기를 가진 질소화합물의 농도와 경과시간의 제곱에 비례	반응물질 희석: 농축과즙을 희석함

(2) 캐러멜화에 의한 갈변

단당류나 올리고당을 고농도상태(혹은 무수상태)로 고온가열하면 용융상태가 된다. 계속해서 가열하면 탈수분해반응을 일으키고, 단맛의 캐러멜과 같은 향기의 생성과 더불어 갈색화된다. 이 현상을 캐러멜화 반응이라 한다. 따라서 캐러멜화에 의한 갈변반응은 자연발생적으로 일어나지 않으며 당이 많은 식품들을 가열하는 가공과정 중에 흔히 발생하는데, 설탕이나 물엿을 주원료로 하는 과자, 빵, 비스킷, 캔디 등의 갈변화가 바로 그 예이다. 실제로 캐러멜은 장류, 청량음료, 양주, 약식, 합성 청주, 과자류 등의 착색에 착색제로서 이용되며, 식품가공·조리 중에 일어나는 이 반응은 식품의 색깔뿐만 아니라 식품의 향과 맛에도 큰 영향을 미친다. 캔디 제조 시 과도한 갈변을 억제하기 위해서는 온도를 낮추어 주는 것이 효과적이다.

캐러멜화의 최적 pH는 6.5~8.2이며, 산성과 알칼리성 모두에서 일어난다. 산성조건에서는 당분자가 에놀(enol)화되어 1,2-엔디올(1,2-endiol)을 형성한 후 탈수반응을 포함하는 여러 경로를 거쳐 히드록시메틸 푸르푸랄(hydroxymethyl furfural: HMF) 및 이와 유사한 푸르푸랄 유도체가 된다. 즉, 당이 5탄당(pen- tose, C5)일 경우에는 2-푸르푸랄이 생성되고 6탄당(hexose)인 경우에는 5-히드록시메틸-2-푸르알데히드(5-hydroxymethyl-2-furaldehyde)가 생성된다. 이와 같이 형성된 푸르푸랄 유도체들은 다시 리덕톤(reductone), 푸란(furan) 유도체, 레불린산(levulinic acid), 락톤(lactone) 등의 분해 산물이 형성된다. 알칼리 조건에서는 산성조건에서와 같이 당분자가 에놀화되어 1,2-엔디올을 형성한 후 탄소수가 적은 알데히드 및 케톤 등의 분해 산물이 형성된다. 즉, 이들 분해 산물들이 산화·중합·축합하여 흑갈색의 휴민(humin)물질인 캐러멜을 형성하게 되는 것이다(**그림 9-6**).

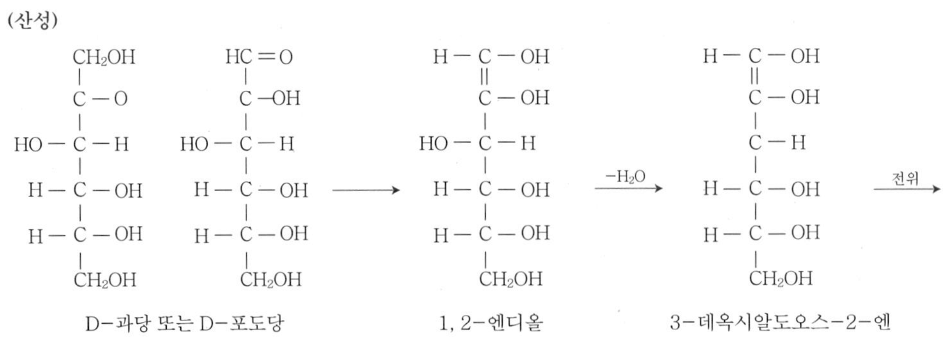

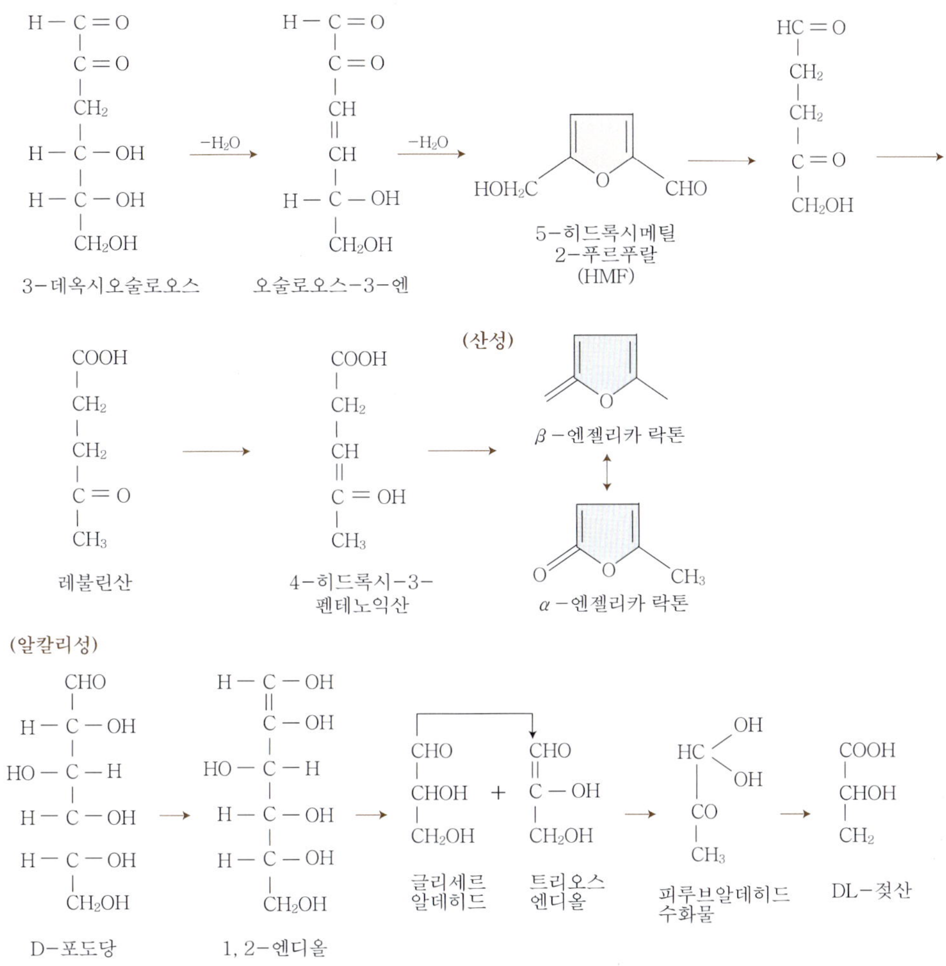

그림 9-6 캐러멜화 반응

(3) 아스코르브산 산화에 의한 갈변

아스코르브산은 강한 환원력을 갖고 있어 항산화제나 갈변방지제로서 채소, 과일, 과즙 등의 가공식품 갈변방지에 널리 사용된다. 그러나 아스코르브산이 비가역적으로 산화되면 산화생성물은 계속해서 산화·중합하여 갈색 물질을 형성하거나 아미노 화합물 또는 유기산류와 반응하여 갈색물질을 형성한다. 그러므로 아스코르브산 함량이 많은 감귤류의 가공품에서는 문제가 되는 갈변현상이다.

아스코르브산의 산화에 의한 갈변은 pH가 낮을수록 잘 일어나며, 산소의 유무에 관계없이 환원당에 의한 갈변보다 쉽게 일어난다.

산소의 존재하에서 반응은 아스코르브산이 가역적으로 자동산화되어 디히드로아스코르브산(dehydroascorbic acid, DHA)이 되며, 계속해서 2,3-디케토굴론산(2,3-diketogulonic acid)을 거쳐 L-크실로손(L-xylosone)이 된다. 그 다음 퓨란 유도체인 5-메틸-3,4-디히드록시테트론(5-methyl-3,4-dihydroxytetron)의 형태로 자체 중합·축합반응을 일으키거나 메일라드 반응에 관계하여 갈색물질을 형성하게 된다. 반면에 산소가 없는 경우에는 DHA과정을 거치지 않고 자동으로 분해하여 오손(osone)을 거쳐 푸르푸랄(furfural)을 생성하여 이들의 중합반응에 의해 갈색물질을 형성하게 된다(그림 9-7).

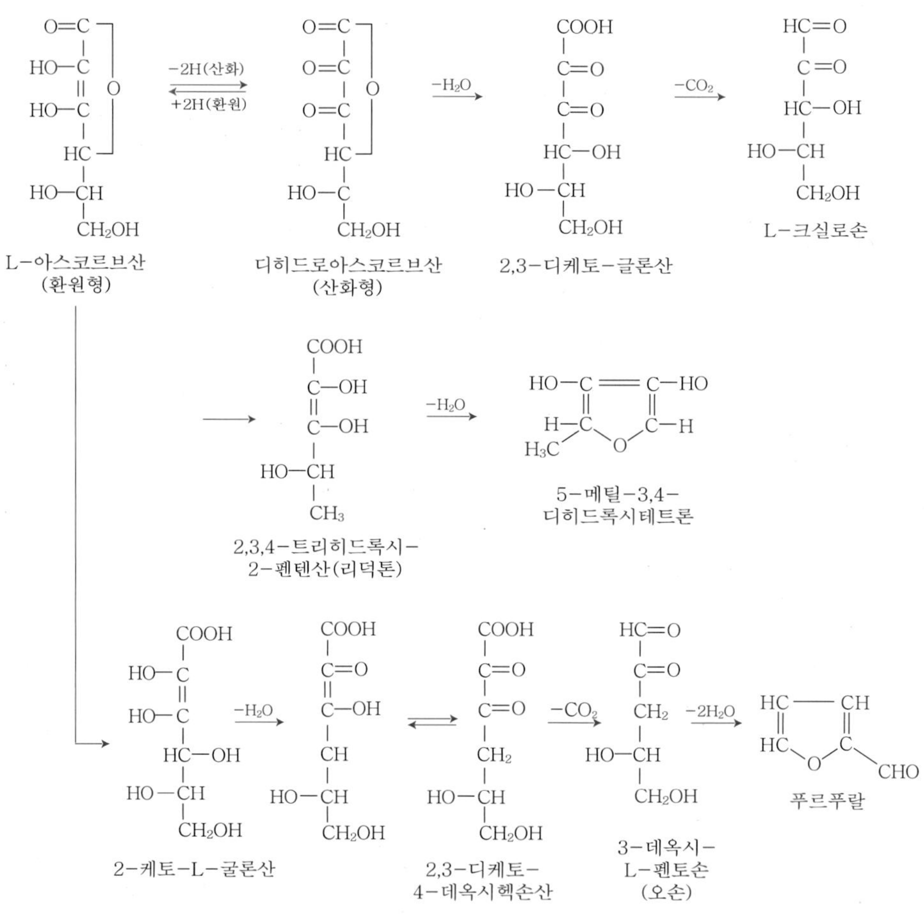

그림 9-7 아스코르브산의 산화반응

제10장

식품의 색소

Point

① 식품의 색소를 분류할 수 있다.
② 식물성 식품의 색소의 종류와 특징을 이해한다.
③ 동물성 식품의 색소의 종류와 특징을 이해한다.
④ 식품의 색소 변화를 이해한다.

식품의 색소는 맛, 냄새 등과 함께 식욕에 크게 영향을 주는 기호적 인자이며, 식품의 신선도와 품질 평가의 기준이 된다. 즉, 자연식품의 색소는 색이 밝고 선명한 데 비해 변질된 식품은 어둡고 탁하다. 따라서 식품의 변색은 가공식품이나 오래된 저장식품의 색소가 파괴되었거나 식품 내 각 성분의 상호작용에 의해 새로운 색소들이 생성되었음을 의미한다.

이처럼 식품 고유한 색의 역할은 사람들에게 구매 및 섭취하고자 하는 의욕을 갖게 하기도 하고, 품질지표 성분이므로 수송, 저장, 가공과정에서 산소, 광선, 열, 효소, 미생물 등의 영향으로 인해 변색에 미치는 성질을 이해하는 것이 중요하다.

유색물질의 발색원인에 대해서는 여러 가지 설이 있으나, 그중 가장 유력한 색소원설에 의하면 발색단과 조색단이라는 원자단에 의해 색을 낸다는 것이다. 발색단이란 발색의 기본이 되는 일정한 원자단, 즉 카르보닐기(carbonyl group, −CO−), 아조기(azo group, −N=N−), 에틸렌기(ethylene group, −C=C−), 니트로기(nitro group, $-NO_2$), 니트로소기(nitroso group, −NO), 티오카르보닐기(thiocarbonyl group, −C=S) 등의 원자단을 말하며, 분자 내에 발색단을 갖는 물질을 색소원(chromogen)이라 한다. 색소원은 한 개의 발색단만으로 색을 나타내는 것이 있으나, 대개의 경우는 몇 가지의 발색단이 서로 어울리거나 무색의 색소원에 수산기(hydroxyl group, −OH), 아미노기(amino group, $-NH_2$)와 같은 조색단(auxochrome)이 결합하여 발색한다.

1. 식품색소의 분류

식품의 색소는 원래 식품 속에 존재하는 천연색소들과 착색을 목적으로 첨가된 착색제가 있다. 천연색소는 그 출처에 따라 식물성 색소(plant pigment)와 동물성 색소(animal pigment)로 크게 나누고 식물성 색소는 다시 용해성에 따라 물에 녹지 않고 유기용매에 녹는 지용성 색소와 물에 녹는 수용성 색소로 나눈다(**표 10-1**).

표 10-1 천연색소의 분류

출처	용해성	색소		식품(색)
식물성 색소	지용성 색소 (엽록체에 존재)	클로로필(chlorophyll)		녹색 채소, 과일(녹색)
		카로티노이드 (carotenoid)	카로틴 (carotene)	채소, 과일(등황색, 적색)
			잔토필 (xanthophyll)	
	수용성 색소 (액포에 존재)	*플라보노이드 (flavonoid)	안토잔틴 (antohoxanthin)	채소, 과일(담황색, 황색)
			안토시아닌 (anthocyanin)	채소, 과일(적색, 보라색)
동물성 색소		헤모글로빈(hemoglobin)		동물의 혈액(적색)
		미오글로빈(myoglobin)		동물의 근육(적색)
		카로티노이드(carotenoid)		우유, 난황, 새우, 연어 (황색, 적색)

*플라보노이드 중 저분자 탄닌(tannins)에 속하는 루코안토시아닌(leucoanthocyanins)과 카테킨(catechins)은 보통 무색 투명의 교질상태로 존재하나, 쉽게 산화하여 갈색 또는 흑갈색의 불용성 물질로 변하므로 불용성 색소에 포함시킬 수 있다.

2. 식물성 식품의 색소

(1) 클로로필(chlorophyll)

클로로필은 식물체의 잎과 줄기에 널리 분포하는 녹색 색소로, 카로티노이드와 함께 단백질 또는 지단백질과 결합한 상태로 엽록체에 존재하며 식물의 광합성작용(photosynthesis)에 관여한다. 또한 클로로필이 많은 곳에 비타민 C도 존재하므로 엽록소가 많은 식품은 비타민 C가 많다.

1) 클로로필의 구조

고등식물은 청록색의 클로로필 a와 황록색의 클로로필 b가 있으며, 보통 잎에는 3:1 비율로 존재한다. 클로로필은 **그림 10-1**과 같이 4개의 피롤(pyrrole)핵이 메틴기(methine group, -CH=)에 의해 연결된 포르피린(porphyrin) 고리의 중심에 마그네슘(Mg)이 결합되어 있으며, 하나의 피롤핵에 결합된 프로피온산(propionic acid)의 치환기에 탄소수 20개의 알코올 피톨(phytol, $C_{20}H_{39}OH$)이 에스테르(ester)결합으로 형성되어 있기 때문에 불용성이다.

2) 클로로필의 변화

① 산에 의한 변화

클로로필은 산으로 처리하면 포르피린 고리에 결합된 마그네슘이 수소와 치환되어 갈색의 페오피틴(pheophytin)이 생성된다(pheo: 갈색이란 뜻). 이 페오피틴에 산이 계속해서 작용하면 피톨기가 떨어져 나가 갈색의 페오포비드(pheophorbide)가 형성된다(**그림 10-2**).

이러한 변화를 조리과정 중에서 예를 들어 보겠다. 채소를 물에 넣고 끓이면 채소 조직의 부분적인 파괴로 액포 내의 휘발성 및 비휘발성 유기산들이 유리된다. 녹색채소를 천천히 오래 삶을 때 갈색으로 변하는 것은 식물조직 내에서 클로로필을 안정화하고 있던 단백질과의 결합이 끊어져 클로로필이 유리되어 조직 중의 유기산과 반응해서 페오피틴을 생성하기 때문이다.

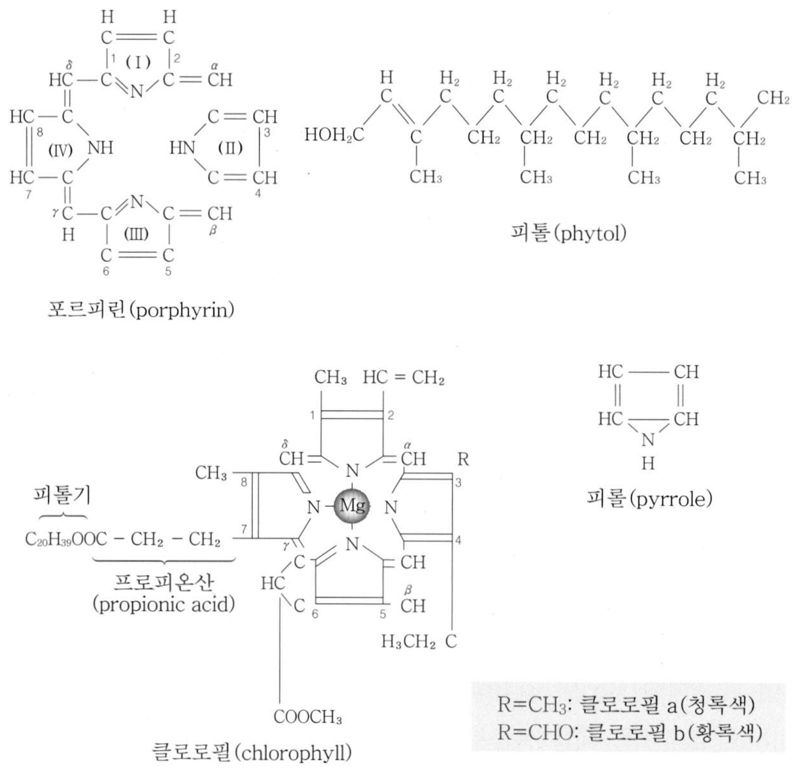

그림 10-1 클로로필의 구조

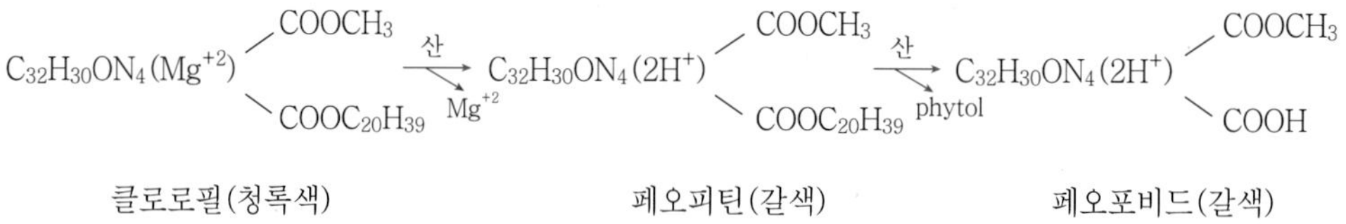

그림 10-2 클로로필의 산에 의한 변화

통조림 식품이나 건조식품을 만들 때 과일이나 채소류를 데치면 채소의 색에 영향을 주는 것도 같은 원인이다. 녹색 채소로 만든 김치나 오이피클을 오래 저장하면 갈색을 띠게 되는 것은 발효에 의해 생긴 초산이나 젖산이 클로로필에 작용한 것이다. 또 방치한 푸른 잎이 갈색화되는 것은 자가소화에 의해 식물 속에 있던 유기산이 각각의 클로로필에 작용하여 페오피틴이나 페오포비드를 생성하기 때문이다. 즉, 이러한 변색을 억제하기 위한 방법은 다음과 같다.

가. 채소를 가열할 때 많은 양의 물을 사용하면 적은 양의 물을 사용하는 경우보다 유기산이 희석되는 효과가 있어 클로로필이 더 잘 유지될 수 있다.

나. 물이 끓으려 할 때 녹색 채소를 넣고 처음 2~3분간 뚜껑을 열어 휘발성 산을 신속히 증발시킨다.

다. 고온 단시간 동안 가열하여 클로로필과 산의 접촉시간을 짧게 하면 도움이 된다.

라. 또한 간장이나 된장 등의 산성 식품이나 녹색 채소 양념 시의 식초는 마지막에 넣어야 변색을 최소화할 수 있다.

② 알칼리에 의한 변화

클로로필을 알칼리 용액에서 가열하면 마그네슘은 안정하나 피톨은 떨어져 나가 짙은 청록색의 수용성인 클로로필리드(chlorophyllide)가 형성되고, 계속해서 메틸에스테르 결합이 가수분해되어 수용성인 짙은 청록색의 클로로필린(chlorophylline)이 형성된다. 이때 알칼리의 농도가 높으면 클로로필린은 염(K, Na)의 형태로 존재하여 물에 잘 녹으며 청록색을 띤다(**그림 10-3**).

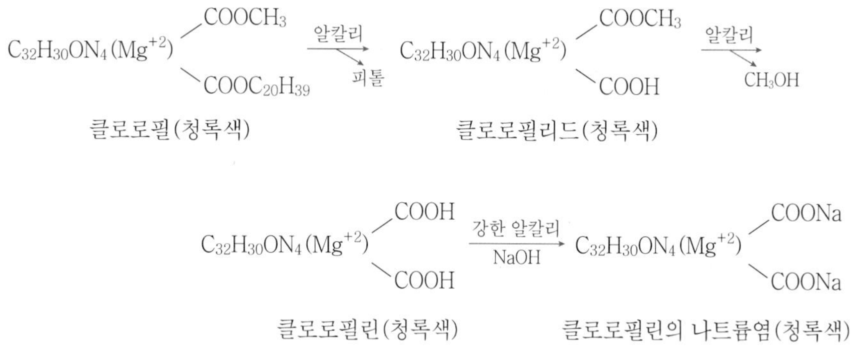

그림 10-3 **클로로필의 알칼리에 의한 변화**

녹색채소를 가열할 때 조리수에 중조($NaHCO_3$, 베이킹소다)와 같은 알칼리를 가하면 녹색은 보존되나 채소 중의 알칼리에 불안정한 비타민 C를 비롯한 비타민들이 파괴되고 채소가 지나치게 연화되는 경우가 있다. 이를 방지하려면 탄산마그네슘($MgCO_3$)과 초산칼슘[$Ca(CH_3COO)_2$]의 혼합물을 소량 넣는 것이 좋다. 조리에서는 일반적으로 소금을 첨가해 녹색을 안정화시킨다.

③ 효소에 의한 변화

식물조직이 손상되면 클로로필은 조직 내의 클로로필라아제(chlorophyllase)의 작용으로 피톨기가 떨어져 나가 짙은 청록색의 클로로필리드를 형성한다. 이때 계속해서 클로로필리드가 조직 내의 산이나 자가소화에 의해 형성된 유기산의 작용을 받으면 갈색의 페오포비드가 되어 녹색을 잃고, 알칼리가 존재하면 클로로필리드는 다시 짙은 청록색의 클로로필린을 생성하게 된다(**그림 10-4**).

녹색 채소의 데치기(blanching)는 클로로필라아제를 비롯한 성분변화에 영향을 주는 효소들(갈변효소, 펙틴 분해효소, 비타민 C 산화효소)을 불활성화시킬 수 있으며, 동시에 녹색이 선명해지는 효과가 있다.

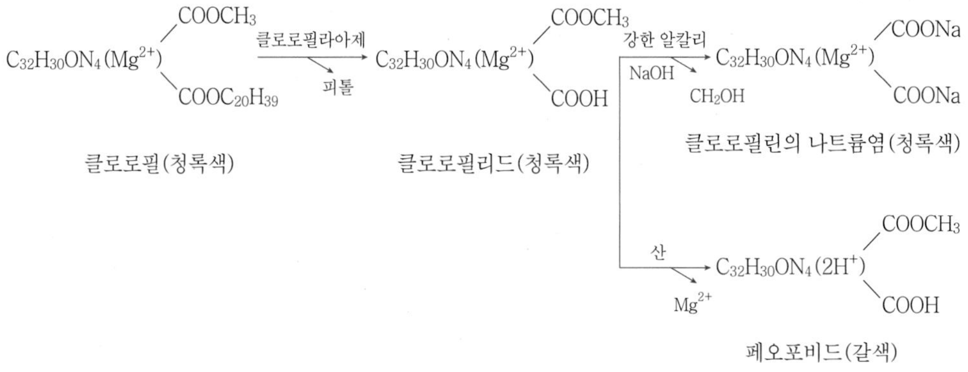

그림 10-4 클로로필의 클로로필라아제에 의한 변화

④ 금속이온에 의한 변화

클로로필 분자의 마그네슘은 구리(Cu)나 철(Fe) 등의 이온으로 치환되어 선명한 청록색의 구리-클로로필 또는 선명한 갈색의 철-클로로필을 띠게 되나 물에 잘 녹지 않는다. 그러나 알칼리(NaOH)로 가수분해하여 구리-클로로필린 염 또는 철-클로로필린 염으로 하면 물에 잘 녹으며 색깔도 안정하여 식품착색제로도 사용할 수 있다(**그림 10-5**).

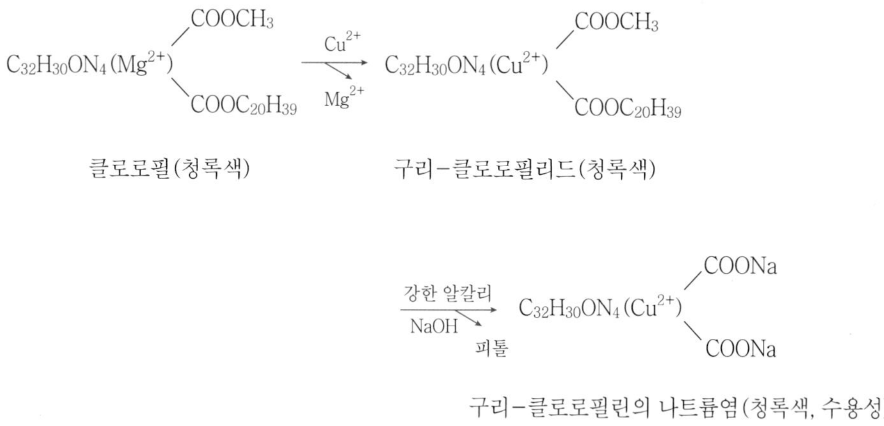

그림 10-5 **클로로필의 금속에 의한 변화**

또 녹색 채소가 산에 의해 갈색의 페오피틴으로 변한 경우에도 구리의 염을 첨가시키면 분자 내의 수소 이온이 구리 이온으로 치환되어 구리-클로로필이 되므로 짙은 청록색으로 만들 수 있다. 이러한 구리의 클로로필 안정화 효과는 완두콩 통조림 제조 시 소량의 황산구리($CuSO_4$)를 넣으면 가열 살균 시의 변색이 억제되는 것에서 찾아 볼 수 있다.

(2) 카로티노이드(carotenoid)

카로티노이드란 동식물성 식품에 존재하는 황색, 주황색, 적색 등의 지용성 색소로서 당근(carrot)에서 얻은 색소라 하여 카로티노이드라 불린다. 식물성 식품의 카로티노이드는 식물체에서 합성되어 클로로필과 함께 잎의 엽록체에 존재하고, 동물성 식품의 카로티노이드는 먹이에서 유래된 것이다. 카로티노이드 색소는 배당체나 지방산과 에스테르 형태 또는 단백질과 결합되어 있으며, 클로로필과 공존하는 경우에는 그 녹색에 가려 나타나지 않지만 클로로필이 일단 분해되면 나타난다.

1) 카로티노이드의 구조와 종류

카로티노이드는 이오논핵과 여러 개의 이중결합을 가지고 있는데 이것을 카로텐(carotenes)류와 잔토필(xanthophylls)류로 크게 나눈다. 카로틴은 이소프렌[isoprene, $H_2C=C(CH_3)-CH=CH_2$]의 중합체인 탄화수소이고 잔토필은 수산기(-OH-), 카르보닐기(-CO-) 등을 갖는 산소원자를 가지고 있는 것이 특징인 카로틴의 산화 유도체이다.

카로티노이드는 기본구조의 양 끝에 고리 모양(α-, β-이오논핵)으로 되어 있는 경우와 사슬 모양(슈도이오논핵)으로 되어 있는 경우가 있으며 카로티노이드 양 끝의 구조에 따라 색이나 화학적 성질이 달라진다(**그림 10-6**).

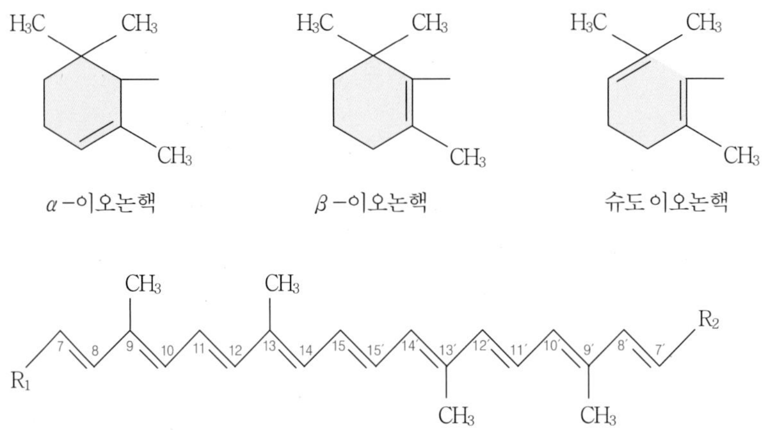

그림 10-6 카로티노이드의 기본구조와 이오논핵

① 카로틴

카로틴은 석유에테르에는 녹으나 알코올에는 잘 녹지 않으며 α-카로틴(α-carotene), β-카로틴(β-carotene), γ-카로틴(γ-carotene), 리코펜(lycopene) 등이 있다(**표 10-2**). 이 중에서 α-카로틴, β-카로틴, γ-카로틴은 β-이오논핵(β-ionone)을 가지고 있어 체내에서 분해되어 비타민 A로 전환될 수 있으므로 프로비타민 A이다. 즉, 카로틴류는 식품의 색뿐 아니라 영양소로도 작용한다.

② 잔토필

잔토필은 알코올에는 녹으나 석유 에테르에는 녹지 않으며 카로틴의 산화 유도체(oxygenated carotenes)이다(**표 10-3**).

표 10-2 식품 중의 중요한 카로틴

색깔	명칭 및 구조	소재 및 특징
황등색	β-이오논 α-이오논 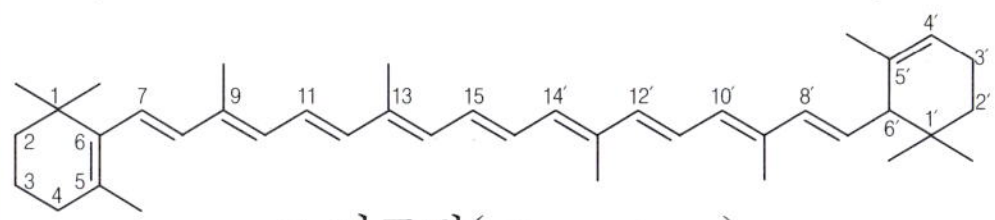 α-카로틴(α-carotene)	· 당근, 찻잎 · β-카로틴과 공존할 때가 많으며, 체내에서 한 분자의 비타민 A를 생성
	β-이오논 β-이오논 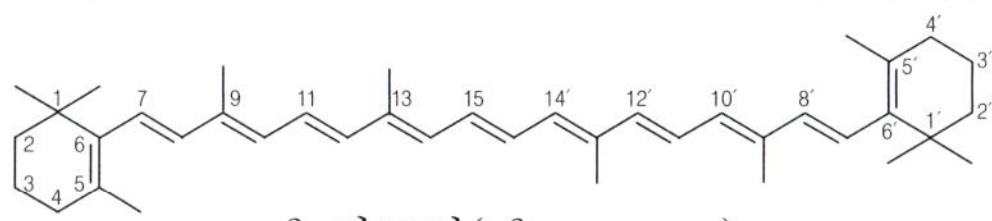 β-카로틴(β-carotene)	· 당근, 고구마, 녹엽, 오렌지, 호박, 감귤류 · 체내에서 두 분자의 비타민 A를 생성 · 빛깔과 높은 영양효과 때문에 식품첨가물로 이용
적색	슈도-이오논 β-이오논 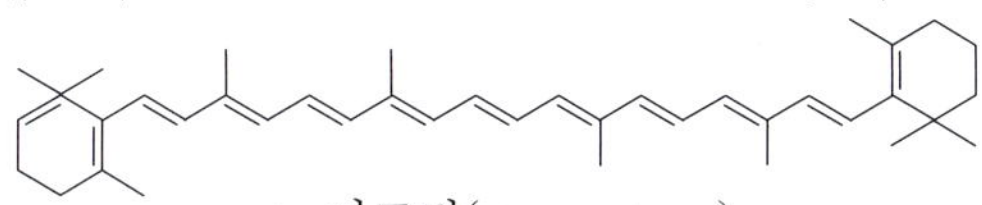 γ-카로틴(γ-carotene)	· 당근, 살구 · β-카로틴과 공존할 때가 많으며, 체내에서 한 분자의 비타민 A를 생성
	슈도-이오논 슈도-이오논 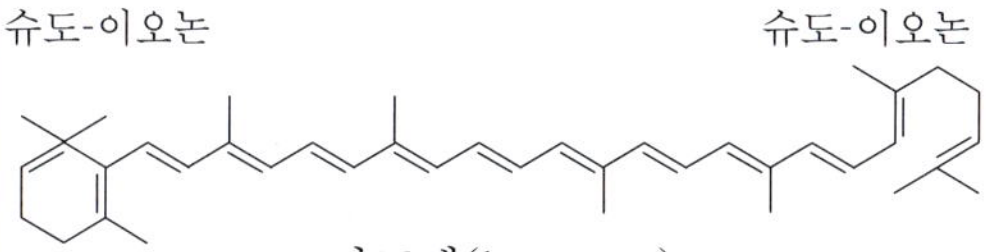 리코펜(lycopene)	· 수박, 토마토, 감, 앵두 · 비타민 A의 효력은 없음

표 10-3 식품 중의 중요한 잔토필

색깔	명칭 및 구조	소재 및 특징
황등색	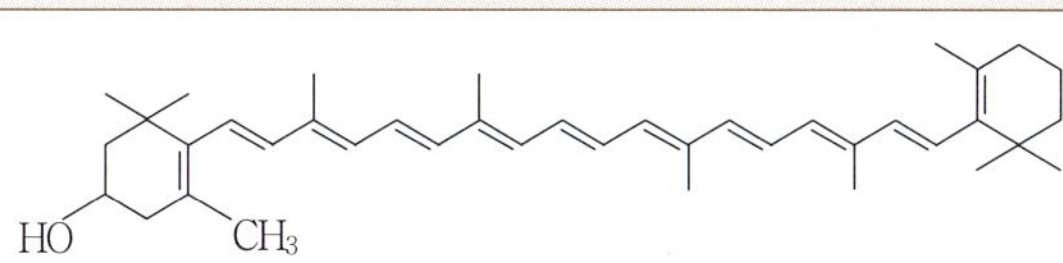 크립토잔틴(cryptoxanthin)	· 옥수수, 감, 오렌지 · 비타민 A의 효력이 있음
	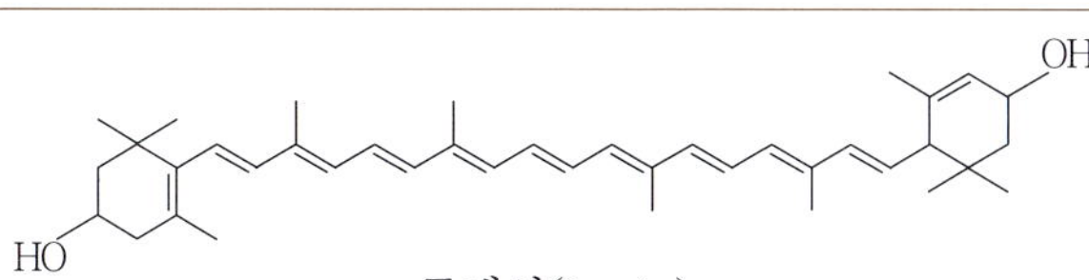 루테인(lutein)	· 난황, 녹엽, 오렌지, 호박 · 비타민 A의 효력은 없음

황등색	제아잔틴(zeaxanthin) 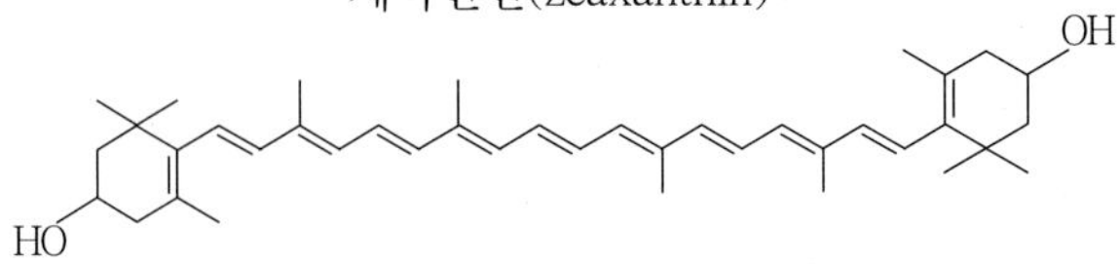	· 난황, 간, 옥수수, 오렌지 · 비타민 A의 효력은 없음
	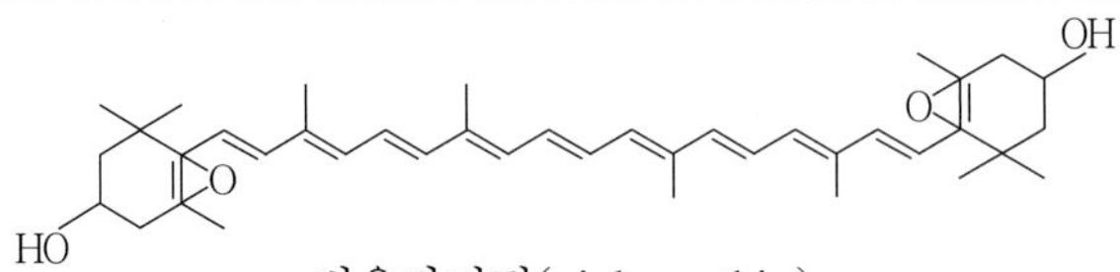 비올라잔틴(violaxanthin)	· 자두, 고추 · 에폭시드(epoxide) 구조를 가짐
적색	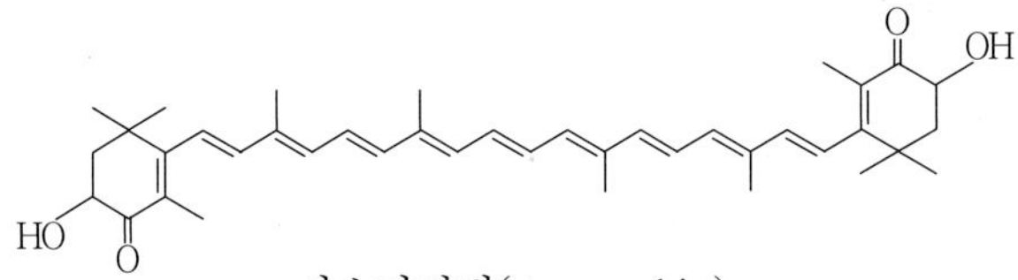 아스타잔틴(astaxanthin)	· 게, 새우, 연어, 송어
	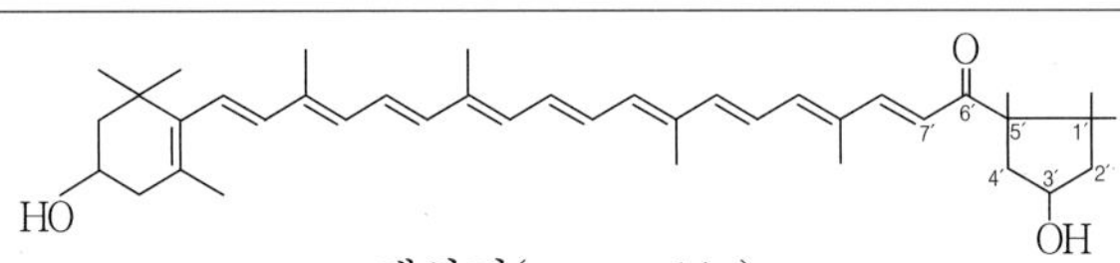 캡산틴(capsanthin)	· 고추, 파프리카
	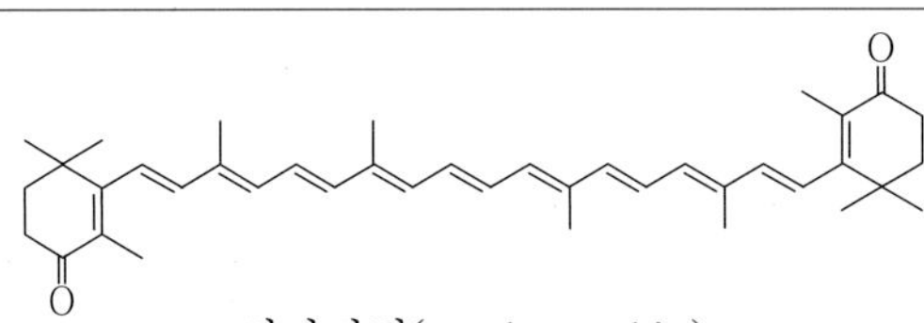 칸타잔틴(canthaxanthin)	· 양송이, 송어, 새우
	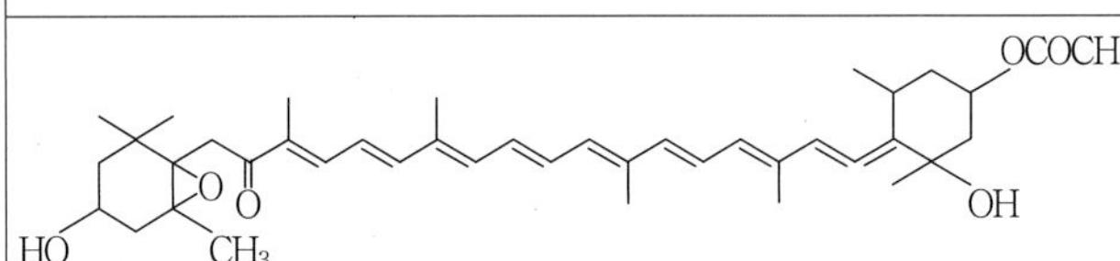 푸코잔틴(fucoxanthin)	· 해조류(미역, 다시마)

2) 카로티노이드의 변화

카로티노이드는 물에 녹지 않으나 기름이나 유기용매에 녹고, 열에 비교적 안정하여 조리과정 중에 성분의 손실이 거의 없으나 불포화도가 높아 쉽게 산화될 수 있다. 그러므로 공기 중의 산소, 산화효소(lipoxidase, lipoperoxidase, peroxidase 등), 금속이온 등에 의해 쉽게 산화되어 퇴색되고 햇빛은 이러한 산화를 더욱 촉진시킨다. 이러한 현상은 고춧가루가 오래되면 색이 퇴색되거나, 김치를 썬 후에 도마에 묻어있는 붉은 고춧가루의 색이 시간이 지난 후에 없어지는 현상 등에서 볼 수 있다.

이러한 카로티노이드의 변색을 방지하려면 가열에 의한 효소의 불활성화, 탈기나 가스치환에 의한 산소와의 접촉방지, 항산화제를 이용한 산화방지, 건조 전의 고분자 물질에 의한 피막화 등을 실시하며, 햇빛차단을 위한 포장이나 용기의 선택에 주의하는 방법 등을 들 수 있다.

(3) 플라보노이드(flavonoid)

플라보노이드는 식물세포의 액포(vacuole) 중에 유리상태나 배당체로 존재하며 담황색에서 황색의 색을 띠는 수용성 색소이다. 넓은 의미의 플라보노이드는 안토잔틴(anthoxanthin), 안토시아닌(anthocyanin), 저분자의 탄닌(tannin)인 카테킨(catechin)과 루코안토시안(leucoanthocyan) 등이 포함되나, 좁은 의미로는 안토잔틴만을 의미한다. 이들은 2개의 벤젠(benzene, 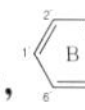)핵이 3개의 탄소로 연결된 C6-C3-C6의 플라반(flavane, 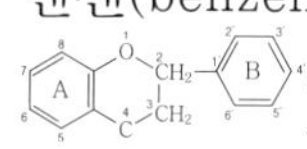)을 기본 구조로 갖는다(**그림 10-7**).

1) 안토잔틴

안토잔틴은 채소, 과일에 널리 분포되어 있는 담황색, 황색의 색소를 나타내며, 식물체에서 유리상태로 존재하는 일은 거의 없고 대부분 당류(glucose, rhamnose, rutinose) 등과 결합된 배당체(glycosides)로 존재한다.

① 안토잔틴의 구조와 종류

안토잔틴은 구조에 따라 플라본(flavone), 플라보놀(flavonol), 플라바논(flavanone), 플라바노놀(flavanonol), 이소플라본(isoflavone) 등의 다섯 종류가 존재한다(**그림 10-7, 표 10-4**).

② 안토잔틴의 변화

안토잔틴은 산에는 안정하나 알칼리 및 산화에는 불안정하다. 약산성에서는 무색이고, 경수(hard water)로 가열하거나 알칼리성으로 하면 황색을 띠며, 산화하면 갈색이 된다. 밀가루에 중탄산나트륨($NaHCO_3$)을 첨가하여 빵이나 튀김옷을 만들면 황색이 되고, 양배추, 양파, 감자, 고구마, 콩 등을 경수로 끓일 때 황색이 짙어지는 것은 안토잔틴 화합물에 기인하는 것이다. 일반적으로 안토잔틴을 함유한 식품은 가열 조리 시 물에 존재하는 알칼리염에 의해 황색이 더 선명해진다.

또한 안토잔틴은 폴리페놀(polyphenol) 화합물의 갈변과 같이 쉽게 산화되어 갈변되고, 금속과도 쉽게 결합하여 착화합물을 만들어 변색된다. 실제로 감자를 철제 칼로 썰면 적색이나 적갈색을, 양파를 알루미늄 냄비에서 삶으면 황색을 띠는 경우가 좋은 예라고 할 수 있다.

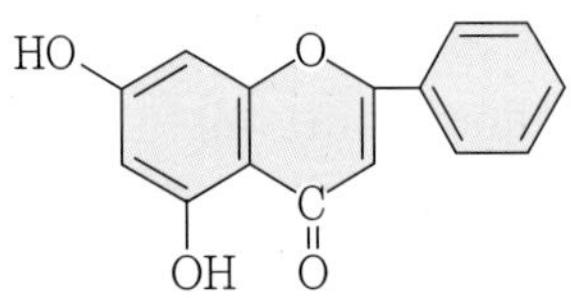

flavone

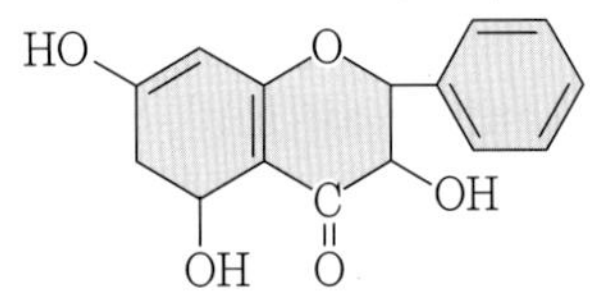

flavonol(3-oxy-flavone, 무색)

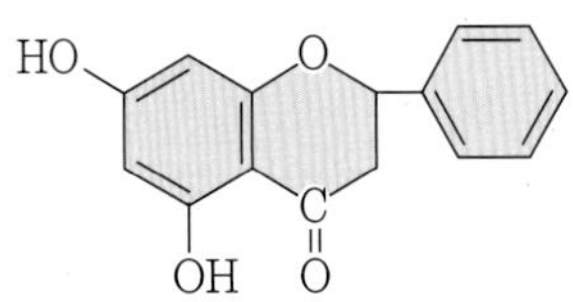

flavanone

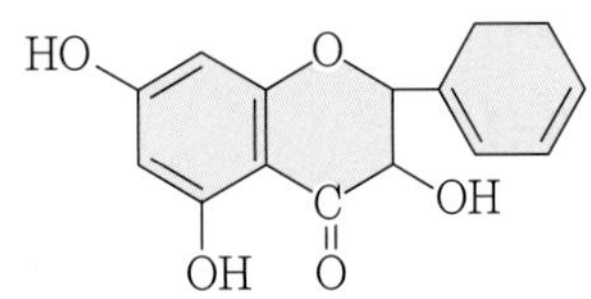

flavanonol
(2,3-dihydroflavonol, 무색)

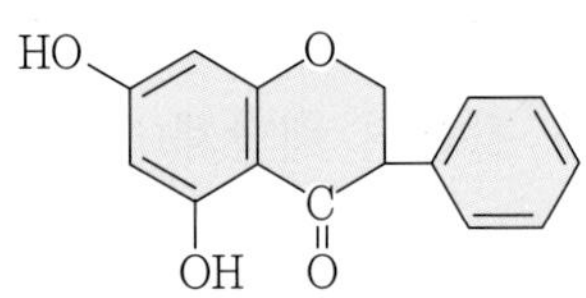

isoflavone
(3-phenylbenzopyrone)

그림 10-7 안토잔틴의 구조

표 10-4 식품 중의 중요한 안토잔틴

종류	색소명	색	구조	소재 및 특징
플라본계	apigenin	담황색	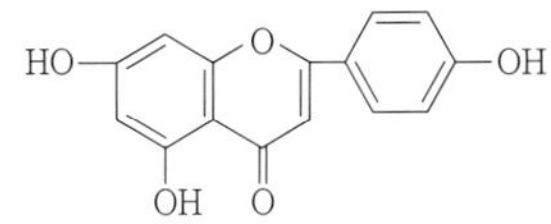	옥수수
	apiin	무색	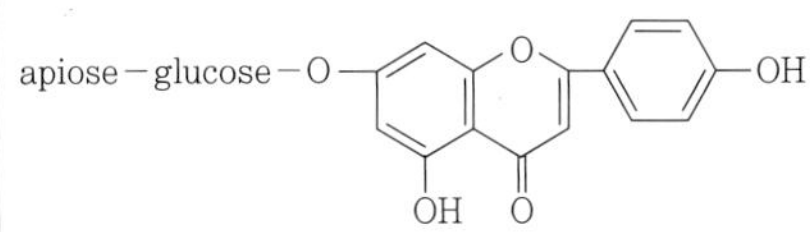	파슬리(parsley) apigenin의 배당체
	tritin	담황색	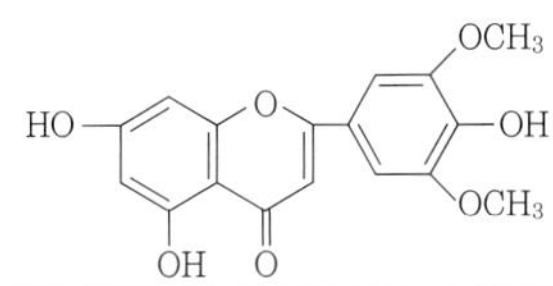	밀가루, 아스파라거스 베이킹파우더(baking powder)의 알칼리에 의해비스킷이 황갈색을 띰
플라보놀계	quercetin	황색	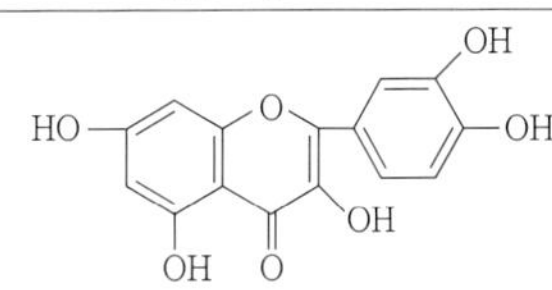	양파껍질
	rutin	무색	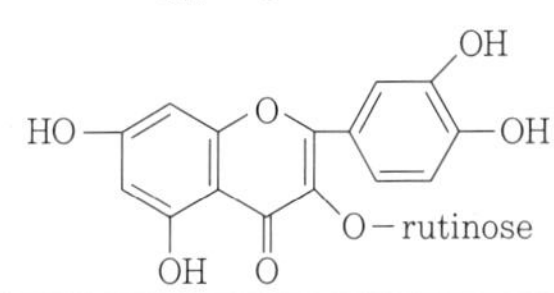	메밀, 토마토 quercetin의 배당체이며 비타민 P의 효과 있음
플라바논계	hesperidin	무색	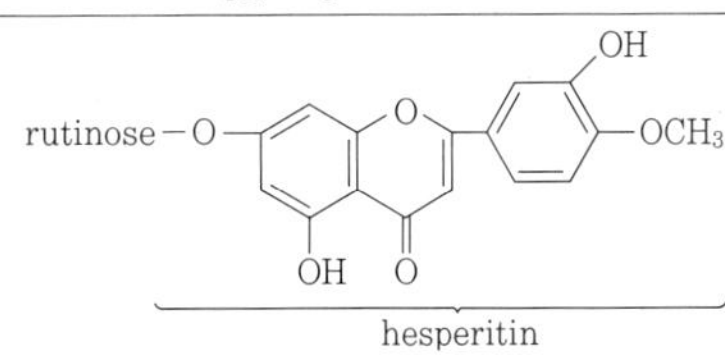	감귤껍질 hespertin의 배당체 밀감 통조림 제조 시 백탁의 원인물질, 비타민 P의 효과 있음
	naringin	무색	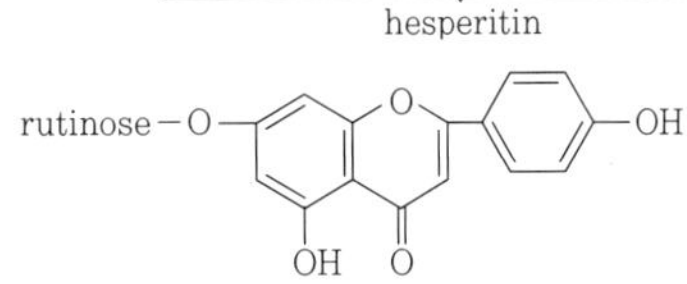	감귤껍질 밀감의 쓴맛성분 naringenin의 배당체
	eriodictin	무색	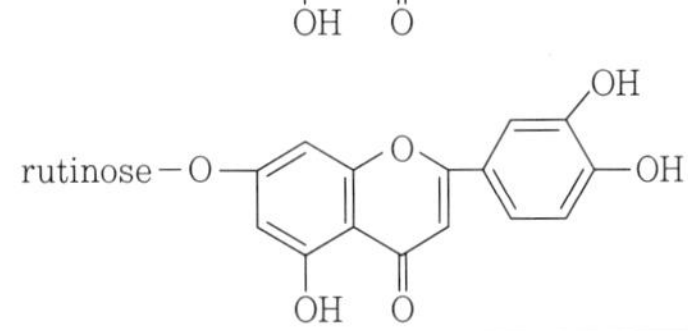	감귤껍질 비타민 P의 효과 있음
플라바노놀계	dihydroquercetin	황색	식품 중에서는 발견되지 않음	단풍잎 flavonol계 색소의 환원형태
이소플라본계	daidzein	황색	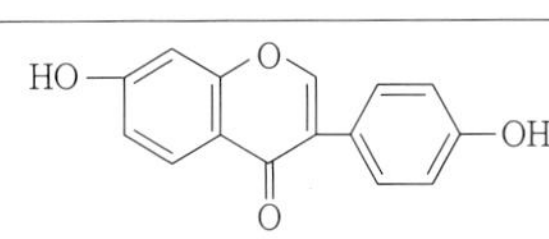	콩
	daidzin	무색		콩 daidzein의 배당체

2) 안토시아닌

안토시아닌은 넓은 의미로 플라보노이드계 색소의 하나로서 과일이나 채소 등에 존재하는 적색, 자색 또는 청색의 색깔을 가진 수용성 색소이다. 꽃의 색깔이란 뜻의 화청소(花靑素, anthocyan)라고 불리는 안토시아닌은 매우 불안정하고 가공이나 저장 중에 색깔이 쉽게 퇴색되어 식품의 품질을 저하시킨다.

① 안토시아닌의 구조와 종류

안토시아닌은 안토잔틴과 마찬가지로 대부분이 당(glucose, galactose, rhamnose)과 결합한 배당체로 존재하는데, 비당부분(aglycon)을 안토시아니딘(anthocyanidin)이라고 하며, 안토시아닌과 안토시아니딘을 일반적으로 안토시안이라고 부른다.

안토시아닌(배당체) → 안토시아니딘(비당부분) + 당류
안토시아닌 + 안토시아니딘 → 안토시안

안토시아니딘은 플라빌리움(flavylium)화합물로서 **그림 10-8**과 같은 구조를 가지며 분자 중에 1번 위치의 산소가 3가로 되어 있다. 즉, 산소가 갖는 2개의 비공유전자쌍의 하나에서 전자 하나가 2번 탄소와 공유결합을 하여 +로 하전된 옥소늄(oxonium, H_3O^+)화합물을 이룬다.

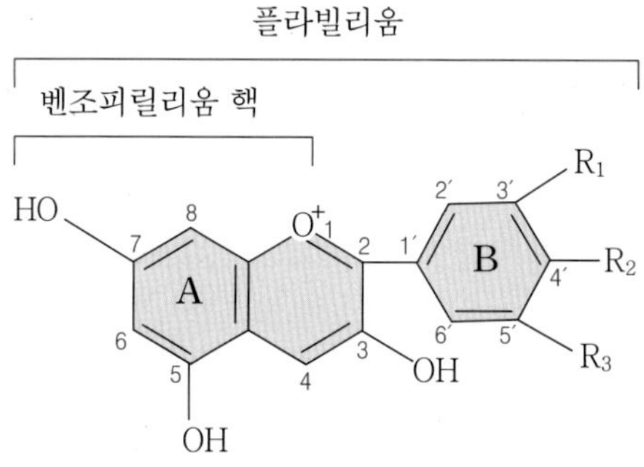

2-페닐-3, 5, 7-트리히드록시벤조피릴리움

그림 10-8 안토시아니딘의 기본구조

또한 안토시아니딘은 B고리의 메톡실기($-OCH_3$)의 존재 유무와 히드록실기의 수에 따라 구조적으로 **표 10-5**와 같이 분류된다.

표 10-5 안토시아닌의 구조에 따른 분류

계통	R_1	R_2	R_3	계통	R_1	R_2	R_3
pelargonidin계	H	OH	H	peonidin계	OCH_3	OH	H
cyanidin계	OH	OH	H	petunidin계	OCH_3	OH	OH
delphinidin계	OH	OH	OH	malvinidin계	OCH_3	OH	OCH_3

식품 중의 안토시안닌은 주로 과일과 채소류 중에 존재하며 이들의 색은 **표 10-6**과 같이 조금씩 차이가 난다. 이 차이는 안토시아닌을 구성하는 안토시아니딘의 구조에 따라 색이 달라지기 때문이다. 즉, **그림 10-9**에서 보듯이 페닐기에 결합된 히드록실기($-OH$)의 수가 증가하면 청색이 진해지고 메톡실기($-OCH_3$)의 수가 증가하면 적색이 강해지는 경향이 있다.

표 10-6 식품 중의 중요한 안토시아닌

anthocyanidin	anthocyanin(배당체)	색	소재
펠라르고니딘계 (pelargonidin)	칼리스테핀(callistephin)	적색	딸기
	프라가린(fragarin)	적색	양딸기
	펠라르고닌(pelargonin)	적색	석류, 나팔꽃, 다알리아
시아니딘계 (cyanidin)	시소닌(shisonin)	적색	소엽(차조기의 잎), 장미
	시아닌(cyanin)	적색	소엽(차조기의 잎), 장미
	크리산테민(chrysanthemin)	암적색	검은콩의 껍질, 뽕의 열매
	케라시아닌(keracyanin)	농적색	버찌
델피니딘계 (delphinidin)	나수닌(nasunin)	청자색	가지
	페릴라민(perillamin)	적색	소엽(차조기의 잎)
	히아신(hyasin)	청색	가지
말비니딘계 (malvinidin)	에닌(oenin)	적자색	포도껍질
	네글레틴(negletin)	적색	고구마껍질

② 안토시아닌의 변화

가. pH에 의한 변화: 안토시아닌은 pH에 따라 변화가 커 산성에서는 적색이 되고, 중성에서는 자색이 되며, 알칼리성에서는 청색이 된다. 실제로 레드 캐비지(적채)로 샐러드를 만들 때 식초를 조금 넣은 물에 담구거나, 매실(梅實)지에 차조기의 잎을 넣으면 고운 적색을 띠는 것은 이러한 원리를 이용한 것이다.

나. 금속에 의한 변화: 안토시아닌 색소는 철과 반응하면 고운 청색이 되는데, 실제로 가지절임(가지를 단무지처럼 쌀겨 된장 속에 절임) 할 때 그 속에 쇳조각을 넣어두면 갈변이 방지되고 가지는 고운 청색을 띤다.

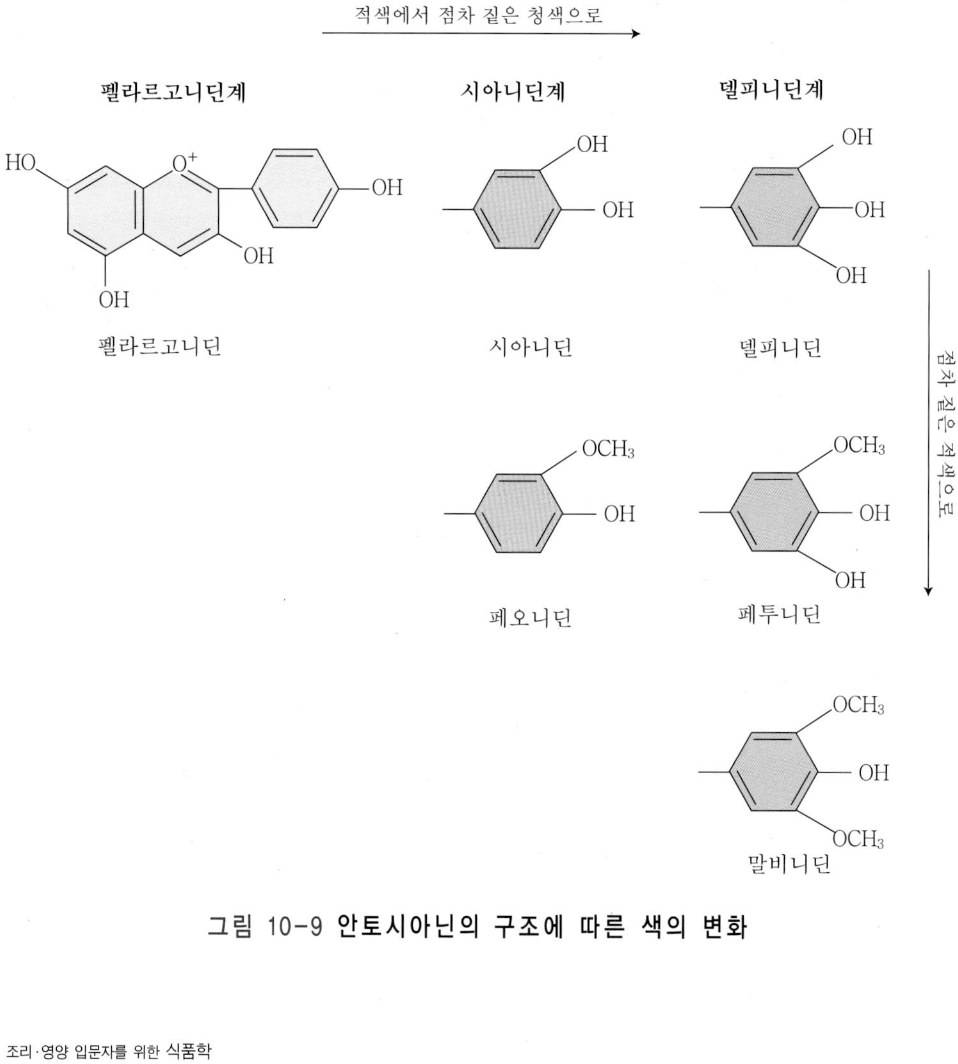

그림 10-9 **안토시아닌의 구조에 따른 색의 변화**

다. 산소와 효소에 의한 변화: 안토시아닌과 안토시아니딘은 산소가 존재할 때 효소에 의해 산화되어 갈변한다. 실제로 과즙, 과일, 오래된 포도주가 산화되면 갈변하고, 가지절임 할 때 가지의 갈변현상은 안토시아닌색소에 속하는 나수닌(nasunin)이라는 성분이 폴리페놀옥시다아제에 의해 산화되어 생성된 *O*-퀴논(*O*-quinone)이 서로 중합하여 갈색 색소를 만들기 때문이다.

3) 탄닌

탄닌이란 원래 떫은맛을 가진 비교적 고분자 성분을 말하였지만, 현재는 떫은맛이 없는 저분자의 것도 포함하여 널리 식물의 갈변의 원인이 되는 무색의 폴리페놀성분을 총칭한다. 이들은 원래 무색이지만 공기나 금속 이온 또는 산화효소에 의해 짙은 갈색, 흑색이나 홍색으로 변화되는 불안정한 물질로 식품 색깔에 중요한 역할을 한다. 대표적인 탄닌류를 보면 카테킨(catechin)류, 루코안토시안(leucoanthocyan)류, 클로로겐산(chlorogenic acid)과 같은 히드록시산(hydroxy acid) 등이 있으며, 이들 중 카테킨류와 루코안토시안은 플라보노이드와 같은 $C_6-C_3-C_6$의 구조를 가진다.

① 탄닌의 구조와 종류

가. 카테킨류

카테킨류에는 카테킨(catechin), 갈로카테킨(gallocatechin), 카테킨 갈레이트(catechin gallate), 갈로카테킨 갈레이트(gallocatechin gallate) 등과 이들 각각의 이성체가 있다(**그림 10-10**). 사과, 감, 포도, 배, 복숭아 등의 과일과 연뿌리 등에는 카테킨이 대부분이어서 떫은맛보다 쓴맛이 강하고, 이에 비해 찻잎에는 카테킨갈레이트와 갈로카테킨 갈레이트가 존재하며, 특히 에피갈로카테킨 갈레이트의 함량이 높아 떫은맛을 낸다.

카테킨류는 무색이지만 폴리페놀옥시다아제(polyphenol oxidase)에 의해 쉽게 산화하여 갈변한다. 실제로 홍차는 발효과정에서 떫은맛을 주는 카테킨과 갈로카테킨이 폴리페놀옥시다아제의 작용으로 산화·중합하여 테아플라빈(theaflavin)이라는 적색 색소로 변하여 떫은맛이 사라진다.

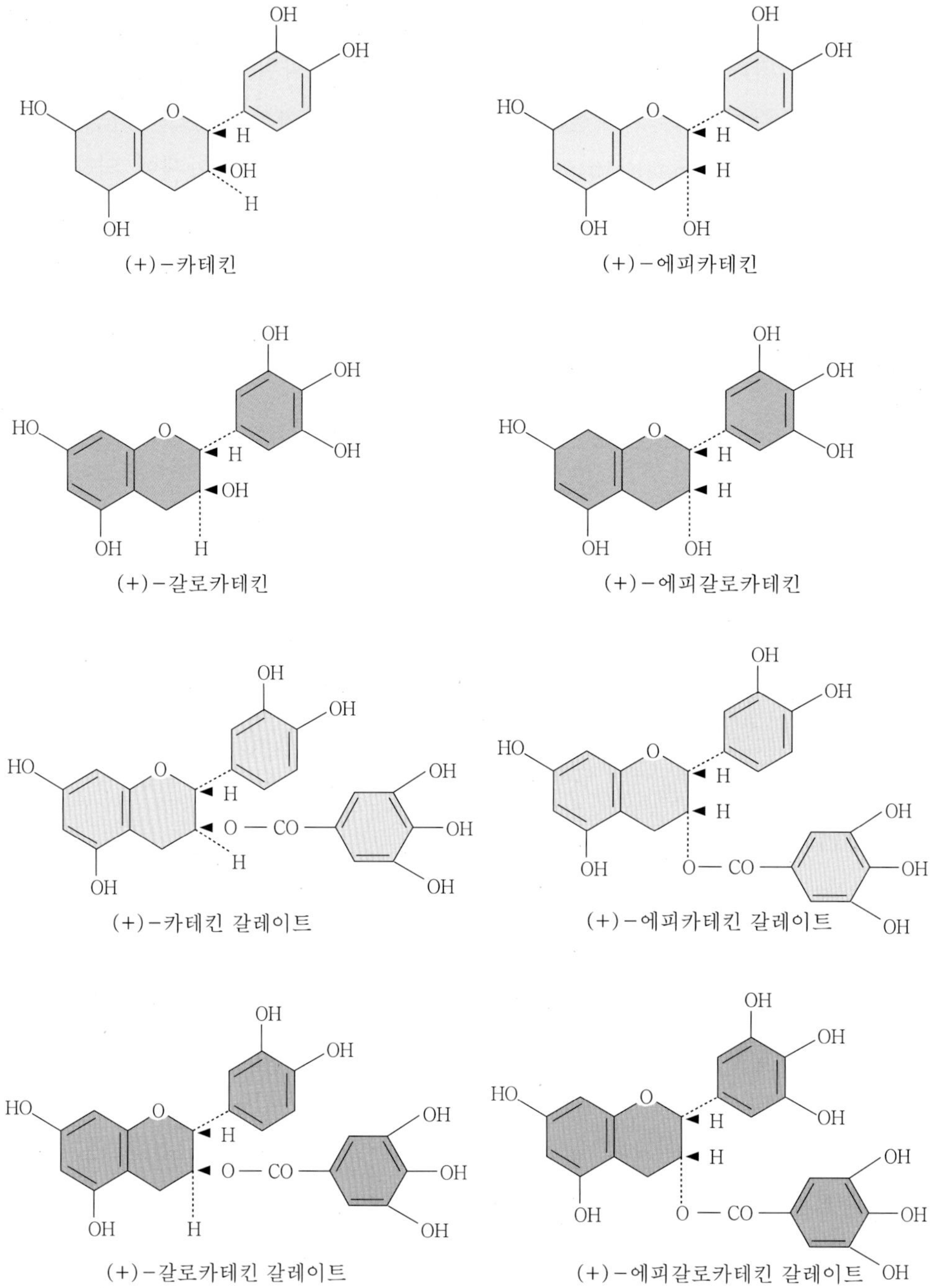

그림 10-10 카테킨류의 구조

나. 루코안토시안류

플라반-3,4-디올(flavane-3,4-diol)구조를 가진 루코안토시아닌(**그림 10-11**)은 배, 사과, 복숭아, 포도, 버찌, 살구 등의 과일류와 두류, 차 등에 존재한다. 무색이지만 강산성에서 가열하면 적색의 안토시아닌을 생성하여 자동산화되기 쉬우며 카테킨류보다 쉽게 중합한다.

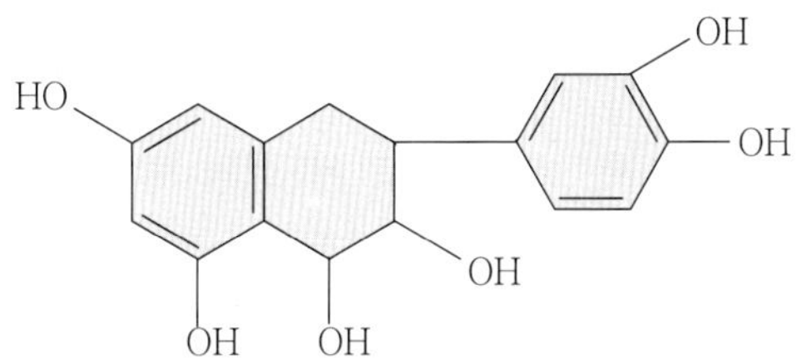

그림 10-11 **루코안토시안의 구조**

다. 클로로겐산 및 관련 폴리페놀류

식물체에는 많은 종류의 폴리페놀(polyphenol)이 유리형으로 존재하고, 카페익산(caffeic acid), 파라-코마릭산(ρ-comaric acid), 갈릭산(gallic acid), 엘라직산(ellagic acid) 등이 잘 알려져 있다. 이 중에서 카페익산은 퀴닉산(quinic acid)과 에스테르 결합한 클로로겐산을 형성하고 감자, 사과, 커피콩, 포도 등 야채, 과일에 분포하여 효소적 갈변의 기질이 된다.

② 탄닌의 변화

가. 산화에 의한 변화

탄닌은 강한 수렴작용이 있어 떫은맛, 쓴맛도 있고 공기 중 산화로 쉽게 산화·중합되어 흑갈색의 중합체를 형성한다. 탄닌은 과일이 익어감에 따라 산화되어 안토시아닌 또는 안토잔틴으로 전환·중합되고 불용성물질로 변해서 떫은 맛과 수렴성이 소실된다.

나. 단백질과 반응에 의한 변화

탄닌은 단백질과 결합하면 침전한다. 예를 들면 맥주의 원료인 홉(hop)이나 보리 속의 루코안토시아닌은 보리의 글로불린 단백질과 결합하여 불용성의 침전을 만들어 맥주 혼탁의 원인이 된다. 이와 같은 현상은 과즙이나 과실주에서도 일어난다.

다. 금속과 반응에 의한 변화

탄닌은 각종 금속과 반응하여 착화합물을 형성하여 회색(Sn, Zn), 적갈색(Ca, Mg), 옅은 갈색이나 청색(Fe^{2+}), 암갈색이나 짙은 청색(Fe^{3+})을 나타낸다. 실제로 커피나 차를 경수로 끓이면 경수 중의 칼슘이나 마그네슘이온과 탄닌이 결합하여 표면에 적갈색이나 갈색의 침전이 생기고, 떫은 감을 철제칼로 껍질을 깎을 때 암갈색으로 변하는 것은 탄닌이 철과 반응하기 때문이다. 또한 탄닌이 많은 과일이나 채소를 통조림 할 때는 통에서 녹아 나오는 Fe^{2+}에 의해 회색의 Fe^{2+}-탄닌 화합물이 생성되고, 통 속에 산소가 남아 있거나 개관하면 Fe^{2+}는 Fe^{3+}로 산화되어 청록색의 Fe^{3+}-탄닌 화합물이 생성된다.

3. 동물성 식품의 색소

동물성 식품의 색소에는 헤모글로빈(hemoglobin, 혈색소), 미오글로빈(myoglobin, 육색소) 그리고 일부 카로티노이드(carotenoid)에 속하는 색소들이 있다.

(1) 미오글로빈

미오글로빈은 조직 내에서 산소의 저장체로 작용하며, 육류와 그 가공품의 대부분을 차지하는 색소로 그 품질에 많은 영향을 준다.

1) 미오글로빈의 구조

육조직 중의 색소단백질인 미오글로빈은 혈액에 있는 색소단백질인 헤모글로빈과 같이 헴(heme, ferroprotoporphyrin, Fe^{2+})의 중심에 있는 철(Fe)(**그림 10-12**)과 글로빈(globin) 단백질인 히스티딘(histidine)의 이미다졸 고리(imidazolering)의 질소원자와 결합(**그림 10-13**)하여 형성된 색소이며 헤모글로빈은 적색인데 비해 미오글로빈은 적자색을 띤다.

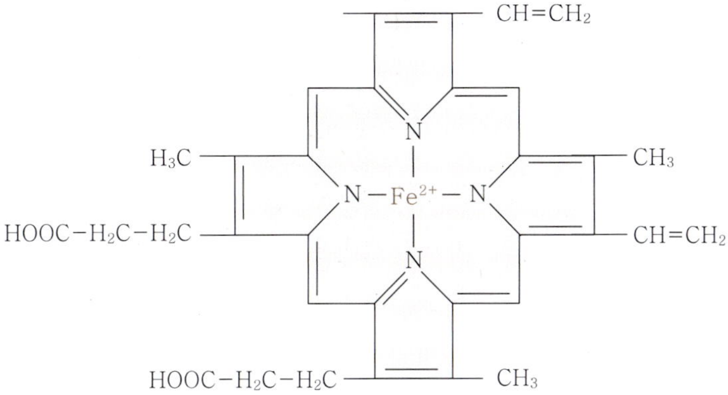

그림 10-12 헴(ferroprotoporphyrin, Fe^{2+})의 구조

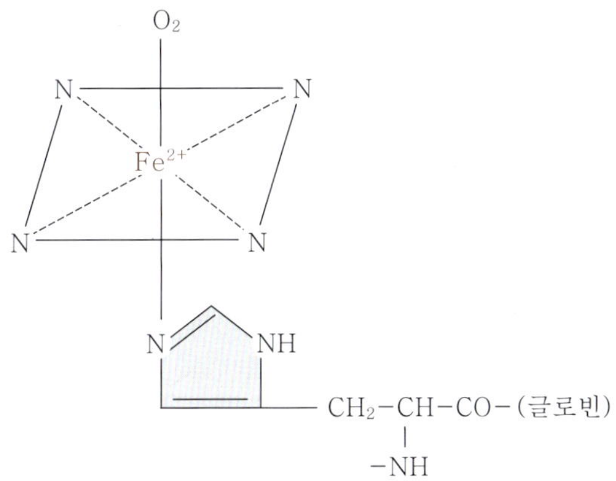

그림 10-13 헴과 단백질(globin)과의 결합양식

2) 미오글로빈의 변화

① 산화에 의한 변화

신선한 생육은 2가의 철이온을 함유한 환원형 미오글로빈(Mb)에 의해 적자색을 띠나 고기의 표면이 공기와 접촉하면 분자상의 산소가 결합하여 선명한 적색의 옥시미오글로빈(oxymyoglobin, MbO_2)이 된다. 이 반응은 미오글로빈의 철이온이 2가 그대로 있기 때문에 산화가 아니고 산소화(oxygenation)라고 한다. 옥시미오글로빈은 그 자체로서 비교적 안정된 색소이지만 육류를 저장하는 동안 계속 천천히 산화되며, 궁극적으로는 2가의 철이온이 3가의 철이온으로

산화되어 갈색을 띄는 메트미오글로빈(metmyoglobin, Met.Mb)이 된다(**그림 10-14**). 헴의 2가철이 3가의 철로 산화되어 헴이 헤마틴(hematin)으로 되는데 이와 같은 현상을 메트화(met)라고 부른다.

② 가열에 의한 변화

육류를 가열하면 적자색의 미오글로빈은 선홍색의 옥시미오글로빈을 거쳐 적갈색의 메트미오글로빈으로 되고, 가열을 계속하면 단백질 부분인 글로빈은 변성되어 분리되며 갈색 내지 회색의 헴부분이 유리된다. 이 헴은 헤마틴으로 알려져 있으며, 유리된 상태에서는 염소이온과 결합하여 염화물의 형태로 존재한다. 이 헤마틴의 염화물을 헤민(hemin)이라 하고 이것은 계속 산화되어 각종의 갈색, 회색, 또는 무색의 산화된 포피린 유도체가 된다(**그림 10-14**).

이처럼 생육이 가열에 의해 갈색의 가열육으로 변할 때 이 갈색의 색소를 변성글로빈헤미크롬(denaturated globin hemichrome) 또는 메트미오크로모겐(metmyochromogen)이라고 부른다.

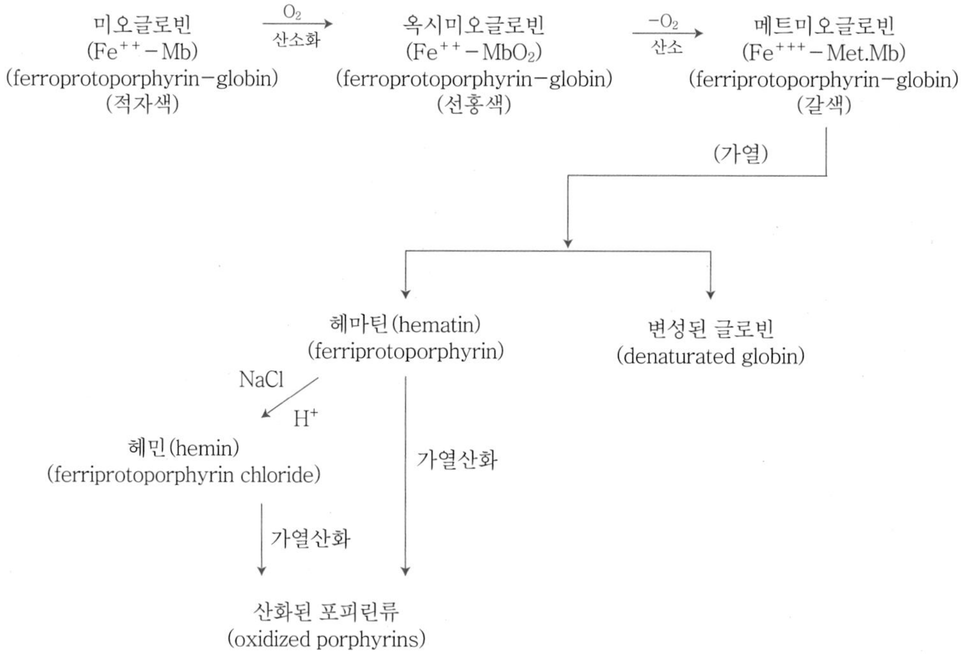

그림 10-14 **산화와 가열조리 중의 미오글로빈의 변화**

③ 육제품의 발색

햄이나 소시지 등의 육제품의 제조 시 살균을 위해 가열처리를 하게 되는데 이때 제품의 변색을 방지하기 위해 발색제를 사용한다. 육제품의 발색제로 질산염과 아질산염을 같이 사용하나 발색에 직접 관계하는 것은 아질산염이다. 즉, 질산염은 육류에 존재하는 미생물의 환원작용에 의해 아질산염으로 환원된 뒤 발색에 관여하게 된다.

가. 육제품의 발색과정

육류를 가공할 때 0.05~0.08%의 질산칼륨(KNO_3)이나 아질산칼륨용액(KNO_2)에 담그면 저장 중 질산칼륨이 세균의 작용을 받아 아질산염으로 환원된다. 원료육에는 사후 해당작용에 의해 젖산이 쌓이는데, 이 젖산이 아질산칼륨과 반응하여 아질산(HNO_2)을 형성한다. 아질산은 불안정하여 산성 조건에서 환원되어 일산화질소(NO)가 된다. 이 NO는 환원형 미오글로빈과 결합하여 선명한 적색의 니트로소미오글로빈(NO-Mb, 염절임육색)을 형성한다. 니트로소미오글로빈은 가열되면 단백질부분의 글로빈이 열변성을 일으켜 니트로소미오크로모겐(nitrosomyochromogen)으로 되지만 역시 선명한 적색을 보존한다(**그림 10-15**).

이와 같이 니트로소미오크로모겐을 생성시키는 조작을 육색의 고정이라 부르며 이것이 햄이나 소시지 등의 적색색소이다.

$$\underset{\text{질산칼륨}}{KNO_3} \xrightarrow{\text{세균의 환원작용}} \underset{\text{아질산칼륨}}{KNO_2} + H_2O$$

$$\underset{\text{아질산칼륨}}{KNO_2} + \underset{\text{젖산}}{CH_3CHOHCOOH} \longrightarrow \underset{\text{아질산}}{HNO_2} + \underset{\text{젖산칼륨}}{CH_3CHOHCOOK}$$

$$2HNO_2 \longrightarrow N_2O_3 + H_2O$$

$$N_2O_3 \rightleftharpoons \underset{\text{일산화질소}}{NO} + NO_2$$

$$NO + Mb \longrightarrow \text{니트로소미오글로빈(nitrosomyoglobin, NO-Mb)}$$

$$NO - Mb \xrightarrow{\text{가열}} \text{니트로소미오크로모겐(nitrosomyochromogen)}$$

그림 10-15 육가공품의 발색과정

(2) 헤모글로빈

육류나 육가공품에 존재하는 혈액은 부패를 일으키는 미생물이나 병원성 미생물의 성장에 필요한 좋은 영양급원이 될 뿐만 아니라 혈액에 존재하는 헤모글로빈이 공기 중에서 쉽게 산화되어 갈변하므로 완전히 제거되는 것이 좋다. 따라서 혈액이 제거된 육류나 육가공품에는 헤모글로빈의 함량이 매우 적으나 육류의 색에 있어서는 무시할 수 없는 존재이다.

1) 헤모글로빈의 구조

미오글로빈에서 전술한 바와 같이 헤모글로빈 역시 헴과 글로빈 단백질인 히스티딘의 이미다졸 고리의 질소원자와 결합하고 있는 것으로 그 구조와 결합양식이 미오글로빈의 경우와 같다(**그림 10-12**). 그러나 헤모글로빈은 미오글로빈의 구성단위(헴과 글로빈 단백질) 각각 4개가 결합한 것이다. 그러므로 미오글로빈은 1분자의 산소와 결합할 수 있지만 헤모글로빈은 4분자의 산소와 결합할 수 있다(**그림 10-16**).

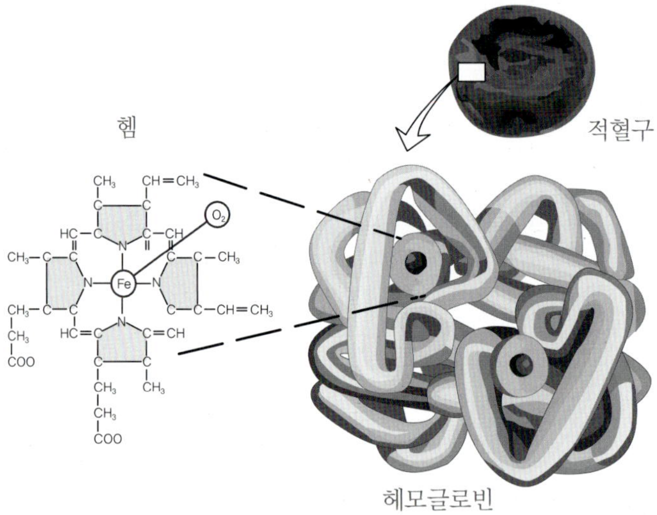

그림 10-16 헤모글로빈의 구조

2) 헤모글로빈의 변화

헤모글로빈은 미오글로빈과 화학적 성질이 유사하여 자동산화, 아질산염의 반응, 변성 등의 반응 기구 및 변색, 발색도 미오글로빈의 변화와 같다(**그림 10-17**).

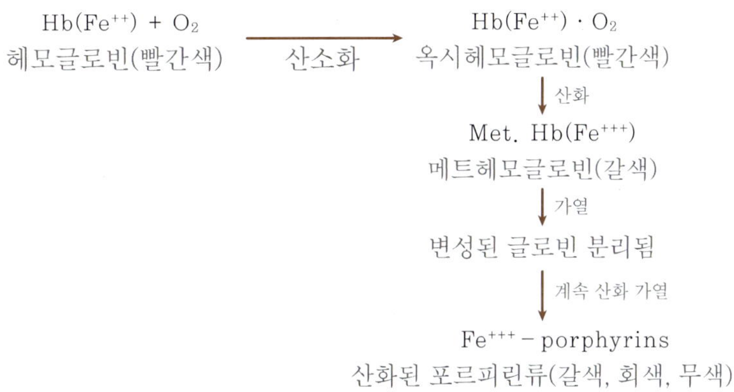

그림 10-17 가열조리 중의 헤모글로빈의 변화

(3) 카로티노이드

카로티노이드 색소는 식물성 식품뿐 아니라 동물성 식품에도 존재한다. 이들은 동물에 의해 합성된 것이 아니라 대부분 동물의 먹이인 식물성 물질이 흡수되어 동물의 조직이나 기관에 축적된 것이다.

1) 식육지방·유지방·난황 중의 카로티노이드

식육의 적육 부분에는 카로티노이드가 거의 존재하지 않지만 지방부분에 약간 함유되어 있다. 쇠고기의 황색 지방에는 α-, β-, γ-카로틴 등이 존재하며 이 중 β-카로틴이 65%를 차지하고 있다.

유지방 중에는 카로티노이드가 카로틴과 잔토필의 두 종류로 존재하며 이들은 버터와 치즈의 색에 관여한다. 즉, 소가 녹초를 섭취하는 여름에는 유제품의 색이 진하고 겨울에는 색이 연하며, 시판되는 버터는 β-카로틴, 식용 타르 색소 등을 사용하여 색을 띠게 하는 것이다.

난황의 황색은 전부 사료에서 유래된 카로티노이드에 의한 것이고, 대부분은 잔토필류인 루테인(lutein)이고, 그 외에 제아잔틴(zeaxanthin), 크립토잔틴(cryptoxanthin)이 관여하고 있다. 따라서 난황의 색을 진하게 하려면 루테인이 많은 녹초를 사료로 주는 것이 효과가 있다.

2) 어패류의 카로티노이드

참돔의 표피, 연어의 근육 등의 적색은 아스타잔틴(astaxanthin)에 의한 것이고, 조개류의 붉은색은 카로틴(carotine)과 루테인(lutein)에 의한 것이다. 물고기의 표피는 종류에 따라 적색, 오렌지색, 갈색, 청록색, 흑색 등의 여러 가지의 색을 띠는데, 이 중 적색은 잔토필(xanthophyll), 흑색은 멜라닌(melanin), 청색은 담즙색소, 연어·송어의 녹색형광은 살메닉산(salmenic acid), 생선의 광채는 함질소염기인 구아닌(guanine)에 의한 것이다.

3) 갑각류의 카로티노이드

새우나 게 등의 껍질에는 원래 적색인 카로티노이드계의 아스타잔틴(astaxanthin)이 단백질과 약하게 결합하여 회녹색 또는 청록색을 나타낸다. 이것을 가열하면 단백질이 유리되어 유리형의 아스타잔틴이 된 다음 산화되며 적색의 아스타신(astacin)으로 변한다.

제11장

식품의 맛

Point

① 맛의 분류 및 맛의 역치를 이해한다.
② 미각에 영향을 미치는 요인을 이해한다.
③ 미각의 생리현상을 이해한다.
④ 식품 맛의 종류와 맛 성분을 이해한다.

식품은 특유의 맛을 가지고 있으며 그 맛은 색깔, 냄새 및 질감과 같은 기호적 가치와 밀접한 관련이 있다. 그리고 식품의 맛은 영양가와 직접적인 관계는 없지만 식품의 좋은 맛은 식욕을 증진시킬 뿐만 아니라 소화 흡수에도 좋은 영향을 주므로 식품의 품질을 결정하는 중요한 요소가 된다. 식품의 맛은 미각에 의하여 느껴지며 미각은 식품의 즙 중에서 가용성 물질이 침과 합하여 혀의 표면을 생리적, 화학적, 물리적으로 자극하고 흥분시켜 줄 때 느끼게 되는 감각이다. 또한 다른 감각들(촉각, 통각, 온각, 시각, 청각 등), 성별, 나이, 식습관, 기후 등에 의해서도 변할 수 있기 때문에 이러한 요인들에 대한 연구가 이루어져야 한다.

미각기관은 혀의 표면에 돌기상으로 붙어있는 크고 작은 여러 개의 유두(papillae)와 유두의 도량벽을 따라 상피 속에 있는 미뢰(taste bud)이다. 침이나 음식물의 즙액에 녹아있는 가용성 맛 성분이 미공을 통해 미뢰로 들어가 미각세포를 자극하고, 그 자극은 미뢰의 내부에 분포되어 있는 미각신경에 의해 대뇌의 미각중추에 전달됨으로써 음식의 맛을 감지하게 된다(**그림 11-1**).

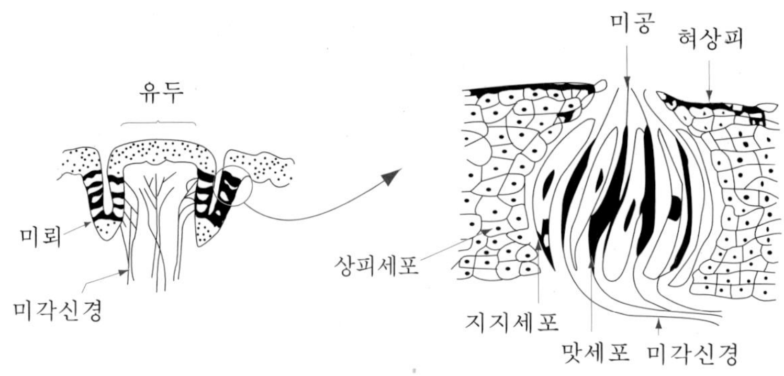

그림 11-1 혀의 유두의 단면과 미뢰의 구조

1. 맛의 분류 및 맛의 역치

식품의 맛은 관점에 따라 여러 가지로 분류될 수 있으나, 가장 기본적인 맛은 1924년 독일의 헤닝(Henning)에 의해 단맛(sweet taste), 짠맛(salty taste), 쓴맛(bitter taste), 신맛(sour taste)으로 분류되고, 이것을 4원미(four primary taste)라고 하였다. 그리고 이 맛은 맛의 정사면체를 형성하며 모든 맛은 사면체로 둘러싸인 공간의 어느 한 점으로 나타낼 수 있다고 하였다. 그러나 최근에 와서 모든 맛을 간단히 4원미로 설명하기 곤란하다고 인식하게 되었으며, 그 예로 혼합 또는 보조적인 맛인 매운맛(hot taste), 맛난맛(감칠맛, palatable taste), 떫은맛(astringent taste), 교질맛(colloidal taste), 금속맛(metallic taste), 알칼리맛(alkali taste), 아린맛(acrid taste) 등을 들 수 있다. 이들 맛 중에서 우리나라에서는 전통적으로 단맛, 짠맛, 쓴맛, 신맛, 매운맛의 다섯 가지 맛(五味)을 기본 맛으로 하고 있고, 중국과 일본에서는 매운맛 대신에 감칠맛을 기본 맛으로 여기고 있다.

또한, 4원미에 대한 감수성은 **그림 11-2**와 같이 혀 부위에 따라 다르고, **표 11-1**과 같이 혀 부위에 따라 느껴지는 맛 성분의 최소량도 다르다. 일반적으로 단맛은 혀의 앞부분에서, 짠맛은 앞 양쪽 가장자리에서, 쓴맛은 뒷부분에서, 신맛은 양쪽 가장자리에서 강하게 느끼며 혀의 중앙 부분에서는 맛을 별로 느낄 수 없다. 특히 혀의 뒷부분은 앞부분에 비해 쓴맛의 감수성이 약 5배가 높다.

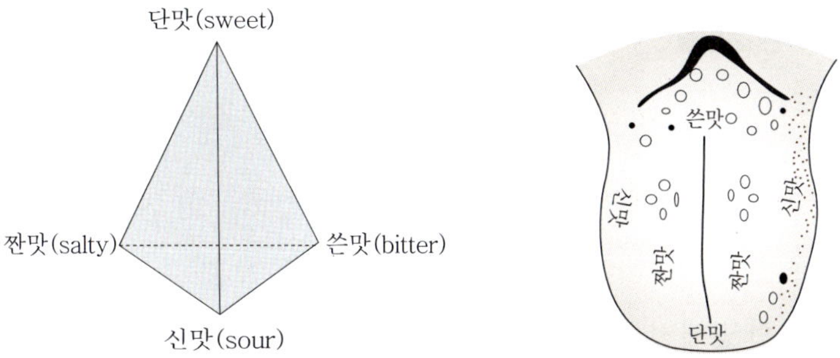

그림 11-2 맛의 사면체(Henning)와 혀의 맛을 느끼는 부위

표 11-1 혀의 각 부위에서의 맛 성분의 최소량

맛의 종류	정미물질	혀끝	혀둘레	혀뿌리
짠맛	소금	0.25	0.24 ~ 0.25	0.28
신맛	염산	0.01	0.006 ~ 0.007	0.016
단맛	설탕	0.49	0.72 ~ 0.76	0.79
쓴맛	퀴닌설페이트	0.00029	0.0002	0.00005

식품의 맛에 대한 발현기작은 정확히 밝혀지지 않았기 때문에 그 민감도(sensitivity)를 수량적으로 표현할 수 없으나, 미각의 정도를 비교하는 방법으로 역치(threshold value)를 사용한다. 역치란 맛 성분이 확실히 느껴지는 최저 농도(minimum detectable concentration)를 말하며 혀의 부위에 따라 느껴지는 맛의 역치도 다르다. 일반적으로 쓴맛 성분이 가장 낮고 단맛 성분이 가장 높다. 그러나 미각은 온도, 연령, 성별, 기질 등에 따라 다르고 역치는 미각 수용기에 의해 결정되는 주관적인 수치이므로 학자들에 따라 약간의 차이는 있다.

표 11-2 맛 성분의 역치

맛의 종류	정미물질	역치(g/100ml)
단맛	설탕	0.4108
짠맛	소금	0.1229
신맛	주석산	0.0056
쓴맛	카페인	0.0038

2. 미각에 영향을 미치는 요인

(1) 온도

맛에 대한 온도의 영향은 일정하지 않으며 연구자들의 실험결과도 일정하지 않다. 일반적으로 혀의 미각은 10~40℃일 때 잘 느낄 수 있으며, 특히 30℃ 전후에서 가장 예민해지고, 이 온도에서 멀어지면 둔해진다. 맛을 가장 잘 느낄 수 있는 온도는 **표 11-3**과 같다. 대체로 온도증가에 따라 단맛은 역치가 감소하여 단맛을 더 잘 느끼고, 짠맛과 쓴맛은 역치가 증가하여 맛을 잘 느끼지 못하게 된다. 신맛은 온도변화에 별로 차이를 나타내지 않는다.

표 11-3 맛을 느끼는 최적온도

맛의 종류	온도(℃)
단맛	20~50
짠맛	30~40
신맛	25~50
쓴맛	40~50
매운맛	50~60

(2) 용매와 기질

맛 성분이 용해되어 있는 용매나 기질에 따라 맛과 그 역치에 차이를 나타내는데, 대체로 유지>젤상>거품 및 커스터드상>수용액의 순서로 역치가 나타난다. 일반적으로 맛 성분이 전분젤이나 한천젤리 같은 젤과 유지 중에 존재할 때는 역치가 매우 높아 맛에 대해 덜 예민하게 느낀다.

(3) 나이와 성별

나이에 따른 미각에 대한 감도의 감퇴는 50대 후반기 또는 60세 이후부터 현저하게 나타나며, 성별에 있어서는 여자가 남자에 비해 단맛과 짠맛에 대한 감도가 높고, 신맛에 대한 감도는 떨어지지만, 쓴맛은 성별에 따른 차이가 없다고 보고되고 있다.

(4) 수면과 공복

3일 정도의 불수면은 단맛과 짠맛에 대한 역치에는 큰 영향이 없지만, 신맛에 대한 역치는 현저하게 증가한다. 그리고 식사 1시간 후에는 4가지 기본 맛의 감도가 둔화되지만, 3~4시간 후에는 증가하는 것으로 보아 식사에 대한 감도의 감소는 식사의 열량과 크게 관계가 있다고 할 수 있다. 따라서 관능검사할 때에는 식사시간과 더불어 식사내용에도 주의할 필요가 있다.

(5) 흡연

흡연자와 비흡연자의 사이에서 미각의 차이에 관해 조사한 결과, 단맛, 짠맛, 신맛에 대한 역치는 차이가 없었지만 쓴맛에 대한 역치는 흡연자가 현저하게 높다고 보고되고 있다.

그 외 미각의 변화에 영향을 주는 요소로서 신체적, 정신적 건강상태, 식습관, 음주상황 등이 있다.

3. 미각의 생리현상

(1) 맛의 대비 효과(contrast effect)

주된 맛을 내는 물질에 다른 물질이 섞임으로써 미각이 증가되는 것을 맛의 대비 효과 또는 강화 현상이라 한다. 일반적으로 단맛, 감칠맛에 대해서는 짠맛이, 짠맛에는 신맛이 강화 현상을 나타내는 경우가 많다. 예를 들면,

① 15% 설탕용액 + 0.01% 소금 → 단맛 증가

② 팥죽 + 설탕 + 소금 → 단맛 증가

③ 동치미의 소금물 + 유기산(구연산, 젖산) → 짠맛 증가

④ MSG + 소금물 → 감칠맛 증가

(2) 맛의 억제 효과(inhibitory effect)

서로 다른 맛 성분이 몇 가지 혼합되었을 경우 주된 맛 성분의 맛이 다른 맛에 의해 약화되는 현상이다. 예를 들면,

① 커피 + 설탕 → 쓴맛 억제

② 신과일 + 설탕 → 신맛 억제

(3) 맛의 상승 효과(synergistic effect)

같은 종류의 맛을 가지는 2종류의 맛 성분을 서로 섞으면 각각 갖고 있는 맛보다 훨씬 강하게 느껴지는 현상이다. 예를 들면,

① MSG + 10% 핵산조미료성분(Na-inosinate) → 감칠맛 증가(5배)

② 설탕 용액 + 사카린(saccharin) → 단맛 증가(분말주스)

(4) 맛의 상쇄 효과(compensating effect)

두 가지 맛 성분을 혼합하면 각각의 고유한 맛을 나타내지 못하고 약해지거나 없어지는 현상이다. 예를 들면,

① 간장이나 된장의 소금함량이 높지만 감칠맛과 상쇄되어 짠맛이 강하지 않음

② 김치 맛은 짠맛과 신맛이 상쇄되어 조화된 맛

③ 청량음료의 맛은 단맛과 신맛이 상쇄되어 조화된 맛

(5) 맛의 변조 효과(modulation effect)

한 가지 맛을 느낀 직후에 다른 맛을 정상적으로 느끼지 못하는 현상이다. 예를 들면,

① 설탕을 맛본 직후 물을 마시면 순수한 물일지라도 신맛이나 쓴맛을 느낌

② 오징어를 먹은 후에 식초나 밀감을 먹으면 쓴맛을 느낌

③ 쓴약을 먹은 직후에 물을 마시면 달게 느낌

(6) 맛의 피로 효과(fatigue effect)

맛의 순응(adaption) 현상이라고도 하며 같은 맛을 계속 맛보면 그 맛이 변하거나 미각이 둔해져 맛이 약할 때는 거의 느끼지 못하고 진하면 싫증이 나는 현상이다. 예를 들면, 황산마그네슘은 처음에는 쓰게 느껴지나 조금 지나면 단맛이 약간 느껴진다.

(7) 미맹(taste blindness)

어떤 물질의 맛에 대해 대부분의 사람과 다르게 맛을 느끼지 못하는 사람을 미맹이라고 한다. 예를 들면, 페닐티오우레아(phenyl thiourea) 또는 페닐티오카바미드(phenyl thiocarbamide, PTC)에 대해 대부분의 사람들은 쓴맛을 느끼나 미맹인 경우는 그 맛을 인식하지 못하고 무미로 느낀다. 그러나 이러한 미맹은 쓴맛을 느끼지 못할 뿐 다른 정미성분에 대해서는 정상이므로 일상생활에는 지장이 없으며, 유전적인 것으로 알려져 있다.

4. 맛 성분의 종류

(1) 단맛 성분

단맛(sweet taste)은 식생활과 깊은 관계를 가지고 있는 것으로서 단맛에 대한 욕구는 매우 강하다. 그러므로 이에 대한 연구가 진행되고 있고 현재 제시되고 있는 단맛과 단맛을 가진 화합물의 구조와의 관계를 보면 감미발현단이 있어야 하고 여기에 조미단(H 또는 $-CH_2OH$)이 결합할 때 비로소 단맛을 나타낸다는 것이다(Oerstheyl과 Meyer 등의 감미발현단설). 감미발현단으로는 **표 11-4**와 같은 원자단이 있다.

표 11-4 감미발현단

① aldehyde기(−CHO)	⑥ amino기($-NH_2$)
② nitrile기(−CN)	⑦ sulfon acid기($-SO_3H$)
③ oxime기(−CH=NOH)	⑧ sulfonamide기($-SO_2NH_2$)
④ nitro기($-NO_2$)	⑨ hydroxyl기(−OH)
⑤ halogen	⑩ 기타

단맛 성분의 상대감미도를 비교하기 위해 10% 설탕용액의 단맛을 100으로 하여 표준을 삼는데 그 이유는 설탕이 가장 많이 사용되는 감미료인 동시에 순수한 상태로 얻기 쉽고, 다른 당류와는 달리 α, β형의 이성체가 존재하지 않아 단맛이 변하지 않기 때문이다. 각종 단맛 성분의 상대감미도는 **표 11-5**와 같다.

단맛을 가지는 화합물은 자연계에 많이 존재하는데 천연감미료와 인공감미료로 분류된다.

1) 천연감미료

천연감미료는 포도당, 과당, 설탕, 맥아당, 유당과 같은 당류, 솔비톨, 만니톨, 자일리톨과 같은 당알코올, 아미노산, 방향족화합물, 황화합물 등을 들 수 있으며, 각각의 성질은 **표 11-6**과 같다.

2) 인공감미료

인공감미료는 처음에 설탕이나 그 밖의 천연당의 대용품으로 발달되었으나, 열량을 거의 발생하지 않으며 소량만 사용해도 단맛을 낼 수 있으므로 저칼로리를 요하는 사람이나 설탕의 섭취가 금지되어 있는 환자용으로 활용되는 경우가 많다. 이들 중 일부는 체내 부작용을 일으킨다는 보고에 의해 금지되고 있으며, 우리나라에서 사용이 허가된 것은 사카린, 아스파탐, 아세설팜칼륨 등이 있고, 각각의 종류와 성질은 **표 11-7**과 같다.

표 11-5 단맛 성분의 상대감미도

	종류	감미도
당류	설탕(sucrose)	100
	과당(fructose)	100~173
	전화당(invert sugar)	130
	포도당(glucose)	50~74
	람노오스(rhamnose)	60
	글루코사민(glucosamine)	50
	맥아당(maltose)	50~60
	자일로오스(xylose)	40
	갈락토오스(galactose)	27~32
	유당(lactose)	16~28
당알코올	자일리톨(xylitol)	75
	글리세롤(glycerol)	48
	솔비톨(sorbitol)	48~70
	에리트리톨(erythritol)	45
	이노시톨(inositol)	45
	만니톨(mannitol)	45
	둘시톨(dulcitol)	41
방향족화합물	페릴라르틴(perillartine)	2,000
	글리시리진(glycyrrhizin)	30~50
	스테비오사이드(stevioside)	200~300
	필로둘신(phyllodulcin)	1,000
인공감미료	사카린(saccharin)	300~500
	슈크랄로오스(sucralose)	600
	아스파탐(aspartame)	150~200
	둘신(dulcin)	250
	사이클라메이트(cyclamate)	50
	아세설팜칼륨(acesulfame potassium)	200

표 11-6 천연감미료의 종류와 성질

	종류	감미도	성질
당류	포도당	50~74	α형이 β형보다 더 달다.
	과당	100~173	천연 당류 중 단맛이 가장 높고 상쾌한 단맛 β형이 α형보다 더 달다.
	설탕	100	α, β 이성체가 없어서 단맛이 일정: 감미표준물질로 사용
	맥아당	50~60	α형이 β형보다 더 달다. 용액 상태에서 가열하면 감미도 증가
	유당	16~28	β형이 α형보다 조금 더 달다. 분유가 물을 흡수하면 β가 α형으로 되어 단맛 감소
당알코올	솔비톨	48~70	포도당을 환원하여 얻음 물에 잘 녹고 청량한 감미, 흡습성, 보수성, 보향성이 우수
	만니톨	45	만노오스를 환원하여 얻음 상쾌한 감미, 다시마와 곶감의 흰가루 성분
	자일리톨	75	D-자일로오스를 환원하여 만든 당알코올
아미노산	L-류신산 (L-leucinic acid)	설탕의 25배	고상한 맛을 가지고 있어 당뇨병환자의 감미료로 사용
	글리신, 알라닌 프롤린, 세린		일반적으로 분자량이 적은 아미노산들이 감미가 있음
방향족화합물	글리시리진	설탕의 30~50배	감초의 뿌리 비식품용 감미료로 담배 향료로 이용
	필로둘신	설탕의 1,000배	감차잎을 건조시켜 차를 끓일 때의 감미성분 당뇨병환자의 감미료로 사용
	펠릴라르틴	설탕의 2,000배	차조기잎의 단맛 성분 비식품용 감미료로 담배 향료로 이용
	스테비오사이드	설탕의 200~300배	스테비아잎 비발효성, 무칼로리로 충치예방과 다이어트에 효과적
황화합물	메틸 메르캅탄(무) (methyl mercaptan) 프로필 메르캅탄 (propyl mercaptan) (양파, 마늘)	설탕의 50~70배	무, 양파, 마늘 등의 매운맛 황화합물이 가열에 의해 단맛 황화합물로 변환 $(CH_3CH_2CH_2)_2S_2 \xrightarrow{\text{가열}} 2CH_3CH_2CH_2SH$ dipropyl disulfide (매운맛) → propyl mercaptan (단맛)

표 11-7 인공감미료의 종류와 성질

종류	감미도	성질
사카린 (saccharin)	설탕의 300~500배	· 1879년에 처음으로 합성(세계 80여 개 나라에서 사용) · 하루 3g 이하로 섭취해야 인체에 무해
아스파탐 (aspartame)	설탕의 150~200배	· 1965년에 발견, 1974년 미 FDA로부터 허가 · L-아스파트산과 L-페닐알라닌의 디펩티드(dipeptide) · 중성과 알칼리 조건 및 가열에 의해 분해되므로 비가열식품과 산성식품에 사용 · 설탕, 과당, 포도당 등과 혼합할 경우 상승효과를 나타냄
아세설팜칼륨 (acesulfame-K)	설탕의 200배	· 뒷맛이 거의 없으며 최근 우리나라에서 사용이 허가
슈크랄로오스 (sucralose)	설탕의 600배	· 설탕의 유도체로 국제기구에서 대체적으로 안전하다고 인정
둘신 (dulcin)	설탕의 250배	· 1883년에 발견 · 발암물질로 밝혀지면서 사용이 금지
사이클라메이트 (cyclamate)	설탕의 50배	· 인공감미료 중 설탕에 가장 가까운 단맛을 가짐 · 발암물질로 알려지면서 사용이 금지

(2) 짠맛 성분

짠맛(salty taste)은 우리 식생활과 가장 밀접한 정미물질로서, 4원미 가운데서 가장 생리적으로 중요한 맛 성분이며 조리의 가장 기본적인 맛이다. 짠맛 성분은 무기 및 유기 알칼리염으로서 주로 음이온에 의존하고, 양이온은 다소의 쓴맛을 가지며 짠맛을 강하게 하거나 부가적인 맛을 나타낸다. 음이온의 경우 그 짠맛의 강도는 $Cl^- > Br^- > I^- > HCO_3^- > NO_3^-$의 순서이며, 소금(NaCl)은 가장 순수한 짠맛을 가지고 있다. 소금이 가장 순수한 짠맛을 띠는 것은 염소이온(Cl^-)의 짠맛에 비해 나트륨이온(Na^+)의 쓴맛이 매우 약하기 때문이다. KCl, NH_4Cl, $CaCl_2$, $MgCl_2$ 등도 짠맛을 지니나, 양이온에 의하여 쓰거나 떫은맛을 낸다. 그러므로 식염에 함유된 염화나트륨(NaCl)이 짠맛의 대표적인 물질이다.

식염으로 사용되는 천일염은 순수한 NaCl이 아닌 소량의 염화칼륨(KCl), 염화마그네슘($MgCl_2$), 염화칼슘($CaCl_2$), 황산마그네슘($MgSO_4$) 등을 함유하고 있으므로, 순수한 짠맛 이외에 쓴맛이 느껴진다.

일반적으로 국물의 소금농도는 약 1%일 때 가장 알맞은 짠맛을 내고, 감미료 중에 0.1% 정도의 식염이 있으면 단맛이 강화되며, 짠맛 속에 유기산이 섞이면 짠맛이 강화된다. 식염은 또한 영양생리상 중요한 무기질이며, 주요 식품 중에 들어 있는 소금의 양은 **표 11-8**과 같다.

표 11-8 주요 식품의 소금 함량(%)

식품	소금 함량(%)	식품	소금 함량(%)
된장	10~15	식빵	0.7
간장	18~20	버터	1~1.5
염장물	15~30	치즈	3~4
식염(보통 식탁염)	85~99	햄·소시지	2~4
보통 국물	0.8~1.2	간한 훈제연어	5~8
찌개	0.5~2.0	햄버그스테이크	1
젓갈	10~30	감자조림	1.2
김치	7~10	달걀부침	1
단무지	8~10		

유기산의 알칼리염에도 소금과 같이 짠맛을 내는 것이 있는데 디소듐 말산(disodium malate), 디암모늄 말론산(diammonium malonate), 글루콘산 나트륨(sodium gluconate) 등이다(**그림 11-3**). 이것들은 소금대용으로 무염간장, 무염식, 감염식의 짠맛을 내는 데 사용되었으나 신장병 등의 내장질환에는 나트륨이온(Na^+)이 해로운 영향을 미치므로 현재는 나트륨이온이 금지된 신장병환자에게는 디암모늄 말론산(diammonium malonate), 디암모늄 세바신산(diam- monium sebacinate)이 사용되고 있다.

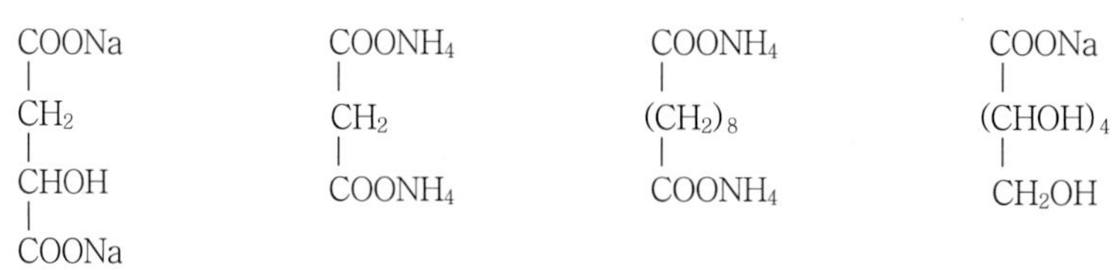

디소듐 말산　디암모늄 말론산　디암모늄 세바신산　글루콘산 나트륨

그림 11-3 짠맛을 가진 유기산의 염들

(3) 쓴맛 성분

쓴맛(bitter taste)은 여러 미각 중 가장 예민하고 낮은 온도에서도 느낄 수 있어 식품의 맛에 큰 영향을 미친다. 식품에 쓴맛이 많이 함유되어 있으면 불쾌감을 줄 수 있으나, 미량으로 존재하면서 다른 맛 성분과 조화를 이루게 되면 오히려 식품의 기호성을 높여주는 작용이 있다. 그러므로 쓴맛은 일상 식품이나 기호음료에 많이 쓰인다. 즉, 맥주의 홉, 커피, 코코아, 차, 초콜릿 등이 기호품으로 애용되는 것은 독특한 쓴맛 성분 때문이라고 할 수 있다.

식품의 쓴맛 성분은 크게 알칼로이드(alkaloid: 식물체 속에 들어 있는 염기성 함질소화합물로 강한 약리작용 나타냄), 배당체, 케톤류, 무기염류, 단백 분해물 등으로 구분된다(표 11-9). 가장 대표적인 쓴맛 물질로는 퀴닌(quinine)을 들 수 있고, 이들 쓴맛 성분은 대부분 강한 약리작용과 생리작용을 갖고 있다.

표 11-9 식품 중의 쓴맛 성분

	종류	소재	비고
알칼로이드	카페인(caffeine)	차, 커피	· 녹차는 2~3%, 홍차는 3%, 커피는 1%, 코코아는 0.2%의 카페인을 함유 · 심장, 신장, 중추신경계에 흥분작용을 줌
	테오브로민(theobromine)	코코아, 초콜릿	· 이뇨제(利尿劑)
	퀴닌(quinine)	키나	· 쓴맛의 표준물질 · 쓴맛을 느낄 수 있는 한계값은 0.0016% · 말라리아병에 특효
배당체	나린진(naringin)	밀감의 껍질	· 나린진 가수분해효소에 의해 분해되어 당이 제거된 아글리콘(나린제닌)은 쓴맛이 없어짐
	쿠쿠르비타신(cucurbitacin)	오이의 꼭지부	· 약 20여 종의 이성질체가 있음
	케르세틴(quercetin)	양파껍질	· 루틴의 아글리콘
케톤류	후물론(humulon) 루풀론(lupulon)	홉(맥주의 방향, 쓴맛을 포함)	· 맥주의 쓴맛은 이 밖에도 발효공정 중 이성화 또는 분해에 의해서 생성된 30여 종류의 고미성분으로 이루어짐 · 기포성(氣泡性), 지포성(持泡性), 항균력을 가짐
	투존(thujone)	쑥	· 쓴맛을 가지나 독성이 없고 분자 안에 질소가 없음

무기염류	염화마그네슘 (magnesium chloride) 염화칼슘 (calcium chloride)	간수	· 두부응고제로 쓰임. 이들의 쓴맛을 제거하기 위해 두부는 응고 후 3~4시간 물에 담가둠
아미노산	L－트립토판 (L－tryptophan) L－루신 (L－leucine) L－페닐알라닌 (L－phenylalanine)	단백질 분해물	· 콩 등의 단백질을 펩신(pepsin)으로 가수분해할 때 생기는 아르기닌－루신, 글리신－루신처럼 말단에 루신을 갖는 디펩티드(dipeptide)는 쓴맛을 띰 · 치즈가 변질하여 생기는 쓴맛과 건어물의 어복부위의 쓴맛도 역시 펩티드에 기인. 건어물에서는 펩티드 외에 티로신(tyrosine)에서 생긴 티라민(tyramine)도 쓴맛을 띰
기타	이포메아마론 (ipomeamarone)	흑반병 고구마	· 흑반병에 걸린 고구마의 쓴맛 성분으로 유독성분
	리모넨(limonene)	감귤류	· 과즙이 신선할 때는 쓴맛이 없으나 과즙을 저장하거나 가공처리하면 쓴맛을 띰 · 이것은 리모넨에 기인하며 이와 같은 쓴맛을 지연성 쓴맛(delayed bitterness)이라고 함
	사포닌(saponin)	콩, 도토리	· 약한 유독성분 · 사포닌은 묽은 알칼리에 잘 녹으므로 도토리를 식품화하려면 묽은 알칼리로 잘 씻어 완전히 쓴맛 성분을 제거해야 함

(4) 신맛 성분

신맛(sour taste)은 미각을 자극시키거나 식욕증진에 필요한 성분으로 향기를 동반하는 경우가 있다. 신맛 성분에는 유기산과 무기산이 있고, 신맛은 해리된 수소이온(H^+)의 맛이지만 신맛의 강도는 pH와 정비례하지 않으며, 같은 pH인 경우 유기산이 무기산보다 신맛이 더 강하다. 이것은 무기산이 용액 중에서 대부분 해리되기 때문에 수소이온의 농도가 높지만 혀에 접촉되면 곧 중화되어 신맛이 없어지는 반면, 유기산은 해리도가 작으므로 용액 중의 수소이온의 농도는 낮으나 혀의 점막에 접촉된 수소이온이 상실되면 점차적으로 해리되지 않았던 수소이온이 해리되어 신맛이 계속되기 때문에 전체적으로 신맛을 강하게 느끼게 된다.

① 무기산: 탄산, 염산, 인산 이외의 무기산은 불쾌미를 부여하기 때문에 탄산

음료에 청량한 맛을 내기 위해 사용되는 것은 탄산, 인산이고 이외에는 식품과 관계가 적다.

② 유기산: 대부분 상쾌한 맛과 특유한 감칠맛을 부여해 미각을 흥분시키고 식욕을 증진시킨다. 일반식품에 널리 분포되어 있으며, 보통 우리가 섭취하는 식품 중의 중요한 신맛은 **표 11-10**과 같다.

표 11-10 식품 중의 주요 신맛 성분

종류	구조식	소재	특징	이용
아세트산 (acetic acid)	CH_3-COOH	식초, 김치류	식초 중 3~4%	·3~5%로 널리 사용
젖산 (lactic acid)	$CH_3-CH-COOH$ OH	김치류, 젖산음료, 발효유제품	품위 있는 산미, 방부성	·산미, 살균력이 있어 식품공업에 널리 사용
호박산 (succinic acid)	$HOOC-CH_2-CH_2-COOH$	청주, 조개류	감칠맛을 갖는 산미	·주로 청주, 합성청주, 된장, 간장 등에 사용
사과산 (maleic acid)	$HOOC-CH_2-CH-COOH$ OH	베리류(사과, 복숭아, 딸기)	상쾌한 산미	·젤리, 과자의 산미료로 적당 ·마가린, 마요네즈에 산 미제 및 유화안정제로 사용
구연산 (citric acid)	OH $HOOC-CH_2-C-CH_2-COOH$ COOH	감귤류 (매실, 레몬)	상쾌한 산미	·산미료로서 청량음료수, 치즈, 젤리, 잼, 드롭프스 등에 사용 ·산화 방지제의 상승제(synergist)로도 사용
주석산 (tartaric acid)	$HOOC-(CHOH)_2-COOH$	포도	K염으로 존재	·청량음료, 젤리, 잼 등에 구연산, 젖산 등과 함께 사용
아스코르브산 (ascorbic acid)	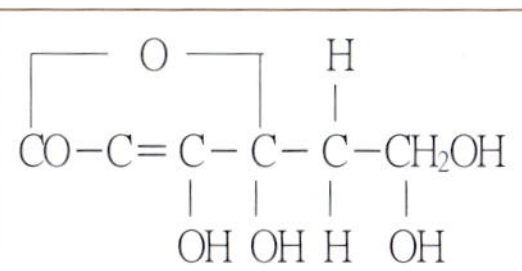	과일, 채소류	상쾌한 산미 산화방지	·과일통조림이나 주스류 제조에 사용
글루콘산 (gluconic acid)	$HOOC-(CHOH)_4-CH_2OH$	곶감, 양조식품	풍미 있는 산미	

이와 같은 산은 식품에 신맛을 부여하는 동시에 식품의 pH를 낮추어 식품의 부패를 방지하는 효과도 있다. 과일에 함유된 사과산, 구연산 등은 과일 특유의 풍미를 부여하기도 한다. 또한 산에 수산기(-OH)가 있으면 온건한 신맛을, 아미노기($-NH_2$)가 있으면 쓴맛이 짙은 신맛을 낸다.

자연식품의 pH는 대부분 5.0~6.5이며, pH 3 이하 산도의 신맛은 기호에 알맞지 않으나 설탕 등을 가하면 신맛이 감소되고, 맛이 부드러워진다.

(5) 매운맛

매운맛(hot taste)은 미각신경을 강하게 자극하여 맛이라기보다는 통감(pain feeling)으로 볼 수 있다. 따라서 서양에서는 맛의 종류로 분류하지 않는 경우가 많으나, 우리나라에서는 김치, 고추장 등의 매운맛이 다른 나라에서 볼 수 없는 한국 고유의 음식 맛을 내는 것으로 매우 중요하게 여겨져서 5원미 중 하나로 분류하기도 한다.

일반적으로 매운맛은 향기를 동반하는 경우가 많으며, 두 가지가 합하여 식욕을 촉진시키고 건위(健胃)작용을 한다. 따라서 이러한 효과를 가지는 조미료를 향신료(香辛料, spice)라 하고, 적당한 매운맛은 맛에 긴장감을 주고 식욕증진 및 살균, 살충 작용을 돕는다.

식품 중 매운맛의 성분은 **표 11-11**과 같이 산아미드류(acid amides), 황화합물류, 황화알릴류(allyl sulfide), 방향족알데히드 및 케톤류(aryl aldehydes and ketones), 아민류(amines) 등이다.

표 11-11 식품 중의 매운맛 성분

	종류	소재	비 고
산아미드류	캡사이신 (capsaicin)	고추	· 융점이 65℃인 판상결정(阪狀結晶)으로서 냉수에는 불용성이지만 알코올, 에테르, 클로로포름, 벤젠 등에 가용성 · 비등점은 210~220℃/0.01mmHg로서 대기 중에 방치하면 차츰 휘산(揮酸). 매운맛 강함 · 체내에서 항산화 작용이 있음

분류	성분	소재	특징
산아미드류	차비신(chavicine)	후추	· 후추에는 0.8%의 차비신이 들어 있는데 이것의 트렌스형인 이성체 피페린은 매운맛이 없고, 시스형인 차비신만이 매운맛을 가짐
	산스홀(sanshool)	산초	· 조피나무(chinese pepper) 열매의 매운맛을 갖는 수지상 물질을 환원하면 무색의 침상결정인 히드로산스홀이 얻어짐 · 산스홀은 히드로산스홀의 불포화 화합물로 이중결합 위치는 불분명함
황화합물류	시니그린(sinigrin)	흑겨자, 고추냉이	· 흑겨자에 존재하는 시니그린은 미로시나아제(시니그리나아제)에 의해 가수분해되어 알릴 이소티오시아네이트를 생성하여 매운맛을 냄 $CH_2=CHCH_2 \cdot N=C=S$ 알릴 이소티오시아네이트(allyl isothiocyanate)
	시날빈(sinalbin)	백겨자, 순무	· 백겨자에 존재하는 시날빈이 미로시나아제에 의하여 *p*-히드록시벤질 이소티오시아네이트를 생성하여 매운맛을 냄 $OH-C_6H_4-CH_2 \cdot N=C=S$ *p*-히드록시벤질 이소티오시아네이트 (*p*-hydroxybenzyl isothiocyanate)
황화알릴류	디비닐 설피드(divinyl sulfide) 디알릴 설피드(diallyl sulfide) 디알릴 디설피드(diallyl disulfide) 프로필 알릴설피드(propyl allylsulfide) 알리신(allicin)	부추유	· 마늘, 파, 양파, 부추 등의 정유성분을 부추유(leek oil)라 하며 이들의 매운맛 성분 · allicin은 마늘, 양파의 매운맛 성분으로 alliin이 alliinase에 의해 가수분해된 알릴설폰산의 축합물임 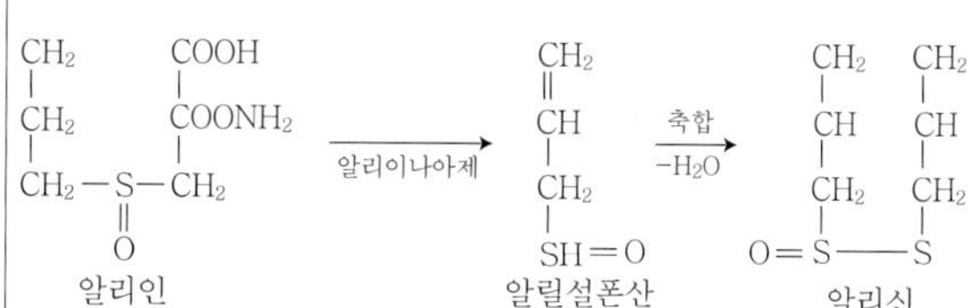
방향족 알데히드 및 케논류	진게론(zingerone) 쇼가올(shogaol) 진게롤(gingerol)	생강	· 생강의 매운맛 성분 · 진게론은 융점이 40℃인 결정체이고 쇼가올은 유상물질임. 진게롤은 진게론과 쇼가올의 전구물질임
	쿠르쿠민(curcumin)	울금	· 심황(turmeric)의 매운맛과 황색의 성분이며 카레가루의 재료가 됨
	바닐린(vanillin)	바닐라콩	· 바닐라콩의 달콤한 방향성 매운맛 성분이며 값이 비교적 싸므로 흔히 쓰임
	신남알데히드(cinnamicaldehyde)	계피	· 계피의 향신성분으로 과자나 소스 등에 쓰임

아민류	히스타민(histamine) 티라민(tyramine)	썩은 생선, 변패 간장	· 부패한 생선, 변패된 간장에는 히스티딘 및 티로신이 세균에 의해 탈산화되어 히스타민, 티라민에 의해 매운 맛을 가짐

(6) 감칠맛

감칠맛(맛난맛, palatable taste)은 일종의 혼합된 맛으로서 단맛, 짠맛, 신맛, 쓴맛의 4원미와 향기 등이 잘 조화된 것으로 복잡하고 미묘한 맛이다. 예를 들면 고기 추출액, 된장, 간장, 젓갈류, 조개류, 버섯, 죽순 등에서 느낄 수 있는 맛이다. 근래에 와서는 향미증진제(flavor intensifier) 또는 향미강화제(flavor enhancer)라 불리는 감칠맛 성분의 물질을 공업적으로 대량 생산하여 사용하고 있다. 감칠맛을 내는 물질을 공업적으로 제조한 것이 화학조미료이다. 현재 알려진 화학조미료는 글루탐산나트륨(monosodium glutamate, MSG)과 핵산계 조미료인 5′-IMP(inosine-5′-monophosphate, 육류, 어류의 맛난맛 성분), 5′-GMP(guanosine-5′-monophosphate, 표고버섯의 맛난맛 성분), 유기산인 호박산나트륨(sodium succinate) 등이다. 이들 물질을 혼합 사용하면 맛의 상승작용이 일어나 맛이 한층 더 강하게 느껴진다.

식품 중의 주요 맛난맛 성분은 **표 11-12**와 같이 아미노산과 그 유도체, 펩티드(peptide), 뉴클레오티드(nucleotide), 유기산 등이다.

표 11-12 식품 중의 감칠맛 성분

	종류	성질
아미노산과 그 유도체	글리신(glycine)	· 겨울철의 조개류, 게 또는 새우 등에 함유된 독특한 감칠맛 성분
	베타인 (betaine, trimethyl glycine)	· 여름철 오징어, 새우, 문어, 전복, 조개류, 게 등에 함유된 감칠맛 성분 · 글리신의 아미노기가 트리메틸아민이 되어 고리 모양으로 된 것 · 생체 속에서는 글리신이나 콜린에서 유도됨
	크레아틴(creatine) 크레아티닌(creatinine)	· 어류, 육류의 일반적인 감칠맛 성분 · 글리신의 유도체

아미노산과 그 유도체	글루타민(glutamine)	· 육류나 어류, 채소 중에 들어 있는 감칠맛 성분 · 글루탐산의 γ 위치의 카르복실기가 $CONH_2$로 된 아미드
	테아닌(theanine)	· 햇빛을 가리고 재배한 녹차에 들어 있는 것으로서 단맛을 띤 감칠맛 성분 · 글루탐산의 에틸아미드임
	아스파라긴(asparagine)	· 어류나 육류 및 채소 중에 들어 있는 감칠맛 성분으로 아스파트산의 아미드임
	트리크롬산(trichromic acid) 이보텐산(ibotenic acid)	· 파리버섯 중에 들어 있는 감칠맛 성분으로서 분리된 새로운 아미노산 · 이 양자의 감칠맛은 L－글루탐산과 비슷하면서도 강도가 훨씬 셈
	글루탐산나트륨(MSG)	· 감칠맛의 대표적인 물질 · 식물성 단백질에 15~35%, 동물성 단백질에 2~3% 함유됨 · 글루탐산은 감칠맛은 강하나 물에 잘 녹지 않기 때문에 1개의 －COOH를 나트륨염으로 만들어 모노소디움 글루탐산이 되면 물에 잘 용해됨
펩티드류	카르노신(carnosine), 메틸카르노신 (methyl carnosine, anserine)	· 카르노신: β－알라닌＋히스티딘 · 메틸 카르노신: β－알라닌＋메틸 히스티딘 · 육류, 어류 등에 들어 있는 디펩티드의 감칠맛 성분
	글루타티온(glutathione, glutamyl cysteinyl glycine)	· 동식물계 식품에 널리 분포되어 있는 트리펩티드로 감칠맛을 가지고 있다고 하는데, 최근 감칠맛이 있는지가 의심
콜린 및 그 유도체	콜린(choline)	· 일반적인 식품에 광범위하게 분포되어 있는 감칠맛
	트리메틸아민 옥시드 (trimethylamine oxide)	· 콜린의 분해물질이라고 하며 어류의 감칠맛 성분 · 감칠맛 성분이 환원하면 트리메틸아민이 생성되는데, 이것은 어류의 냄새 성분
	카르니틴(carnitine)	· 일반식품, 특히 동물성 식품에 널리 분포되어 있는 콜린의 유도체로서 감칠맛을 가짐
	구아닌(guanine) 히포크산틴(hypoxanthine) 아데닌(adenine) 크산틴(xanthine)	· 어육류의 감칠맛 성분으로서 푸린염기에 속함 · 이들 염기와 리보오스, 그리고 한 분자의 인산이 결합한 뉴클레오디드가 될 때 맛난맛을 띰 · 구아닌의 산화생성물인 구아니딘, 메틸구아니딘 등도 어류나 육류의 감칠맛의 성분
기타	호박산(succinic acid)	· 청주 및 그 외의 발효생성물과 조개류 등에 들어 있는 감칠맛 성분으로서 일종의 유기산
	타우린(taurine, aminosulfonic acid)	· 오징어, 문어 등에 함유된 것으로서 감칠맛

(7) 떫은맛 성분

떫은맛(astringent taste)은 혀 표면에 있는 점막 단백질이 일시적으로 변성·응고되어 미각신경이 마비됨으로써 일어나는 수렴성(astringent)의 불쾌한 맛이다. 떫은맛이 강하면 불쾌하나 약하면 쓴맛에 가깝게 느껴지기 때문에 다른 맛과 조화되어 독특한 풍미를 낼 수 있다. 그래서 차나 포도주 제조에 있어서 독특한 풍미를 부여해 주는 것도 이러한 이유에서이다.

식품 중의 주된 떫은맛 성분은 폴리페놀 물질인 탄닌류이며, 이 외에 지방산 및 알데히드류도 있다.

① 탄닌류: **표 11-13**과 같이 식물계에 널리 분포하고 있으며 물에 잘 녹고, 그 수용액은 혀의 점막 단백질을 응고시켜 강한 떫은맛을 나타낸다. 그러나 이 탄닌 성분이 산화·중합반응을 일으키게 되면 물에 녹지 않게 되어 수렴성(떫은맛)이 없어진다.

표 11-13 식품 중의 떫은맛 성분

종류	소재	비고
시부올(shibuol)	감	·감의 떫은맛은 갈산과 플로로글루시놀의 축합물인 시부올에 의함 ·미숙한 감이 익어감에 따라 떫은맛이 적어지는 것은 과일의 호흡작용으로 발생한 알코올 및 아세트알데히드가 시부올과 중합하여 불용성물질이 되기 때문
엘라지산(ellagic acid)	밤	· 2분자의 갈산이 축합한 것
클로로겐산(chlorogenic acid)	커피, 고구마, 감자, 가지, 사과, 배	·카페산과 퀴닌산이 에스테르 결합한 형태의 분자 ·카페산 부분에 −OH기 2개를 가지는 폴리페놀 화합물 ·폴리페놀 옥시다아제에 의하여 산화되어 감자, 고구마, 사과 등의 흑변의 원인이 됨
카테킨(catechin)	차, 과실, 채소	·녹차의 떫은맛은 카테킨 갈레이트, 갈로카테킨 갈레이트, 에피갈로카테킨 갈레이트 등에 의한 것 ·이들은 홍차 제조 중 발효과정에 의하여 대부분 불용성으로 되어 떫은맛이 사라짐 ·과실과 채소에는 카테킨과 갈로카테킨이 많은데 이들은 떫은맛보다 쓴맛을 냄

② 지방산 및 알데히드류: 지방질이 많은 식품을 오래 저장하였을 때 떫은맛을 느낄 수 있는데, 이것은 지방의 분해로 생긴 유리 불포화지방산이나 이 지방산의 산화분해로 생긴 알데히드류가 혀의 점막에 침착하여 떫은맛을 나타내기 때문이다. 실제로 오래된 건어물이나 훈제품 등에서 그 예를 볼 수 있다.

(8) 교질맛

교질맛(colloidal taste)은 식품이 혀의 표면과 입속의 점막에 물리적으로 접촉될 때 느끼는 맛으로 식품 중의 교질 상태(colloid)를 형성하는 다당류나 단백질에서 유래되는 경우가 많다. 예를 들면 밥이나 떡의 호화전분, 찹쌀떡의 아밀로펙틴(amylopectin), 과일잼의 펙틴질(pectic substances), 곤약의 글루코만난(glucomannan), 해조류의 알긴산(alginic acid) 등의 다당류와 밀가루의 글루텐(gluten), 고기국의 젤라틴(gelatin), 동물성 식품의 뮤신(mucin) 등의 단백질이 각 식품의 교질맛을 주는 성분이다.

(9) 금속맛과 알칼리맛

금속맛(metallic taste)은 철, 은, 주석 등 금속 이온의 맛으로 수저나 식기 등에서 느낄 수 있으며, 알칼리맛(alkaline taste)은 수산기 이온(OH^-)에서 유래된 맛으로 중조($NaHCO_3$)나 재에서 느낄 수 있는 맛이다.

(10) 아린맛

아린맛(acrid taste)은 쓴맛과 떫은맛이 혼합되어 나타나는 맛으로 불쾌감을 주나 식용으로 조리하기 전에 물에 담가 제거할 수 있다. 아린맛은 알칼로이드(alkaloid), 탄닌(tannin), 알데히드(aldehyde), 유기산, 무기염류(K^+, Ca^{2+}, Mg^{2+}) 등에 의해 나타나며 아직 밝혀지지 않은 것이 많다. 이 맛은 죽순, 고사리, 토란, 우엉, 가지 등의 채소와 산채에서 느낄 수 있으며, 이들 중 죽순, 토란, 우엉의 아린맛은 페닐알라닌(phenylalanine)과 티로신(tyrosine)의 대사물질인 호모겐티스산(homogentisic acid)에 의한 것이다.

제12장

식품의 냄새

Point

① 식품 냄새 성분의 종류와 발향단을 이해한다.
② 식물성 식품의 냄새성분을 이해한다.
③ 동물성 식품의 냄새성분을 이해한다.
④ 식품의 냄새성분의 변화를 이해한다.

식품의 냄새(odor)는 식품 내에 함유된 미량의 휘발성 성분에 의한 것이며, 영양성분은 아니지만 식품의 기호와 품질을 결정해주는 중요한 성분이다. 일반적으로 냄새는 쾌감을 주는 향(香, perfume, aroma)과 불쾌감을 주는 취(臭, stink)로 나뉘고 있다.

모든 식품에서는 각각 식품 특유의 냄새를 가지며 맛과 조직감의 조화에 의해 그 식품에 고유의 풍미를 주기도 하지만, 식품의 저장, 가공, 조리 중에 현저히 변화되므로 이러한 과정 중에서 풍미의 유지, 이취의 혼입에 의해 품질에 영향을 줄 수도 있다. 그러므로 냄새의 본질에 대해 자세히 알아볼 필요가 있는 것이다.

우리가 느낄 수 있는 냄새의 종류만도 10만 가지 이상이고, 각각의 냄새들도 많은 성분들로 복합적으로 이루어져 있으며, 그 함량이 매우 적고 변화되기 쉬운 휘발성이기 때문에 정확하게 냄새를 규명하기는 어렵다. 그러나 최근에 가스크로마토그래피(gas chromatography, GC), HPLC(high performance liquid chromatography), 질량분석기(mass spectrometer, MS) 등 기술의 발달로 식품 냄새에 대한 연구가 많이 이루어졌다.

1. 냄새의 분류

냄새는 헤닝(Henning, 1924)에 의해 6종류의 기본적인 냄새로 분류되고, 이들 상호관계를 냄새프리즘(smell prism)을 만들어 설명하였다.

① 매운 냄새(spicy odor): 마늘, 생강, 후추 등의 향기

② 꽃향기(flowery odor): 장미, 백합, 매화 등의 향기

③ 과일향기(fruity odor): 오렌지, 사과, 바나나 등의 향기

④ 수지향기(resinous odor): 송정유(松精油), 테르펜(terpene)유 등의 향기

⑤ 썩은 냄새(putrid stink): 썩은 고기, 부패란의 냄새

⑥ 탄 냄새(burnt stink): 커피, 캐러멜(caramel), 타르(tar) 등의 냄새

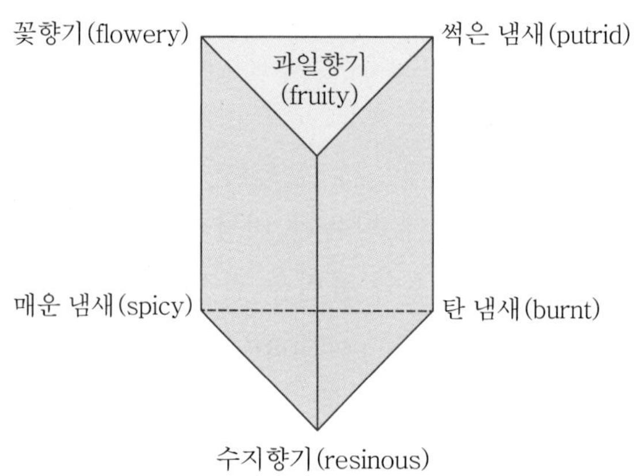

그림 12-1 헤닝(Henning)의 냄새프리즘

2. 냄새의 종류와 발향단

휘발성 유향물질은 비점막(鼻粘膜) 중의 리포이드(lipoid)층에 용해되어야만 후각신경을 자극하기 때문에 유향물질도 지방에 녹는 물질이어야 한다. 즉, 유향물질의 발향단은 **표 12-1**과 같다.

다음과 같은 발향단을 함유한 냄새 성분의 종류는 기능기나 화합물의 특성에 따라 다음과 같이 나눌 수 있으며, 각 화합물은 각기 다른 냄새 특성을 나타낸다.

표 12-1 냄새의 발향단

$-OH$(hydroxyl기)	$=CO$ (carbonyl기)	$R-O-R'$ (ether)
$-COOH$(carboxyl기)	$-\overset{\overset{O}{\parallel}}{C}-O-R$ (ester)	$-C_6H_5$ (phenyl기)
$-NO_2$(nitro기)	$-NH_2$ (amino기)	$-CH_2 \cdots\cdots CO$ (lactone류) └── O ──┘

(1) 지방산(fatty acid)

지방산 중에서 저분자의 아세트산(acetic acid, 초산)은 자극성의 산취(酸臭)를 내고, 저급지방산인 프로피온산(propionic acid), 부티르산(butyric acid), 카프로산(caproic acid) 등은 우유, 치즈, 버터의 주요 냄새 성분이며, 분자량이 커질수록 불휘발성이 되어 향기가 적어진다(**표 4-3**).

(2) 에스테르(ester)류 및 락톤(lactone)류

에스테르류와 락톤류는 대부분 식물성 식품의 향기 성분이다. 에스테르류는 과일향기의 주성분으로서 분자량이 증가하면 향기가 강해지고 과일향기에서 꽃향기로 변화된다. 에스테르류는 과일, 양조식품, 낙농제품, 기호식품 향기의 주성분이다. 락톤류는 분자 내에서 수산기(OH)와 카르복실기(COOH)가 탈수되어 생긴 분자 내 에스테르로 주로 과일의 향기 성분이다(**표 12-2**).

표 12-2 식물성 식품의 에스테르류와 락톤류 냄새 성분

성분	구조식	함유식품
에틸 포르메이트(ethyl formate)	$HCOOCH_2CH_3$	복숭아
아밀 포르메이트(amyl formate)	$HCOOCH_2(CH_2)_3CH_3$	사과, 배
이소아밀 포르메이트(isoamyl formate)	$HCOOCH_2CH_2CH(CH_3)_2$	사과, 배
에틸 아세테이트(ethyl acetate)	$CH_3COOCH_2CH_3$	파인애플
이소아밀 아세테이트(isoamyl acetate)	$CH_3COOCH_2CH_2CH(CH_3)_2$	사과, 배
아밀 프로피오네이트(amyl propionate)	$CH_3CH_2COOCH_2(CH_2)_3CH_3$	코코아

메틸 부티레이트(methyl butyrate)	$CH_3CH_2CH_2COOCH_3$	사과
에틸 부티레이트(ethyl butyrate)	$CH_3CH_2CH_2COOCH_2CH_3$	파인애플
아밀 부티레이트(amyl butyrate)	$CH_3CH_2CH_2COOCH_2(CH_2)_3CH_3$	살구
이소아밀 이소발러레이트 (isoamyl isovalerate)	$(CH_3)_2CHCH_2COOCH_2CH_2CH(CH_3)_2$	바나나
메틸 신나메이트(methyl cinnamate)	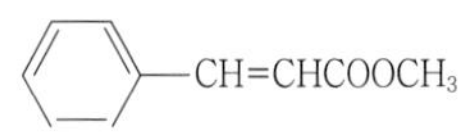	송이버섯
세다놀리드(sedanolide)	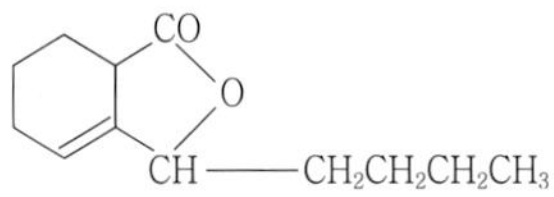	셀러리
아피올(apiole)	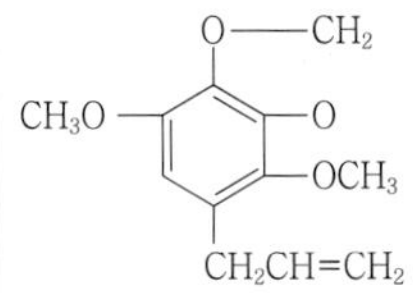	파슬리
γ-카프로락톤(γ-caprolactone)	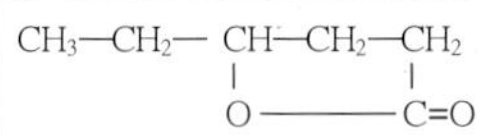	살구, 복숭아
γ,δ-옥타락톤(γ,δ-octalactone)	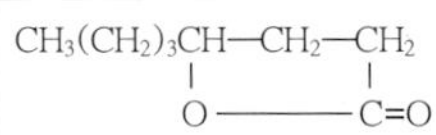	살구, 복숭아
γ,δ-데카락톤(γ,δ-decalactone)	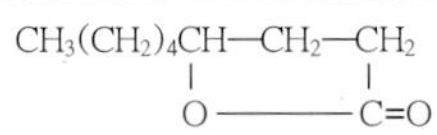	살구, 복숭아
γ-부티로락톤(γ-butyrolactone)	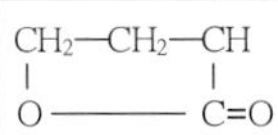	파인애플

(3) 카르보닐(carbonyl) 화합물

이들 화합물은 미량으로도 향기를 내는 성분이 많으며, 식품의 가열 향기 중 각종 알데히드(aldehyde)나 방향족 알데히드에 의해 강한 향기를 낸다. 알데히드는 과일과 채소의 풋냄새 및 향미, 유지식품의 기름진 향미 및 산패취 등에 관여한다. 짧은 직쇄 알데히드는 토마토의 향미에 관여하며, 아몬드의 향기 성분인 벤즈알데히드는 체리의 향기에도 영향을 준다. 그러나 지방산에서 생성된 대부분의 알데히드는 불쾌취를 낸다(**표 12-3**). 케톤(ketone)류에는 아세토인(acetoin)이나 케톤기를 2개 갖는 디아세틸(diacetyl) 등이 버터나 발효된 유제품의 향기를 이룬다.

표 12-3 식물성 식품의 알데히드류 냄새 성분

성분	구조식	함유식품
헥산알(hexenal)	$CH_3CH_2CH = CHCHO$	파인애플
벤즈알데히드(benzaldehyde)	C_6H_5CHO	아몬드향
신남알데히드(cinanmaldehyde)	$C_6H_5CH = CHCHO$	계피
바닐린(vanillin)	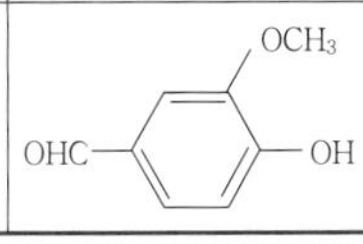	바닐라향

(4) 알코올(alcohol)류

탄소수 5개 이하의 것은 채소, 과일, 청주 등의 향기 성분으로 냄새가 좋고 불포화결합을 가지는 알코올은 어린잎의 풋내 성분이며 방향족 알코올은 꽃향기의 성분이다(표 12-4). 알코올류는 알데히드류보다 역치가 높아서 식품의 향미에 미치는 영향이 적다. 예를 들면 과일잼을 저장하면 향미가 약해지는데, 그 이유는

표 12-4 식물성 식품의 알코올류 냄새 성분

성분	구조식	함유식품
에탄올(ethanol)	CH_3CH_2OH	주류
프로판올(propanol)	$CH_3CH_2CH_2OH$	양파
펜탄올(pentanol)	$CH_3CH_2CH_2CH_2CH_2OH$	감자
헥센올(hexenol)	$CH_3CH_2CH{=}CHCH_2CH_2OH$	찻잎, 채소의 푸른 잎
리날로올(linalool)	$(CH_3)_2C{=}CH(CH_2)_2C(CH_3)(OH)CH{=}CH_2$	찻잎, 복숭아
1-옥텐-3-올(1-octen-3-ol)	$CH_3(CH_2)_4CHOHCH{=}CH_2$	송이버섯
2,6-노나디에놀 (2,6-nonadienol)	$CH_3CH_2CH{=}CH(CH_2)_2CH{=}CHCH_2OH$	오이
푸르푸릴 알코올 (furfuryl alcohol)	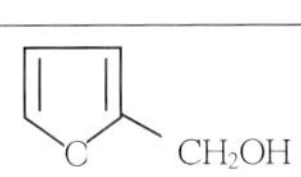	커피
유게놀(eugenol)	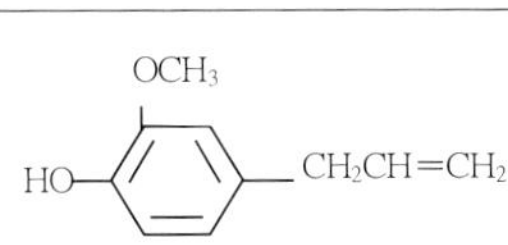	계피

알데히드, 케톤과 같은 카르보닐화합물이 해당 알코올로 변화되어 카르보닐화합물의 함량이 낮아지기 때문이다.

(5) 테르펜(terpene)류

이소프렌[isoprene, $CH_2=C(CH_3)-CH-CH_2$]의 중합체인 테르펜류 및 그 유도체를 주성분으로 하는 화합물로서, 식물체를 수증기 증류할 때 얻어지는 방향성 유상물질(油狀物質)을 말한다(**표 12-5**). 이것을 정유(精油, essential oil)라 한다. 이들은 향기를 갖는 동시에 약간의 자극적인 맛을 갖고 있어 매운맛 성분을 포함한다.

표 12-5 식물성 식품의 테르펜류 냄새 성분

성분	구조식	함유식품	성분	구조식	함유식품
		<모노테르펜: 이소프렌 2분자>			
미르센 (myrcene)	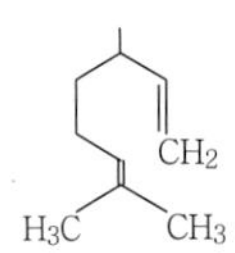	미나리	멘톨 (menthol)	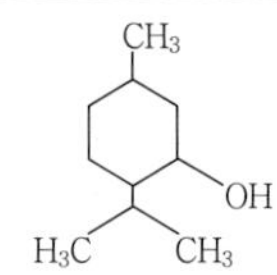	박하
리모넨 (limonene)	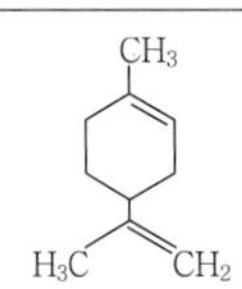	오렌지, 레몬, 박하	시네올 (cineol)	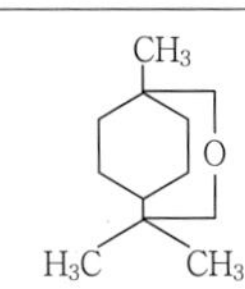	카타몬
α-펠란드렌 (α-phellandrene)	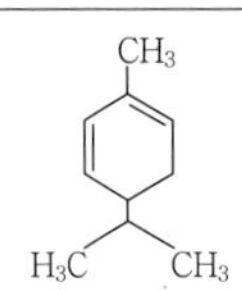	후추	시트랄 (citral)	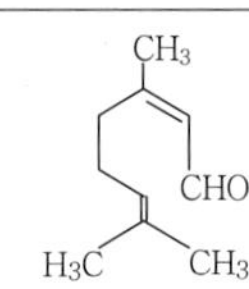	레몬, 오렌지
캄펜 (camphene)	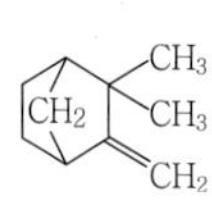	레몬	카르본 (carvone)	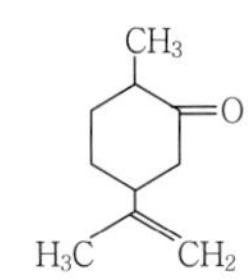	캐러웨이유
리날로올 (linalool)	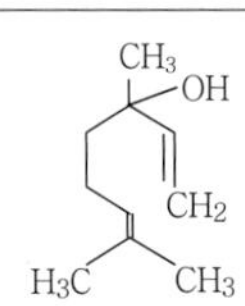	찻잎, 복숭아	멘톤 (menthone)	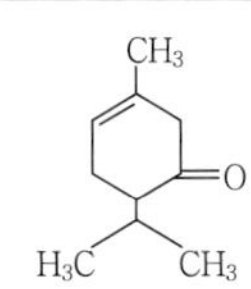	박하

게라니올 (geraniol)	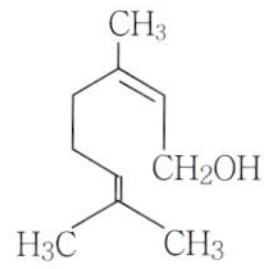	레몬, 녹차, 장미유			
<세스키테르펜: 이소프렌 3분자>					
진기베렌 (zingiberene)	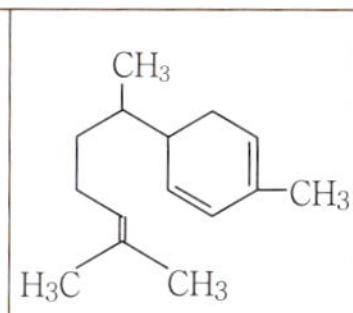	생강	후물렌 (humulene)	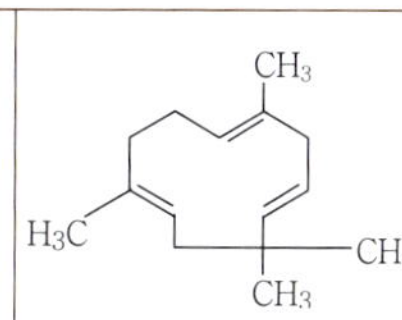	홉
β-셀린넨 (β-selinene)	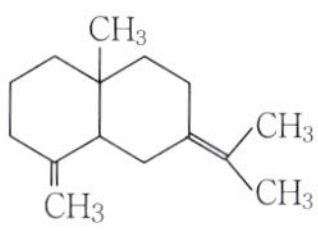	셀러리유	파르네솔 (farnesol)	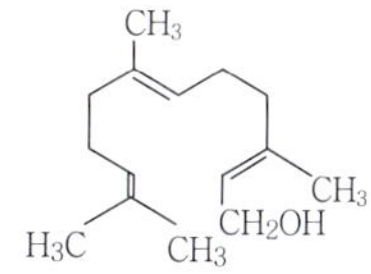	사향초유 보리수꽃유

(6) 함유황 화합물

주로 채소류와 향신료의 매운맛과 더불어 휘발성 성분으로서 다량 존재 시 악취를 내나 미량 있으면 식품의 향기를 크게 상승시킨다. 실제로 밥에서 나는 구수한 냄새는 미량 존재하는 황화수소(H_2S)에 기인한 것이다(**표 12-6**).

표 12-6 식물성 식품의 함유황 화합물 냄새 성분

성분	구조식	함유식품
메틸 메르캅탄(methyl mercaptan)	CH_3SH	무, 파, 마늘
프로필 메르캅탄(propyl mercaptan)	$CH_3CH_2CH_2SH$	양파
아세트알데히드 디메틸 메르캅탄 (acetaldehyde dimethyl mercaptan)	$CH_3CH(SCH_3)(SCH_3)$	단무지
S-메틸 시스테인 설폭시드 (S-methyl cysteine sulfoxide)	$CH_3S(=O)CH_2CH(NH_2)COOH$	순무, 양배추
메틸 β-메틸 메르캅토프로피오네이트 (methyl β-methyl mercaptopropionate)	$CH_3SCH_2CH_2COOCH_3$	파인애플
β-메틸 메르캅토프로필 알코올 (β-methyl mercaptopropyl alcohol)	$CH_3SCH_2CH_2CH_2OH$	간장

β-메틸 메르캅토프로필 알데히드 (β-methyl mercaptopropyl aldehyde)	$CH_3SCH_2CH_2CHO$	간장
푸르푸릴 메르캅탄 (furfuryl mercaptan)	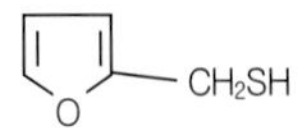	커피
알릴 이소티오시아네이트 (allyl isothiocyanate)	$CH_2=CHCH_2NCS$	양파, 무, 겨자, 고추냉이
디알릴 설피드(diallyl sulfide)	$(CH_2=CHCH_2-S)_2$	파, 마늘, 양파
디알릴 트리설피드(diallyl trisulfide)	$(CH_2=CHCH_2S)_2S$	파, 마늘, 양파
디비닐 설피드(divinyl sulfide)	$CH_2=CH-S-CH=CH_2$	파, 마늘, 양파
설포라펜(sulforaphen)	$CH_3-S(=O)-CH=CH-CH_2CH_2NCS$	무
S-알릴 시스테인 설폭시드 (S-allyl cystein sulfoxide)	$CH_2=CHCH_2S(=O)CH_2CH(NH_2)COOH$	마늘

(7) 푸르푸랄(furfural), 피라진(pyrazine)류

식품을 가열할 때 메일라드 반응에 의해 생성되는 냄새로서, 참깨, 참기름, 커피, 보리차 등의 향기 성분을 들 수 있다.

(8) 암모니아(ammonia)와 아민(amine)류의 질소화합물

동물성 식품의 부패냄새나 담수어의 비린내에 관여하는 성분이다.

3. 식물성 식품의 냄새

위에서 설명한 냄새의 종류 중에서 식물성 식품의 냄새 성분은 주로 알코올(alcohol)류, 알데히드(aldehyde)류, 에스테르(ester)류, 테르펜(terpene)류 및 유황화합물이다.

4. 동물성 식품의 냄새

위에서 설명한 냄새의 종류 중에서 동물성 식품의 냄새 성분은 주로 아민류(**표 12-7**)(어육과 수육)와 지방산 및 카르보닐 화합물(우유와 유제품)이 주체를 이루며, 식물성 식품에서와 같이 일부의 알코올과 알데히드류가 관여하고 있다.

표 12-7 동물성 식품의 냄새 성분

성분	생성	비고
	아민 계통	
트리메틸아민 (trimethylamine, TMA)	$O=N(CH_3)_3$ $\xrightarrow[\text{효소}]{\text{환원}}$ $N(CH_3)_3$ 트리메틸아민옥시드 (TMAO) 무취 → 트리메틸아민 (TMA) 비린 냄새	· 어류의 체표면점액의 TMAO가 선도의 저하로 세균의 환원작용에 의해 생성된 해수어의 비린내 성분
피페리딘(piperidine), δ-아미노발레르알데히드 (δ-aminovaleraldehyde) δ-아미노발레르산 (δ-aminovaleric acid)	리신 $\xrightarrow{CO_2}$ 카다베린 $\xrightarrow{-NH_3}$ 피페리딘(비린 냄새) ↓ δ-아미노발레르알데히드(비린 냄새) ↓ δ-아미노발레르산(고기살과 피가 썩는 냄새) ↑ 아르기닌	· 담수어의 선도저하에 따른 냄새 성분 · 어육, 수육, 혈액, 체표면에 있는 피페리딘은 아미노산인 리신에서 카다베린을 거쳐 생성됨 · 선도가 더욱 저하되면 δ-아미노발레르알데히드, δ-아미노발레르산이 생성
암모니아 (ammonia)	$CO(NH_2)_2$ $\xrightarrow{+H_2O}$ $2NH_3 + CO_2$ 우레아 → 암모니아	· 육류나 어류의 선도가 상당히 저하되었을 때 발생하는 자극취 · 요소가 세균의 작용으로 분해되어 생성
메틸 메르캅탄 (methylmercaptan), 황화수소(H_2S), 인돌(indole), 스카톨(skatole)	• 시스틴 → 시스테인 → 메틸메르캅탄 + 이산화탄소 + 암모니아 → 황화수소 + 암모니아 + 아세트산 + 포름산 • 트립토판 → 인돌에틸아민 → 인돌, 스카놀	· 수육, 어류가 부패될 때 단백질이 분해되어 나는 냄새는 이들의 혼합체 · 유독물질인 프토마인을 생성하여 중독을 일으킬 수 있음
함질소이환상화합물	피롤, 피리딘, 피라진의 유도체	· 식품의 가열처리 중 생성하는 탄내성분

지방산 계통		
카르보닐 화합물, 저급지방산	우유지방 $\xrightarrow{\text{가수분해}}$ 휘발성지방산 프로피온산 부티르산 카프로산	·신선한 생우유의 향기 성분은 주로 아세톤, 아세트알데히드 등의 카르보닐 화합물과 저급 지방산 및 메틸 설피드에 의한 것 ·신선도가 떨어지면 δ-아미노아세토페논에 의해 불쾌한 냄새가 남 ·발효유의 냄새는 젖산발효로 생긴 카르보닐 화합물에 의해 일어남
아세토인(acetoin), 디아세틸(diacetyl)	아세토인 $\rightleftarrows$ 디아세틸	·버터의 중요한 향기 성분
에틸-β-메틸-메르캅토프로피온산 (ethyl-β-methyl-mercaptopropionate)	메티오닌 ↓광분해 β-메틸메프캅토프로필알데히드 ↓$+O_2$ β-메틸메프캅토프로리온산 ↓$+C_2H_5OH$ 에틸-β-메틸메프캅토프로온산	·된장, 치즈의 향기 성분

5. 냄새 성분의 변화

(1) 가열에 의한 냄새 성분 생성

식품을 가열하면 여러 가지 냄새가 발생하는데, 이것은 식품 자체에 함유되어 있는 휘발성 성분에 의한 것과 비휘발성의 성분이 서로 반응하여 생성된 휘발성 성분에 의한 것이다. 참깨, 커피, 식빵, 스테이크류, 장어구이, 땅콩, 전골류 등의 가열 조리된 식품에서는 아미노산과 당이 반응하여 여러 가지 휘발성 물질이 생성된 것이고, 그 밖에 지질의 분해와 함황 화합물의 분해 산물들에 의해 특유의 냄새가 발생하는 경우도 있다.

표 12-8 가열에 의해 생성된 식품냄새 성분

성분	생성	비고
아미노 카르보닐 반응의 향기	디카르보닐 화합물 + 아미노산 가열 ↓ 광분해 아미노 리덕톤 + 알데히드 (피라진) (가열향기성분)	· 아미노-카르보닐 반응의 스트렉커 분해에 의해 생성된 가열식품의 향기 성분
식빵의 향기	아세토인 ↓ 산화 디아세틸 (향기성분)	· 빵의 향기는 반죽의 발효에 의해 생성된 디아세틸 및 여러 가지 알코올류와 에스테르류에 기인하며 굽는 과정에서 아미노-카르보닐 반응 등으로 70종 내외의 카르보닐 화합물이 생겨 빵의 향을 이룸
캐러멜의 향기	포도당 —가열, 250℃→ 향기물질	· 당류의 가열 분해 산화물로 식품의 풍미물질인 푸르푸랄, 히드록시메틸이 생성
밥의 향기	암모니아, 아세트알데히드, 아세톤, C_3, C_4, C_6의 알데히드, 황화수소	· 밥을 지을 때 식욕을 돋우는 성분으로 묵은 쌀의 이취성분은 n-카프로알데히드에 기인 · 쉰밥의 냄새는 부티르산에 기인
채소 삶을 때 향기	디메틸(디프로필) 디설피드 ↓ 가열 메틸프로필 메르캅탄 (무, 양파, 마늘 등의 감미물질)	· 채소를 삶을 때 포름알데히드, 아세트알데히드, 디메틸 설피드, 황화수소, 메틸 메르캅탄, 에틸 메르캅탄, 프로필 메르캅탄 등의 황화물이 생성
우유의 가열취	우유 —74℃→ 가열취	· β-락토글로불린이나 지방구 피막단백질의 열변성에 의해서 활성화된 -SH기에서 유리된 황화수소나 휘발성 황화물, 스트렉커 분해에 의한 카르보닐 화합물, 지방의 가수분해에 의해 생긴 메틸 케논이나 락톤 등에 의한 혼합취를 이룸
훈연의 향기	유기산류(전체성분의 39.9%) 카르보닐 화합물(24.6%) 페놀류(15.7%)	· 건조로 저장성과 훈연성분의 살균력과 항산화작용이 커짐

(2) 발효나 훈연에 의한 냄새 성분 생성

발효식품의 냄새 성분은 원료식품의 성분이 효소에 의한 분해로 생성되었거나, 이들의 혼합물에 의해 생성된 것이다. 예를 들면 간장, 된장, 맥주, 청주, 포도주, 김치 등의 냄새는 식품 내의 탄수화물, 단백질, 아미노산 등의 성분과 미생물 대사에 의해 생성된 여러 가지 유기산, 알코올, 에스테르, 알데히드, 케톤 등이 혼합된 냄새이다.

훈연식품의 주요 성분은 카르보닐 화합물(24.6%), 유기산류(39.9%), 페놀류(15.7%) 등이며 이들 성분의 근원은 방향족 유도체들의 중합체로 훈연재료로 쓰이는 나무(참나무, 벚나무 등) 목질부의 리그닌(lignin)이다. 이들 성분은 훈연에 의해 식품표면에 부착하여 식품의 성분과 2차적으로 반응하여 독특한 풍미를 형성하는 한편, 표면건조에 의해 저장성 향상, 살균력과 항산화 작용으로 저장안정성 증식, 유제품의 발색 촉진 등을 동시에 부여하게 된다.

(3) 효소에 의한 냄새 성분 생성

백합과(마늘과, *Allium sp.*)에 속하는 마늘, 양파, 파, 부추 등과 겨자과(Cruciferae family)에 속하는 무, 순무, 배추, 양배추, 갓, 브로콜리, 콜리플라워 등과 같은 채소들은 독특한 냄새 성분을 가지고 있다. 이 성분들은 조리과정 중에서 효소의 반응에 의해 생성된 황화합물이다.

1) 백합과 채소류

마늘에는 냄새를 내는 전구물질로 S-알릴-L-시스테닌 설폭시드(S-allyl-L-cysteine sulfoxide)인 알리인(alliin)이 존재한다. 이 성분은 마늘을 썰거나 다지거나 씹어 마늘 조직이 파괴되면 시스테인 설폭시드 분해효소(cysteine sulfoxide lyase)인 알리이나아제(alliinase)와 반응하여 디알릴 티오설피네이트(diallyl thiosulfinate)인 알리신(allicin)을 생성한다(**그림 12-2**). 이 알리신이 마늘의 매운 냄새와 맛 성분이다. 알리신 자체는 불쾌한 냄새를 가지고 있지 않지만, 불안정하기 때문에 디알릴 설피드(diallyl sulfide), 디알릴 디설피드(diallyl disulfide), 디알릴 트리설피드(diallyl trisulfide) 등으로 변화되어

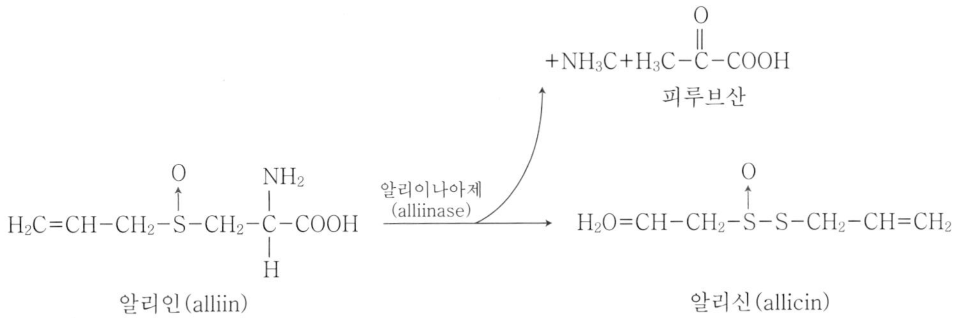

그림 12-2 **마늘의 냄새 성분 생성과정**

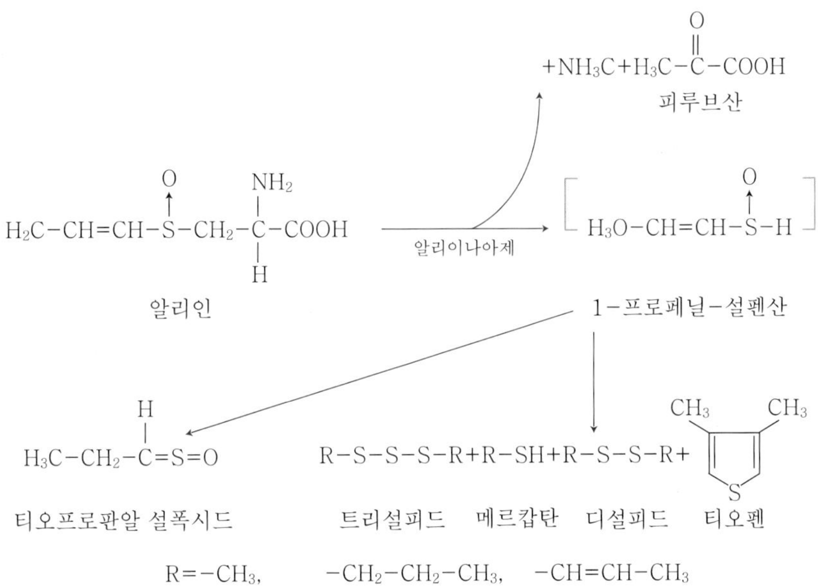

그림 12-3 **양파의 냄새 성분 생성과정**

좋지 않은 냄새를 낸다.

양파, 파, 부추 등은 전구물질로 S-메틸-L-시스테인 설폭시드(S-methyl-L-cysteine sulfoxide)와 S-(1-프로페닐)-시스테인 설폭시드[S-(1-propenyl)-L-cysteine sulfoxide]를 많이 함유하고 있으며, 마늘과 마찬가지로 조직이 파괴되면 알리이나아제와 반응하여 특유의 매운 냄새를 낸다. **그림 12-3**에 나타낸 바와 같이 이 반응이 이루어지는 과정에서 중간 생성물질인 1-프로페닐-설펜산

(1-propenyl-sulfenic acid)은 불안정하여 티오프로판알 설폭시드(thiopropanal sulfoxide)로 변화되고 양파의 특유한 냄새 성분과 최루 성분을 발생시키는데, 이것은 메르캅탄, 디설피드, 트리설피드, 티오펜(thiophene) 등으로 분해되어 가열한 양파의 냄새 성분이 발생한다.

2) 겨자과 채소류

무, 겨자, 고추냉이(와사비), 양배추 등의 독특한 냄새 성분도 조리과정 중에 조직이 파괴되면서 전구물질과 효소의 작용에 의해 발생하게 된 것이다. 전구물질인 알릴 글루코시놀레이트(allyl glucosinolate)인 시니그린(sinigrin)이 티오글루코시다아제(thioglucosidase)인 미로시나아제(myrosinase)에 의해 맵고 코를 찌르는 휘발성의 알릴 이소티오시아네이트(allyl isothiocyanate)인 겨자기름(mustard oil)으로 분해되어 특유의 냄새를 발생시킨다(**그림 12-4**).

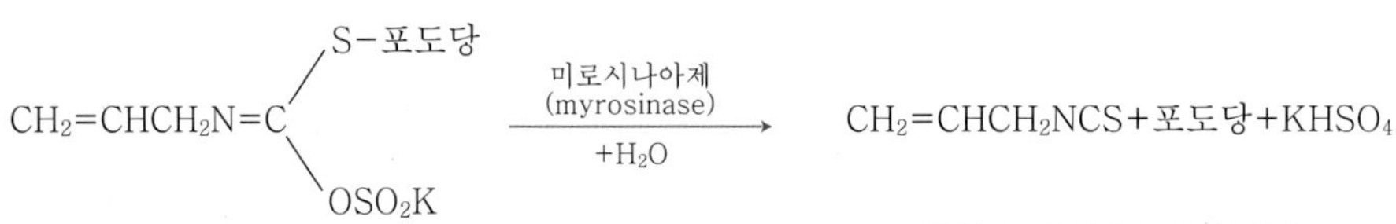

시니그린(sinigrin)

알릴 이소티오시아네이트 (mustard oil)

그림 12-4 겨자과 채소의 냄새 성분 생성과정

(4) 부패에 의한 냄새 성분 생성

식품이 미생물에 의하여 부패하면 악취를 발생하게 된다. 예를 들면 쉰밥의 냄새는 탄수화물이 미생물에 의해 분해되고 유기산이 생성되어 산취가 발생한 것이다. 신선도가 떨어진 단백질 식품의 냄새는 단백질이나 아미노산이 분해되어 생성한 황화수소, 인돌(indole), 메틸 메르캅탄(methyl mercaptan), 암모니아 등의 혼합물에 의해 부패취가 발생한 것이며, 오래된 유지류는 미생물에 의하지 않아도 산패되어 알데히드와 케톤 등에 의해 불쾌취를 발생시킨다.

제13장

식품의 보존 및 저장과 식품성분의 변화

Point

① 식품의 품질에 영향을 미치는 요인과 억제방법을 이해한다.
② 식품의 보존 및 저장 시 식품성분의 변화를 이해한다.

1. 식품의 품질에 영향을 미치는 요인과 억제

식품은 수확 후 바로 섭취하기보다는 어느 정도 기간이 지나고 섭취하는 경우가 많다. 이것은 수확할 때나 그렇지 않을 때의 조달 가능한 식량의 양이 크게 다르기 때문이다. 예를 들면, 쌀은 1년에 한 번만 수확을 한다. 수확 후의 쌀은 다음 해 수확할 때까지 보존하여 소비량을 확보하지 않으면 안 된다. 이 같은 상황은 다른 농작물, 축산물, 해산물 등의 경우에서도 마찬가지이다. 그렇기 때문에 옛날부터 식품의 품질(영양성, 기호성, 건강증진 기능성)을 유지하기 위해 장기간 보존할 수 있는 기술과 더불어 가공기술들이 동시에 발달되어 왔다.

건조, 염장, 당장, 초절임, 발효, 훈연, 가열살균, 저온저장 방법 등은 옛날부터 사용하던 기술이지만 과학기술이 발달됨에 따라 동결건조와 같은 새로운 기술들도 개발되었다.

식품의 보존에 있어서 식품 품질을 저하시키는 인자를 보면, 포유류, 조류 및 곤충에 의한 것과 진균·세균류에 의한 오염·부패, 식품이 갖고 있는 효소가 보존 중에 무질서하게 작용하는 것에 의한 것, 산소나 빛, 식품에 함유되어 있는 성분들끼리 비효소적으로 반응하는 현상 등을 관찰할 수 있다. 이러한 결과로부터 식품이 '농장에서 식탁까지'의 과정에서 여러 가지 요인에 의한 식품 품질의 열화(劣化)를 초래할 수 있다고 생각할 수 있다. 위에 서술한 보존·저장법은 실제로 이들 원인에 의한 식품 품질 저하를 방지하는 방법이라고 할 수 있다. 한편, 저장은 숙성을 가져오고, 새로운 첨가물을 넣어서 식품의 가치를 높일 수 있다는 것을 인식할 필요가 있다.

이 장에서는 식품의 어떤 성분이, 어떤 인자의 영향을, 어떻게 받아서, 어떻게 변화되는가에 대해 기술하였다. 그리고 이것을 바탕으로 품질 저하를 방지하는 방법과 기술 및 원리에 대해 소개하였다.

(1) 식품의 품질과 안전성을 저하시키는 인자

표 13-1과 같이 품질 저하 인자는 식품 자체에 함유되어 있는 인자(식품성분)와 다른 물질에 의해 식품에 영향을 미치는 인자(식품외인자)로 분류할 수 있다. 식품내인자에서는 효소의 영향이 가장 크고, 식품외인자로서는 미생물에 의한 영향이 가장 크다(미생물> 효소 >식품성분). 또한 품질 열화를 일으키는 인자(이하 열화인자라고 한다)군은 생물적·화학적·물리적 인자군으로 분류할 수 있다. 비생물적 인자군(화학적·물리적 인자군)의 대표는 각각 산소와 빛이다. '산소와 빛은 식품의 적'이라고 해도 좋다. 빛·산소는 생물의 생존과 식량 생산에 있어서 필수적이지만, 가공 제조된 식품에 대해서는 유해한 요소이다. 열화의 현상은 여러 가지가 있지만 주요한 것은 아래와 같다.

① 변패(deterioration 또는 spoilage): 식품의 변질 중 미생물이 번식하여 일으키는 것 중 당질이나 지질이 분해되어 산미(酸味)나 이취(異臭)를 발생하는 것이다.

② 부패(putrefaction): 식품의 변질 중 미생물이 번식하여 일으키는 것에서 단백질이 분해되어 암모니아나 아민을 생성하여 악취를 일으켜 먹을 수 없게 되는 것을 말한다.

③ 산패(rancidity): 유지를 함유한 식품에서 산화 생성물이 생성하고, 계속해서 산화가 일어나 자극취가 발생하는 것을 말한다. 우유의 유산균에 의한 산미 생성을 들 수 있다.

표 13-1 식품의 품질과 안전성 저하 인자

식품 품질과 안전성 저하 인자				키워드(keyword)
식품내인자		효소*		자기소화, 성숙 혹은 과숙
		자연독	부적절한 조리	복어독성: 테트로도톡신 감자: 솔라닌
		식품성분 자체 또는 성분 간의 반응		탄수화물(노화) 아미노-카르보닐반응(갈변)
식품외인자	생물적 인자	미생물 (세균, 곰팡이, 효모)		변패·부패 식중독 곰팡이독
		미생물 이외 곤충		훈증 살서·살충
	화학적 인자	산소*		활성산소 리폭시게나아제 활성산소처리효소
		자연독	잘못된 섭취	독버섯 등
		환경오염물질		잔류농약, 환경호르몬
	물리적 인자	빛*		광증감반응, 활성산소
*손실 인자의 타깃이 되는 물질		단백질(변성·절단·가교), 지질(산화·가수분해), 비타민, 미네랄, 착색물질		

(2) 열화 인자에 대한 대책

미생물의 대책은 ① 접촉하지 말 것, ② 증가시키지 말 것, ③ 사멸시킬 것 이상 3가지이다. ①은 원료, 제조 환경 및 장치, 포장재, 작업자의 청결 유지를 말하고, ②는 정기적으로 관리하고 수분활성의 억제, 저온저장, 보존료의 사용 등을 말하고, ③은 가열과 같은 여러 가지 방법으로 살균을 하도록 하는 것을 말한다.

빛은 광투과성이 없거나 적은 재료를 이용해서 차단하고, 산소는 치환하거나 제거시켜 산소에 대한 방어가 높은 포장 재료를 사용한다. 어떤 대책방법을 사용하든 결코 방심해서는 안 되고 또한 그 방법들이 내포하고 있는 결점에 대해서도 주의해야 할 필요가 있다. 미생물은 물론이고 열화 인자의 대응책을 **표 13-2**에 나타내었다.

표 13-2 식품의 품질과 안전성 유지를 위한 대책방법

처리와 대책 또는 효과		주의점	키워드(keyword)
수분(활성)의 저하	건조	유지의 산화	· 수분활성 · 미생물 증식 억제
	화학물질의 첨가(염분·당분)	염분·당분과다(생활습관병)	
손상야기인자의 억제·제거	살균(殺菌)		· 살균제
	정균(靜菌)		· 수분활성 · 보존료
	제균(除菌)		· 여과
	탈산소	혐기성균	· 탈산소제, 가스치환 · 진공포장
	차광		
고온처리	산소의 실활(失活) 미생물의 사멸	갈변변색 풍미손실	· 블랜칭(blanching)
저온처리(냉장·냉동)	산소반응의 억제 미생물활동의 억제	빙결정 생성 유지의 산화 저온세균	· 최대 빙결정 생성대 · 냉동상(freezer burn) · 시간-온도 허용한도
생리조절(식물)	호흡억제		· CA저장, MA저장

(3) 미생물

미생물로 인해 문제가 되는 것은 부패와 식중독이다. 식품에는 **표 13-3**과 같이 각각의 식품이 갖고 있는 특유의 균의 속, 종(屬, 種)이 존재한다는 것을 알 수 있다. 미생물은 식량의 생산현장에서 이미 부착되어 있는 경우도 있지만,

수송·제조 현장에서 부착되는 경우도 있다. 부패의 현상으로서는 이미·이취 발생, 탁한 액, 거품 발생, 점성 증가 등이 있고, 클레임(claim)이나 제품회수(recall)의 대상이 될 수 있으며 제조·판매자에게 큰 손실을 가져올 수 있다.

표 13-3 여러 가지 식품의 특징적인 부패 미생물

부패 미생물	육·난·어패류	채소류	곡·두류	과실류	우유	미생물명(속)
그람음성간균						
·포도당비발효성	항상 우점종	상당량 검출	상당량 검출	중요하지 않음	우점종	*Pseudomonas* *Acinetobecter* *Alcallgenes*
·포도당발효성	상당량 검출	우점종	상당량 검출	약간 검출	약간 검출	*Flavobacterium* *Chromobacterium* *Erwinia*
구균						
·카탈라아제양성	상당량 검출	중요하지 않음	상당량 검출	중요하지 않음	약간 검출	*Micrococcus* *Staphylococcus*
·카탈라아제음성	약간 검출	약간 검출	중요하지 않음		상당량 검출	*Streptococcus* *Leuconostoc* *Pediococcus*
젖산간균 (*Lactobacillus*)	중요하지 않음	상당량 검출	상당량 검출	우점종	약간 검출	
바실루스 (*Bacillus*)	중요하지 않음	상당량 검출	상당량 검출	중요하지 않음	우점종	
사상균(곰팡이)	상당량 검출	우점종	항상 우점종	우점종	중요하지 않음	*Rhizopus* *Mucor* *Aspergillus* *Penicillum* *Thamnidium* *Monila*
효모	중요하지 않음	중요하지 않음	상당량 검출	상당량 검출	중요하지 않음	*Torulopis* *Candida*

1) 세균

세균(bacterium, bacteria)은 유산균이나 초산균이 식품제조에 이용되는 반면, 식품의 변패나 부패를 일으키고, 급성 식중독의 원인이 되는 경우도 있다(**표 13-4**). 식중독 세균은 살모넬라(Salmonella)속균, 비브리오(Vibrio)속균, 병원성대장균, 캄필로박터(Campylobacter)균, 웰치(Welch's)균, 황색포도상구균, 세레우스(Cereus)균, 리스테리아(Listeria)균 등이 있고, 발생빈도나 증상의 정도가 높고, 대규모 식중독의 원인으로 되었거나 가능성이 있는 세균이다.

표 13-4 식품의 변패나 부패에 관여하는 대표적인 세균

세균속명	산소요구성	변·부패에 관여하는 성질	변·부패를 일으키는 식품
Pseudomonas	호기성	저온세균(→냉장식품) 단백질·지질의 분해력이 큼	신선한 어패류, 생육, 우유, 육가공품, 계란, 채소
Bacillus	호기성	포자형성(내열성→가열가공식품) 단백질 분해력이 큼 아민 생성력이 적음	단백질 식품(점액, 된장냄새) 전분 식품(분해, 가스발생) 채소·과실(조직연화)
		B.cereus: 식중독성	구토 또는 설사독 생성
Micrococcus	호기성	산생성, 단백질 분해 종에 따라 식염내성, 저온내성	동물성 식품(육제품에 점액막)
Clostridium	혐기성	포자형성(내열성→가열가공식품) *Cl. sporogenes*: 단백질 분해 *Cl. butyricum*: 당류 분해	부패취(고기, 어·패 가공품, 병·캔조림) 낙산취(유제품, 절임식품, 전분, 설탕)
		Cl. botulinum, *Cl. erfringens*: 식중독성	독소생성

2) 곰팡이

곰팡이(molds)는 진균류에 속하는 진핵생물이다. 효모와 같이 균류계(kingdom fungi)를 형성한다. 식품에 관여하는 곰팡이는 식품세균이라 하고, 생산하는 곳에서 농산물에 부착하여 오염시키는 필드(field)균과 수확 후에 오염시키는 저장균이 있다. 가공의 단계에서 공기 중의 낙하균이나 가공하는 과정에서 사용된 물에서 번식할 수 있는 수생균이나 내열성 곰팡이(예: *Paecilomyces variotii*)

가 혼입되어 문제가 될 수 있다. 곰팡이는 산소가 없으면 살 수 없지만, 건조하거나 고침투압에 강하다. 곰팡이의 해로운 작용은 예를 들면 사과에 붙어 있는 푸른곰팡이인 *Penicillium expansum*이 파튤린(patulin)이라는 독성화합물을 생산하는 것과 같이 곰팡이독을 만들어낸다는 점이 문제가 된다.

3) 효모

효모(yeast)도 진균류에 속하는 진핵생물이다. 효모는 누룩곰팡이가 술을 만들 때 이용되는 것과 같이 빵의 제조나 알코올 발효를 대표하는 양조에 필수적이지만, 비양조식품에 있어서는 거품을 발생하는 불필요한 알코올 발효, 즉 변패의 원인이 될 수 있다. 침투압내성(浸透壓耐性)이 강한 것은 당이 많이 함유된 식품(과즙, 벌꿀, 시럽, 건조과실)의 변패를 가져올 수 있다. 또한 호냉성효모(好冷性酵母)는 냉동식품에 악영향을 줄 수도 있다.

미생물의 억제방법은 **표 13-5**와 같이, 원료를 될 수 있는 한 청결하게 유지하고 미생물에 의한 오염을 방지하는 것이 중요하다. 즉, 처음에 균의 발생을 억제하는 것이 가장 중요하다.

표 13-5 미생물 억제법

살균	열살균	· 저온살균 · 고온살균, 고온 단시간살균, 초고온 순간살균 · 마이크로파 가열, (원)적외선 가열
	냉살균	· 자외선, 전리방사선(χ선, γ선, 전자파) · 살균제(액체, 가스, 고체) · 초음파, 초고압, 전기적 충격
정균	수분 저하	· 건조(천일, 열풍, 분무, 동결), 농축, 훈연
	저온 유지	· 냉장, 냉동
	산소 제거	· 진공, 탈산소제, 가스치환(질소, 이산화탄소)
	화학물질 첨가	· 보존료, 식염, 당, 유기산, 알코올
	천연물질 첨가	· 천연보존료, bioreservative
제균	여과, 세정, 침강, 전기적 제균	
	포장, 코팅, 클린룸(clean room)	

(4) 효소

미생물에 의한 식품의 열화작용도 미생물이 가지고 있는 효소의 작용에서 유래되고 있다. 그러나 여기에서 다루고자 하는 것은 식품 내에 함유되어 있는 효소이다.

1) 프로테아제

프로테아제(protease, 단백질 분해효소)는 그 활성 중심에 따라 ① 세린프로테아제(serine protease), ② 금속프로테아제(metal protease), ③ 티올프로테아제(thiol protease), ④ 산성프로테아제(acidic protease)로 분류된다. 또한 절단된 기질 분자의 위치에 따라 ① 엔도펩티다아제(endopeptidase, 분자 측쇄부의 절단), ② 엑소펩티다아제(exopeptidase, 분자사슬, 말단으로부터 차례로 절단)로 나눌 수 있다. 즉 프로테아제는 여러 가지의 단백질을 분해하여 식품의 품질에 영향을 미친다. 구조 단백질이 분해되면 식품의 식감(texture)을 변화시킨다. 분해산물인 아미노산이나 펩티드는 맛있는 맛이든 불쾌한 맛이든 정미성분을 만들기 때문에 식품의 기호성을 변화시킨다. 프로테아제에 의한 자기소화는 고기의 사후경직을 풀어주거나 숙성과 같은 중요한 작용과 관계가 있기 때문에 열화만을 일으키는 것은 아니다. 치즈, 된장과 같은 발효식품에 있어서도 자기소화나 미생물 프로테아제가 큰 역할을 하고 있다.

2) 포스포릴라아제와 아밀라아제

포스포릴라아제(phosphorylase)와 아밀라아제(amylase)는 각각 글리코겐과 전분을 분해한다. 동물의 근육에 존재하고 있는 글리코겐은 포스포릴라아제에 의해 글루코오스-1-인산(glucose-1-phosphate)이 생성되고 해당계에 합류하게 되어, 최종산물인 젖산을 생성한다. 젖산의 부족은 pH 조절에 의해 고기의 품질에 영향을 주게 된다. 돼지고기는 pH가 너무 낮아져 PSE(pale, soft, exudative) 고기가 되기 쉬워져서 육색이 연하고, 고기에 탄력성이 없고, 보수성·결착성이 좋지 않다. 쇠고기는 pH가 너무 높아져 DFD(dark, firm, dry) 고기가 되기 쉬워져서 육색이 어둡고, 육질이 단단하고, 수분이 없어 버석거리는 식감을 줄 수 있다. 그리고 미생물 오염도 받기 쉽다. 어느 쪽이든 모두 도살 전 스트레스에 의한 해당계의 부조(不調)의 원인이 되는 것이 많다.

3) 펙틴분해효소

펙틴분해효소는 청과물의 품질(숙성도)에 큰 영향을 준다. 펙틴(pectin)은 셀룰로오스(cellulose), 헤미셀룰로오스(hemicellulose), 리그닌(lignin)과 함께 식물의 세포벽을 구성한다. 펙틴은 갈락투론산(galacturonic acid)이 α-1,4 결합을 하고 있는 폴리머(polymer, 다당류, 식이섬유)이고, 이것의 카르복실기가 메틸에스테르로 되어 있다. 이 에스테르화의 정도에 의해서 펙틴이 분류된다. 메톡실기(methoxyl group, $-CH_3O$)가 7% 이상이면 고메톡실 펙틴, 7% 미만이면 저메톡실 펙틴이라고 부른다. 낮은 pH와 당이 높은 조건하에서 잼을 만들지만, 칼슘을 첨가하면 저당도의 잼을 만들 수 있다.

펙틴의 분해는 가수분해에 의한 메톡실기의 이탈이고, **표 13-6**과 같이 식품의 성숙과 더불어 메톡실기의 이탈 정도가 커진다. 최종적으로 펙틴산으로 변화되지만 식용으로는 적합하지 못하다.

표 13-6 성숙도와 펙틴의 성상

숙도	펙틴의 종류	분자의 크기	겔(gel) 형성능
미숙	프로토펙틴	큼	없음
성숙	펙틴	단당류 약 1,000개	있음 → 잼에 이용
과숙	펙틴산	작음	없음

이 숙성의 과정에서 펙틴분해효소가 작용한다. 숙성의 과정에서 식물의 노화호르몬인 에틸렌(ethylene)이 이러한 효소작용의 원인이 된다. 그렇기 때문에 에틸렌흡수성(활성탄, 다공성광물, 다공성견섬유)이 과채류의 노화방지를 위해 이용되고, 또한 포장에도 에틸렌투과성이 높은 재료가 이용되고 있다.

과즙의 제조에서는 ① 펙틴에 의한 탁한 정도를 유지하고 싶은 경우는 가열을 하여 펙틴분해효소를 불활성화(토마토 주스), ② 탁한 즙을 없애고 맑고 깨끗하게 하고 싶을 경우에는 이 효소를 첨가한다(사과 주스).

4) 리파아제

리파아제(lipase, lip-지방+-ase 효소어미)는 중성지방을 형성하는 글리세롤(glycerol)과 지방산의 에스테르결합을 가수분해하는 효소이다. 지방산의 유리로 식품의 산도가 증가하지만, 식용유지의 제조에서는 이취의 원인이 되고 산화도 빨리 일어나기 쉽기 때문에 유리 지방산의 생성을 피하고 알칼리 처리에 의해 제거한다. 쌀겨에는 특히 리파아제의 활성이 높고 미강유의 제조에는 원료의 신속한 처리를 필요로 한다. 저분자지방산은 악취의 원인이 된다. 유지방 중의 지방산은 단쇄지방산이 많고, 섭취 후 에너지로 전환되기 쉽지만 저장 중에 가수분해되면 낙산(butyric acid, $C_{4:0}$)취가 심하다.

5) 리폭시게나아제

리폭시게나아제(lipoxygenase, lipo-지방+oxygen 산소+-ase 효소어미)는 비헴철을 함유하고 분자상(分子狀) 산소를 기질로 하는 2원자산소첨가효소(dioxygenase)이다. 기질로서는 cis, cis-1,4-pentadiene 구조를 갖는 지방산(리놀산, 리놀렌산, 아라키돈산)과 그 유도체이며, 이들에게 높은 특이성을 갖는다. 이들 반응 생성물은 하이드로과산화물(hydroperoxyde)이다. 이 효소가 작용하면 ① 필수지방산의 파괴, ② 카로틴, 클로로필, 비타민 A, 콜레스테롤 파괴, ③ 비린내 성분(n-hexanal, n-pentanol: off-flavor)의 생성 등을 볼 수 있다. 오프플레이버의 생성은 냉동청과물에서 문제가 되기 때문에 이 효소를 가열처리(blanching)하면 불활성화 시킬 수 있다.

6) 뉴클레오티드대사효소

뉴클레오티드대사효소는 맛난맛 생성과 관련되어 있으며 특히 수산식품의 선도 지표에 영향을 준다. 뉴클레오티드계의 맛난맛 물질은 5′-이노신산(5′-inosinic acid), 5′-구아닐산(5′-guanylic acid)이다. 아데닐산(adenosine monophosphate, AMP)에도 약한 맛난맛을 나타낸다. 동물이 죽고 호흡 정지되면 무기호흡이 일어나서 젖산이 축적하고, 아데노신삼인산(adenosinetriphosphate, ATP)의 공급이 격감한다. 젖산의 축적은 pH의 저하를 초래하고 해당계도 정지된

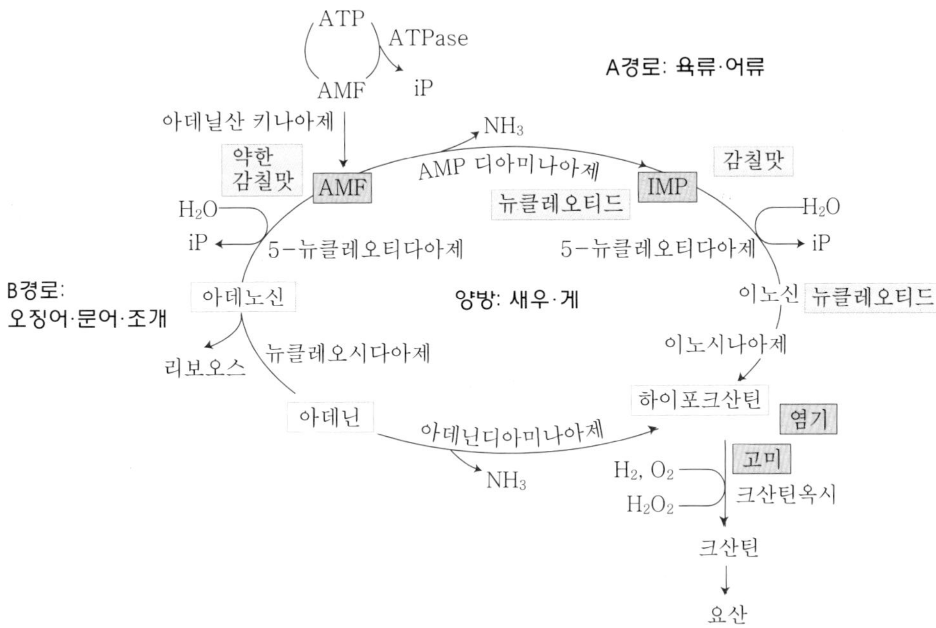

그림 13-1 ATP의 분해경로

다. 그 결과, ATP의 공급은 완전히 정지되기 때문에 근육의 사후강직이 일어나는 동시에 ATP의 분해가 이루어지기 시작한다.

그림 13-1과 같이 ATP → 아데노신이인산(ADP) → 아데닐산(AMP) → 이노신산(IMP) → 이노신(inosine, HxR) → 하이포크산틴(hypoxanthine, Hx: 불쾌취)까지 분해된다(A경로: 축육, 어육). 또한 아데노신 → 아데닌경로로 하이포크산틴을 생성하는 경로가 있다(B경로: 오징어, 문어, 패류). 새우, 게는 A, B경로를 모두 가지고 있다. 어패류의 신선도를 판정하는 지표의 하나로 K값이 있는데 이것은 아데닌계의 뉴클레오티드·뉴클레오시드류의 합계에 대해 이노신과 하이포크산틴의 비율(%)을 말한다. 즉,

$$K값 = \frac{HxR + Hx}{ATP + ADP + AMP + IMP + HxR + Hx} \times 100$$

K값이 클수록 아데닌계 뉴클레오티드의 분해가 진행되고, 결국 선도가 떨어지게 된다(**표 13-7**).

냉동 참치와 같이 외관상 선도를 판별하기 힘든 경우에 이 방법이 적용된다. 뉴클레오티드·뉴클레오시드의 분리·정량에는 고속액체크로마토그래피(HPLC: high performance liquid chromatography)가 적용된다.

표 13-7 K값과 생선의 상태

K값	생선의 상태
0~10	사살 직후의 생선
10~20	생선회로도 적당
20~30	신선한 생선
30~40	삶거나 굽기용
40~60	부패 조짐
60~	부패

7) 폴리페놀옥시다아제

폴리페놀옥시다아제(polyphenol oxidase, 티로시나아제, 페놀라아제라고도 한다)는 폴리페놀류(티로신, DOPA: dihydroxyphenyl alanine), 클로로겐산, 카테킨을 함유한 식물(감자, 버섯, 과실, 차, 배, 사과, 가지, 우엉, 참마 등)에 포함되어 있다. 또한 산소와 접촉하면 퀴논(quinone)류를 생성하고, 퀴논류는 계속 산소를 소비해서 아미노화합물 등과 반응하여 축합·중합반응을 한 후 결국 갈색색소를 생성한다. 그 결과 외관·향기(flavor)의 저하·악화가 일어나고, 비타민, 아미노산의 분해가 일어남으로써 영양가·시장가치도 저하한다.

이 효소는 오징어·게의 동결저장 및 해동 시에 흑변을 일으키고, 상품가치를 저하시키는 원인이 된다. 헤모시아닌(hemocyanin: 혈장 속 색소단백질로서 산소 운반작용)도 이 효소활성을 갖고 있다. 홍차나 우롱차는 이 효소없이는 만들 수 없다. 반대로 녹차는 먼저 가열을 해야 이 효소를 불활성화시키고 갈변을 방지한다. 이 효소에 의한 갈변을 방지하기 위해서는 ① 블랜칭(blanching), ② 분자상 산소의 제거, ③ 킬레이트제(chelate agent)나 할로겐화물(식염), 아황산염(박고지에 사용)에 의한 저해, ④ pH의 저하(초산·구연산의 사용), ⑤ 아스코르브산의 첨가(생성물을 환원시켜서 중합반응 억제) 등이 유효하다.

8) **효소반응의 억제와 식품 저장**(제8장, 식품과 효소 부분 참고)

건조, 염장, 당장, 초절임, 발효, 훈연, 가열살균, 저온저장 등의 저장법은 각각 상기(上記)의 원리 중 어느 쪽에든 해당하는 방법이라 할 수 있다.

(5) 산소

산소(oxygen)는 호기성 생물의 생명유지에 필수적이지만 식품의 품질을 열화시키는 대표적인 비생물적 인자이다. 공기 중의 산소분자는 3중항산소(triplet oxygen)라고 부른다. 비교적 안정적인 분자로서 산화가 일어나기 위해서는 어느 정도의 활성화 에너지를 필요로 한다. 그렇기 때문에 3중항산소는 식품성분과 천천히 반응해서 산화를 일으킨다. 유지의 자동산화가 그 예라고 할 수 있다. 그리고 산소는 각 종의 분자(광증감제)를 통해서 광에너지를 받아 일중항산소(singlet oxygen)로 여기(勵起)되고, 반응성이 높아진다. 계속해서 산소분자는 물분자로 환원되어 과산화수소(hydrogen peroxide, H_2O_2)나 초과산화이온(superoxide anion, O_2^-)을 생성하고, 과산화수소로부터 수산화라디칼(hydroxyl radical, •OH)을 생성한다. 일중항산소, 과산화수소, 초과산화이온, 수산화라디칼을 활성산소종(reactive oxygen species: ROS)이라고 부른다(**표 13-8**).

산소에 대한 품질유지를 위한 방법은 아래와 같다.

① 산소분자의 제거: 산소분자는 원래 물에 녹기 어렵기 때문에 용액을 가열만 해도 산소는 기화한다. 이것을 이용해서 가열한 식품이 따뜻할 때에 용기에 채운다(熱間充填法, hot filling). 가열하고 싶지 않을 때에는 섞어주면서 감압하면 좋다. 또한 식품을 담고 있는 용기나 포장으로부터 산소(공기)를 제거하고 밀봉을 하는 것도 있다(眞空包裝). 철과 산소의 높은 반응성을 이용한 탈산소제도 포장할 때 이용하기도 한다. 식품의 종류나 상태에 따라서 여러 가지 타입이 사용되고 있다. 산소분자의 제거는 곰팡이 등의 호기성 미생물의 번식방지에도 효과적이다. 또한 산소투과성이 낮은 포장 재료를 이용해서 대기 중의 산소와 식품의 접촉을 억제한다.

표 13-8 산소분자와 활성산소군

명칭	구조	특징	방어물질
삼중항 산소분자	$^{3}O_2$	기저상태의 산소분자	
일중항 산소분자	$^{1}O_2$	여기된 산소분자 라디칼은 아님, 단수명, 이중결합과 반응, 비연쇄적	β-카로틴 비타민 C, E, B_2
초산화물 (음이온)	$HO_2•$ ($O_2•^-$)	마크로파아지 · 백혈구 · 세포 내 과립(미토콘드리아 · 미크로솜)산물, 크산틴(xanthin) 산화효소 반응산물, 옥시헤모글로빈 반응산물	초산화물 불균화효소 (Superoxide dismutase: SOD)
과산화수소	H_2O_2	라디칼은 아님 세포막 투과성 있음 산화효소(oxidase) 반응산물 Fe^{2+}, Cu 존재하면 HO•를 만듦 $HO_2•$의 생성원인 물질	카탈라아제, 퍼옥시다아제, 글루타치온 퍼옥시다아제, 비타민 C
수산화라디칼	HO•	펜톤(penton) 반응생산물, 물을 자외선 · 방사선 조사로 생성, 반응성 · 산화력이 큼, 단수명	비타민 E, 리놀산, α, β-카로틴, 플라보노이드
차아염소산	HClO	미엘로퍼옥시다아제 (myeloperoxidase)계 (H_2O_2 + Cl^-→)	
지질라디칼	RCOO•	지질산화의 중간체	글루타치온 퍼옥시다아제, 비타민 E

② 산소분자의 치환: 산소분자를 질소 가스나 이산화탄소 가스와 치환시킨다.

③ 항산화제의 사용: 활성산소의 작용을 막기 위해 항산화제를 사용한다(**표 13-9**). 산화방지제는 수소라디칼을 제공하고 산화반응의 진행을 억제한다. 금속봉쇄제는 킬레이트제이고, 철(鐵)이온이나 동(銅)이온과 같은 금속이온을 포착해서 활성산소의 발생을 억제한다. 페놀성 연쇄정지제는 수소라디칼을 제공

표 13-9 산화방지제의 분류

분류		명칭	비고
수용성	산화방지제	L-아스코르브산(염)	· 본래 감귤계 과실에 많음 · 비타민 C, 사용기준 없음
		에리소브르산(염)	· L-아스코르브산의 입체이성체 · 산화방지의 목적으로만 제한
	금속봉쇄제	에틸렌디아민사초산(염)	· EDTA라고도 명칭 · 킬레이트제, 병·캔 마개의 청결 · 음료수 등
지용성	페놀성연쇄정지제	뷰틸히드록시톨루엔	· BHT라고 명칭, 합성품, 유지·버터, 어패·냉동품
		뷰틸히드록시아니솔	· BHA라고 명칭, 합성품, 유지·버터, 어패·냉동품
		α-토코페롤	· 비타민 E, 식물유지의 성분 · 산화방지의 목적으로 제한
		몰식자산프로필 (propyll gallate)	· 천연물 유래, 유지·버터
		노르히드로구아야레트산 (NDGA)	· 천연물 유래, 유지·버터
		구아이악수지	· 상록수수지 유래의 천연항산화제, 유지·버터
	금속봉쇄제	구연산이소프로필	· 구연산 킬레이트 작용을 이용, 유지·버터
	산화방지제	아스코르브산에스테르	· 아스코르브산의 항산화성을 이용 · 스테아르산, 팔미트산의 에스테르 · 사용기준 없음

해서 연쇄반응을 억제하고, 정지제 그 자체는 공여에 의해 안정한 라디칼로서 존재한다. 식품(포도종자, 마늘, 코코아, 참깨, 차, 향신료)유래의 항산화제는 식품의 산화방지작용뿐 아니라 생활습관병 등의 방지에도 효과가 있다고 하여 연구개발이 진행되고 있다. 그 성분으로서는 항산화성펩티드(대두), 사포닌(대두), 카로티노이드, 라이코펜, 안토시아닌, 플라보노이드, 프로안토시아니딘, 헤테로다당(영지버섯)이 있다.

(6) 빛

빛(light, ray)은 에너지의 한 형태이다. 빛 중에서 자외선(ultraviolet ray)은 물 분자에 작용해서 활성산소를 발생하고, 산소분자로부터 오존 O_3를 발생시키기도 한다. 또한, DNA에 조사되면 티민이량체(thymine dimer)를 형성한다. 이들 작용으로 자외선은 살균효과를 갖게 되기 때문에 자외선 살균 등은 식품 제조하는 장소에서 사용되고 있다. 빛을 흡수하는 유색화합물은 그 분자 중에 발색단(chromophore)과 조색단(auxochrome)을 갖고 있다. 발색단은 광흡수의 주요원인이 되고, 분자 중의 원자나 원자단 또는 전자라고 한다. 조색단은 발색단과 같이 작용해 흡수 파장을 계속한 후 장파장으로 이동하고, 흡수강도를 높이는 원자단[-OH, -OR, -NH, -NHR, $-NR_2$(R은 알릴, 알킬기), $-SO_3H$, -COOH 등]을 말한다. 빛은 전자파이고, 자외선~가시광선~적외선(순서대로 에너지가 적어지고, 파장은 커진다)의 범위에 있다. 어떤 화합물은 특정 결합의 여기(勵起, excitation)에너지와 광에너지가 일치하며 기저상태(ground state)에서 여기상태(excited state)로 변화가 일어나고 전자는 고에너지궤도로 이동한다.

빛에 의한 반응은 ① 빛을 흡수한 물질만 일으키는 경우(비증감반응), ② 빛에 의해 활성화되는 물질이 그 에너지를 다른 물질에게 주어 제2의 물질이 화학변화를 일으키는 경우(광증감반응, photosensitizing reaction)가 있다. 광증감반응에서 빛에 의한 활성화를 받은 제1물질을 광증감제(photosensitizer)라고 한다. 그것이 색소인 경우는 광증감색소라고 하고, 클로로필 등이 그 예이다. 식품에는 클로로필을 비롯해 여러 가지의 포르피린(porphyrin)화합물이 존재한다.

색소는 지질과 공존한 상태에서 빛을 받게 되면 여기상태가 되고, 그 생성물은 지질을 공격하고 유리기가 생긴다. 리보플라빈(비타민 B_2)은 이와 같은 증감반응을 일으킨다. 여기된 색소는 3중항산소에 에너지를 주고 1중항산소가 되는 것도 있고, 식품의 산화에 의한 열화를 유도하는 작용에 관여하기도 한다.

보통 지방산은 '이중결합·단일결합·이중결합 -C=C-C=C-'과 같은 구조(공역이중결합)를 갖고 있지 않기 때문에 빛의 흡수는 단파장자외선(250m이하)에서만 일어난다. 그러나 클로로필을 함유하고 있는 식물유는 660nm의 가시광선을 조사하면 증감반응과 같이 유리기 R•이 생긴다(**그림 13-2**). 클로로필의 존재는 식물성 유지의 지방산 부분이 빛에 의해 유리기의 생성을 증감하게 한다. 이와 같이 빛에 의한 산화는 산소의 활성화를 통해서 일어나는 경우가 많기 때문에, 산소의 작용을 억제하는 방법은 곧 식품의 광산화를 방지하는 효과가 크다고 할 수 있다.

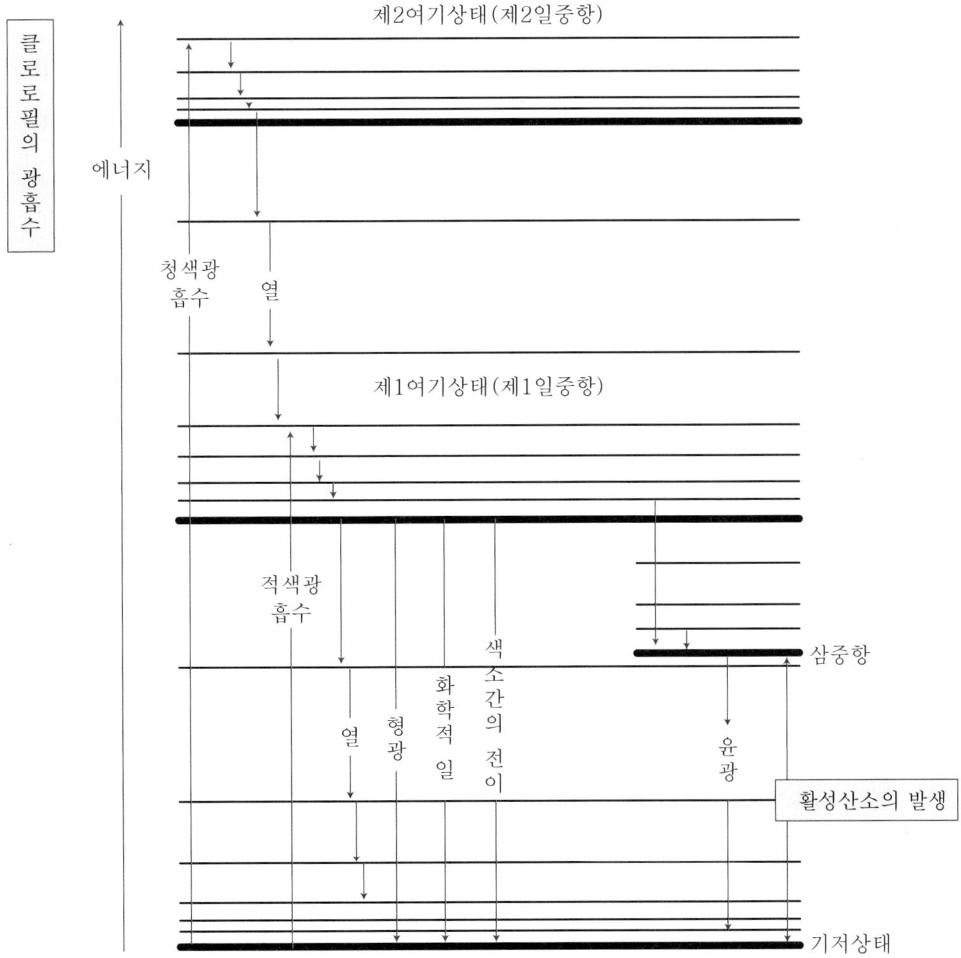

그림 13-2 클로로필에 의한 일중항산소의 발생

일반적으로 색소를 함유하고 있는 식품은 가시광선의 영향도 받기 때문에 저장 과정 중에는 빛을 차단하는 것이 좋다. 유지를 함유한 식품의 포장재로서는 알루미늄을 증착시킨 필름(film)을 사용하여 빛을 차단하는 것이 있다. 또한 자외선 비투과성 용기도 이용되고 있다.

색소가 존재하면 단백질도 변화되기 쉽다. 이것은 단백질을 구성하고 있는 아미노산 잔기에 광증감(光增減) 분해되기 쉬운 잔기가 함유되어 있기 때문이다. 가장 민감한 잔기는 히스티딘(histidine), 티로신(tyrosine), 트립토판(tryptophan), 메티오닌(methionine)이다.

클로로필의 분해산물인 페오포비드(pheophorbide)에 의한 광산화가 체내에서 일어나고 직사일광을 받으면 피부에 화상과 같은 염증이 일어나는 경우가 있다(일광피부염, 광알레르기). 색소에 의한 이러한 광산화는 '광동력작용' 또는 '광선역학작용(photodynamic action)'이라고 부른다. 메밀국수를 먹은 사람에게서 발견된 경우가 있고, 이것은 리보플라빈(비타민 B_2)이 원인인 것으로 생각된다. 광동력작용은 감귤의 일종인 라임(lime)의 껍질에 함유된 쿠마린(coumarine)화합물에서도 일어난다. 미나리과 식물에 함유되어 있는 8-메톡시솔라렌(methoxypsoralen, 쿠마린 화합물)도 광역학작용을 나타내며, 접촉에 의해서 증상이 나타난다. 이같은 광동력작용은 헴화합물을 광증감제로 사용하여 광조사를 하면 이때 발생하는 활성산소에 의해 암세포를 자극하는 암치료법에도 이용되고 있다.

2. 식품의 보존 및 저장 시 식품성분의 변화

식품은 보존·저장하는 과정에서 성분이 변하고 대부분의 경우 영양성, 미각 등에 관한 품질이 저하된다. 식품의 품질 저하를 일으키는 인자와 변화를 억제하는 방법에 대해서 앞에서 논했지만 여기에서는 식품성분의 변화에 대해 서술하였다.

(1) 탄수화물

환원당은 아미노-카르보닐반응이나 스트렉커(strecker) 분해 등이 일어난다. 곡류나 감자류의 주성분인 전분은 노화(retrogradation)현상이 문제이다. 흡수·가열팽윤하고 부분결정구조를 파괴해서 생성한 α화(호화)전분이 보존함에 따라 결정성구조로 다시 돌아와서 β화(노화)되고 소화성이나 정미성을 감소시킨다. 분지구조가 많은 아밀로펙틴에 비해 결정성이 높은 아밀로오스의 함량이 많을수록 노화가 빠르다. β화의 억제는 α화전분의 급속한 탈수와 건조상태의 보존, β-amylase 처리, 트레할로오스(trehalose)의 첨가, 탄닌 첨가 등이 효과적이다. 청과물에 있는 다당류는 펙틴의 분해에 관여하는 효소가 그 과일의 성숙이나 과숙에 관련이 깊다(예: 토마토).

(2) 지질

보존할 때에 지질의 변화는, 우선 냉동식품에서는 ① 식품 리폭시게나아제(lipoxygenase)에 의한 지방산화를 방지하기 위해 단시간 가열(blanching)에 의한 효소의 불활성화 처리를 행하고, ② 건조에 따른 냉동상(frezzer burn)을 억제하기 위해 산소 차단법으로서 표면수(表面水)냉동처리(glazing)나 밀착포장 등을 행한다. 또한 레토르트(retort)식품은 레토르트상이라고 하는 산화가 있고, 이것을 억제하기 위해 산소투과성이 낮은 포장재료를 사용하고 있다. 볶음밥이 노화된 후 나는 냄새나 오래된 밥의 냄새도 쌀겨층에 함유되어 있는 지방(미강유)을 구성하고 있는 지방산의 산화에 의해 생긴 알데히드류가 원인이다.

(3) 아미노산과 단백질

아미노산의 아미노기가 당의 카르보닐기와 반응해서 복잡한 반응 경로를 통해 갈변반응을 일으킨다. 된장, 간장 등의 색이 그 대표적이고, 이 경우는 식품 본래의 색으로 간주하고, 함황아미노산은 산화가 되면 오프플레이버(off-flavor)가 생긴다. 이들 반응은 유리아미노산뿐 아니라 아미노기나 함황잔기를 갖고 있는 펩티드나 단백질에서도 일어날 수 있다. 단백질 중의 리신(lysine)이 원인이 되는 멜라노이딘 생성반응은 당연히 리신의 영양가를 저하시키나 멜라노이딘의 항산화성, 항변이원성, ACE(안지오텐신 변환효소) 저해작용, 식이섬유작용이 명확하게 밝혀졌고, 기능적으로는 품질을 향상시킨다. 난백분말은 단백질과 포도당의 메일라드 반응으로 착색이 일어나기 때문에 이것을 피하기 위해서 건조시키기 전에 세균, 효모, 효소를 이용해서 탈당(脫糖)처리를 한다. 단백질은 폴리펩티드 안쪽 사슬 또는 폴리펩티드끼리 가교(架橋)반응이 일어나고, 그 단백질의 용해도가 보존기간이 경과함에 따라 감소하는 것을 알 수 있다. 단백질의 가교반응에 관련된 아미노산은 리신, 알라닌, 히스티딘, 시스테인, 글루탐산, 아스파트산과 같은 잔기이다. 빛에 의해서도 증감색소의 존재하에 아미노산 잔기의 분해가 일어난다. 식품에 따라서는 세포 내 효소 때문에 단백질의 분해(자기소화)가 일어나는 경우도 있다(채소, 어패류). 단백질은 동결에 의해 염류 등이 농축되어 변성이 일어난다. 이 동결변성을 억제하는 효과적인 물질은 당류와 그 유도체(자일리톨, 솔비톨, 젖당), 아미노산(아스파트산, 글루탐산), 유기산(젖산, 구연산) 등이다. 생물도 동결내성이 증가하기 때문에 프롤린이나 당류의 세포 내 농도를 높여서 동결 스트레스를 억제하고 있다. 이것을 적합용질(compatable solute)이라고 부른다. 겨울철에 채소류의 맛을 향상시키기 위한 방법의 하나로, 시금치를 재배할 때 냉기를 쥐서 재배하거나 양배추를 눈 속에서 보존하는 것으로 이용하고 있다.

(4) 핵산 관련 물질

뉴클레오티드대사에 관한 효소(본장 1. 식품의 품질에 영향을 미치는 요인과 억제, (4) 효소 부분을 참고)

(5) 비타민

빛, 열, 산소 등에 의해 불활성화되는 비타민이 많다. **표 13-10**에 열화에 관련된 사항을 정리하였다.

표 13-10 비타민의 변화

비타민	열화에 관련된 사항
A	열에 안정, 산화·빛·산·금속에 불안정
D	빛·열·산화에 불안정, 알칼리에 비교적 안정
E	열·산화에 안정, 알칼리로 가열하면 분해, 자외선에 약함
K	빛·알칼리·환원제에 불안정, 열·산화에 비교적 안정
B_1	산성에 안정, 알칼리로 인해 쉽게 분해, 가열·산소로 분해촉진, 자외선으로 분해
B_2	산·열에 안정, 빛에 불안정
나이아신	빛·열·산·알칼리에 비교적 안정
B_6	열·산화에 비교적 안정, 빛에 불안정
판토텐산	산·열에 안정, 알칼리에 불안정
엽산	빛·산화·산·알칼리에 불안정
비오틴	산·알칼리에 불안정
C	산소로 자동산화, 알칼리성에서 아주 빠르고 중성에서도 빠름

(6) 유색화합물

1) 클로로필

클로로필(chlorophyll)은 녹색채소류, 해조류, 향신료 등의 색소성분으로 청과물을 장기간 보존하면 노화가 일어나고, 분해를 일으켜 점차 신선한 녹색을 잃게 된다. 클로로필리드(효소반응: 녹색) 또는 페오피틴(산성조건: 황색)을 경유해서 페오포비드(황색)를 생성한다. 녹색채소는 저온에서 보존하고 대사를 억제한 후 어느 정도 습도를 부여하면 건조를 억제하고 노화를 방지할 수 있다.

2) 카로티노이드

카로티노이드(carotenoid)는 곡류, 감자류(고구마), 두류, 종실류, 채소류, 과실류, 해조류, 향신료류, 어패류, 난류, 버터에 함유된 색소 성분으로 카로틴(당근, 호박), 리코펜(토마토)을 함유한 카로틴류와 아스타잔틴(새우, 게, 연어)을 함유한 잔토필류로 소분류 할 수 있다. 카로티노이드는 활성산소의 작용을 직접 받거나 또는 지방산의 산화에 휩쓸린 형태로 산화되어 퇴색하게 된다. 비타민 E는 퇴색억제효과가 있다. 반면에 카로티노이드는 비타민 E를 보호하는 효과를 가지고 있다. 갑각류를 가열하면 적색으로 변하는데 이 작용은 복합체 단백질(카로티노프로테인)의 단백질이 열에 의해 변성·유리되고 아스타잔틴이 산화되어 생성된 아스타신(astacene)의 색을 나타내기 때문이다.

3) 안토시아닌

안토시아닌(anthocyanin)은 플라보노이드로 분류된 색소 중의 하나로 아글리콘(aglycon: 당을 제외한 구조부분)으로 당에 결합한 배당체(glycoside)이다. 쌀, 옥수수, 고구마, 감자, 양배추, 무, 블루베리 등에 존재하는 색소이다. 안토시아닌은 일반적으로 산에 안정적이고 알칼리에 불안정하지만, 넓은 범위의 pH에서 안정적인 것(자미고구마, 자색양배추)도 있다. 자미고구마의 색소는 식품 가공, 조리 시 자연색을 이용하여 멋과 맛을 함께 낼 수 있고, 항산화성 활성이 높아서 여러 가지 식품에 실용화되고 있다.

4) 플라보노이드

플라보노이드(flavonoid)는 대부분 배당체의 형태로 존재한다. 수산기의 위치와 수, 결합한 당의 종류와 위치 및 수에 따라 1,000개를 훨씬 넘는 화합물이 알려져 있다. 곡류, 두류, 채소류, 과실류, 향신료 등에 넓게 분포되어 있다. 넓은 의미로 플라보노이드는 안토시아닌과 폴리페놀의 일부를 함유하고 있다. 안토시아닌, 카테킨, 탄닌을 제외한 플라바논, 플라본, 플라바노놀, 플라보놀, 이소플라본 등의 플라보노이드의 구조는 알카리에 불안정하고, 중성 pH에서도 서서히 산화를 일으킨다. 그리고 항산화성을 갖는 것이 많다.

5) 폴리페놀

폴리페놀(polyphenol, 본장 1. 식품의 품질에 영향을 미치는 요인과 억제, (4) 효소의 폴리페놀옥시다아제 부분을 참고)은 벤젠환에 복수의 수산기가 결합되어 있는 것으로 정의하기 때문에, 탄닌, 카테킨, 클로로겐산 등에 속한 것들이 많다. 플라보노이드의 케르세틴(quercetin) 등도 폴리페놀류에 속한다고 할 수 있다. 식물조직이 손상되면 손상부위에 활성산소가 대량으로 발생하여 미생물 등을 살멸(殺滅)시키는 동시에 폴리페놀옥시다아제가 작용해서 조직의 갈변을 일으킨다. 이것은 식물의 자상(自傷)행위라고 말할 수 있지만 이것에 의해 미생물 침입의 장벽을 구축하고 있는 것이다. 어느 정도 자기를 희생하면서 비자기(非自己)의 침입을 억제하는 것이기 때문에 사람의 염증반응과 비슷하다. 상품가치는 물론 떨어진다.

6) 미오글로빈

미오글로빈(myoglobin)은 근육의 산소저장단백질이다. 2가의 철원자(Fe^{2+})를 배위한 유색화합물 헴을 보유하고 있다. 2가의 철원자(Fe^{2+})가 3가의 철원자(Fe^{3+})로 산화되는 것에 의해 갈색의 메트미오글로빈(Met. Mb, ferriprotoporphyringlobin)으로 된다. 식육의 보존과정 중에 메트화가 일어난다. 메트미오글로빈은 가열에 의해 메트미오크로모겐(metmyochromogen: 회갈색)으로 변한다. 미오글로빈은 아황산과 결합하면 니트로소미오글로빈(nitrosomyoglobin)으로 되어 적색을 유지할 수 있다. 이 작용은 햄 제조 등에 아황산이 사용되고 있는 이유이다. 뿐만 아니라 맛을 교정(curing)하고, 또 보툴리누스균의 번식을 억제하는 의미도 가지고 있다. 참치 등의 생선에서도 메트화가 진행되기 때문에 어획 후에 -40~-50℃로 급속냉동하고 저온동결의 콜드 체인(cold chain)으로 메트화 방지를 하고 있다. 식육의 저장 중에 유산균이 증식해서 생산하는 과산화수소나 유화수소의 작용으로 유화미오글로빈이 생겨 녹색으로 변한 경우가 있지만 이것은 부패를 의미하는 것이다.

Reference

김경미 · 김덕환, 먹고 바르는 컬러푸드, 효성출판사, 2005년

김진수 · 김혜숙 · 허민수, 현대 식품학, 도서출판 효일, 2006년

배영희 · 박혜원 · 박희옥 · 정혜정 · 최은정 · 채인숙, 조리응용을 위한 식품과 조리과학, 교문사, 2006년

서제원, 호텔·외식 경영에 필요한 최신 식품학, 한올출판사, 2006년

신해현 · 조형용 · 신정규, 기초 식품학, 도서출판 효일, 2006년

심창환 · 오성천 · 국승욱 · 조득문, 최신 식품학, 도서출판 효일, 2006년

오혁수, 알기 쉬운 식품학개론, 백산출판사, 2007년

오희경 · 김성영 · 최신식 · 송효남, 쉽게 배우는 식품학, 도서출판 효일. 2015년

이강권, 컬러푸드 건강혁명, 팜파스, 2005년

이경애 · 김미정 · 유혜현 · 송효남, 식품과학, 라이프사이언스, 2008년

이삼빈 · 고경희 · 양지영 · 오성훈 · 김재근, 발효식품학, 도서출판 효일, 2004년

이장순 · 박우포 · 김효선, 식품학, 도서출판 효일, 2006년

임병우 · 주향란 · 조봉금 · 강순아 · 장경원 · 야마다고우지 · 박동기, 건강기능성 식품학, 도서출판 효일, 2004년

임희수 · 문성원, 영양학 · 조리학 전공자를 위한 식품학, 도서출판 효일. 2017년

조신호 · 조경련 · 강명수 · 송미란 · 주난영, 식품학, 교문사, 2006년

최혜미, 21세기 영양학, 교문사, 2006년

한명규, 최신 식품학, 형설출판사, 2002년

홍태희 · 김기연 · 최옥수 · 김대현 · 정외숙 · 김순희 · 조효현, 현대 식품재료학, 지구문화사, 2002년

全國調理師養成施設協會(編), 2009食品標準成分表 五訂增補版, 2009年

Heldt HW(金井龍二訳), 食物生化学, シュプリンガーフェアラーク東京, 2000年

菅野道廣 · 今泉勝己, コレステロール, 1986年

菅野道廣, 不飽和脂肪酸の栄養生理機能: シス·トランスの問題 '食品と開発', 1996年

久保田紀久枝 · 森光康二郎, 食品學ー食品成分と機能性ー東京化学同人, 2003年

大坂武男, 活性酵素, 1999年
藤井健夫, 食品の保存と微生物, 2001年
木村修一・吉多 昭, 食品榮養學, 文永堂出版, 2000年
飯尾雅嘉・五十嵐脩, 食品學, 建帛社, 2005年
友寄博子・今泉勝己, 食品とオキシステロール, The Lipid, 2004年
中村 良・川巖舜朗・渡邊乾二・大澤俊彦, 食品機能化學, 三共出版, 1990年
池田郁男, 構造脂質の開発と機能性 '食品と開', 1996年
香川芳子, 五訂食品成分表, 女子榮養大學出版部, 2003年
好井久雄・金・子安之・山口和夫, 食品微生物ハンドブック, 技報堂出版, 1995年
水品善之, 菊崎泰枝, 小西洋太郎, 栄養科学イラストレイテテッド 食品學 I, 2015年
水品善之, 菊崎泰枝, 小西洋太郎, 栄養科学イラストレイテテッド 食品學 II, 2018年

Index

ㄱ

가공유지 64, 95
가소성 96
가수분해효소 165
가열분해 86
가열산화 86
가열중합 86
가염버터 97
가용성 전분 47
갈락토사민 32
갈락토오스 23, 30
갈락토올리고당 39
갈락투론산 32
갈로카테킨 205, 206
갈로카테킨 갈레이트 205, 206
갈변반응 189
갈조류 50
감미발현단 221
감칠맛 216
강글리오시드 72
강화 현상 219
거대적아구성 빈혈 149
건성유 64
검화가 80, 84
게라니올 243
겔 16
겨자과 채소 250
겨자기름 250
결손효소 163
결합수 16
경화 96
경화유 95, 96
계면활성물질 70
고도불포화지방산 87
고메톡실 펙틴 259
고밀도지단백질 73
고시폴 89
고칼슘혈증 137
고형지 90
곤약만난 50
곰팡이 253
과당 23, 26
과산화물가 82, 84
과일향기 238
광동력작용 268
광선역학작용 268
광증감반응 253
광증감색소 266
광증감제 266
광학이성체 24
광학적 특이성 168
교질맛 235
교질용액 48
구균 255
구리-클로로필 194
구리-클로로필린 194
구상단백질 114
구아닌 214, 233
구아이악수지 89
구연산 229
국제단위 133
굴절률 78
균성 스테롤 74, 76
그람음성간균 255
글로불린 115

글루코만난 50, 235
글루코사민 32
글루코사민 아세틸 화합물 50
글루코아밀라아제 54
글루코아스코르브산 131
글루콘산 229
글루콘산 나트륨 226
글루쿠론산 50
글루타민 101
글루타티온 233
글루탐산 101, 233
글루탐산염 106
글루텔린 115
글리세롤인지질 70
글리세르알데히드 23
글리시리진 223
글리신 100, 101
글리코겐 48
글리코시드 결합 26
금속맛 235
금속봉쇄제 265
금속프로테아제 258
기초 식품군 12
긴 사슬 지방산 65
꽃향기 238

ㄴ

나린지나아제 171
나린진 227
나선상의 구조 44
나이아신 144
냄새프리즘 238
너보닉산 72
너본 72
노화 57, 58
노화호르몬 259
뉴클레오티드대사효소 260
니코틴산 144
니코틴아미드 144
니트로기 189
니트로소기 189
니트로소미오글로빈 211
니트로소미오크로모겐 211
닌히드린 반응 122

ㄷ

다당류 21, 22, 41
다량 무기질 155
다량원소 155
단당류 21
단맛 216
단백가 104
단백질 99
단백질 변성제 123
단백질 분해효소 258
단순다당류 22, 41
단순단백질 114
단순지질 62
담즙산 95
당단백질 117
당산 33
당알코올 31
당지질 72
당질 21

대두유 90
데옥시오손 183
덱스트란 52
덱스트린 47
도코사헥사에노산 67, 94
동결두부 125
동물성 색소 190
동물성 스테롤 74
동물성 전분 48
동물유지 64
동유처리 93
둘신 223
등온탈습곡선 18
등온흡습곡선 18
등전점 101, 102, 108, 120
디글리세리드 58, 63, 95
디비닐 설피드 231, 244
디설피드결합 101
디소듐 말산 226
디아세틸 240, 247
디아스타아제 54, 166
디알릴 디설피드 231
디알릴 설피드 231, 244
디알릴 트리설피드 244
디알릴 티오설피네이트 248
디암모늄 말론산 226
디암모늄 말산 226
디암모늄 세바신산 226
디케토굴론산 188
디히드로아스코르브산 188
디히드록시페닐알라닌 180
떫은맛 234

ㄹ

라드 97
라우릭산 83, 92
라이헤르트-마이슬가 83, 84
라피노오스 39, 40
레닌 167
레시틴 70, 88, 95
레티놀 133
레티놀 당량 133
렌넷 171
루미크롬 143
루미플라빈 143
루이신 101, 104
루코안토시안 199
루테인 197, 214
루풀론 227
리그노세릭산 72
리그닌 52
리날로올 241, 242
리놀레산 67, 68
리놀렌산 69
리덕톤 183
리모넨 228
리보오스 29
리보플라빈 143
리신 101, 104
리코펜 196, 197
리파아제 260
리폭시게나아제 260
리폭시다아제 86, 131

ㅁ

마가린 95
마요네즈 97
만노오스 23, 30
만누론산 50
만니톨 32
말토덱스트린 47
말토올리고당 38
맛의 대비 효과 219
맛의 변조 효과 220
맛의 상쇄 효과 220
맛의 상승 효과 220
맛의 억제 효과 220
맛의 피로 효과 221
매운 냄새 238
매운맛 230
맥아당 34
메나디온 139
메나퀴논 139
메일라드 반응 182
메트미오글로빈 210
메트미오크로모겐 210
메티오닌 101, 104
메틸 β-메틸 메르캅토 프로피오네이트 243
메틸 메르캅탄 224, 243, 245
메틸 부티레이트 240
메틸 신나메이트 240
메틸카르노신 233
메틸렌기 85
멘톤 242
멜라노이딘 형성반응 185
멜라닌 178
면실유 90
모노글리세리드 58, 64, 84
모노머 112
몰식자산 89
무기산 228
무기질 155
무수초산 83
무염버터 97
뮤신 235
미강유 260
미량 무기질 155
미량원소 155
미로시나아제 231
미르센 242
미리스틱산 83
미맹 221
미오글로빈 208, 273

ㅂ

바닐린 231, 241
바실루스 255
반건성유 81
반고형지 90
발레릭산 148
발린 104
발색단 189, 266
발연점 79
발향단 238
발효버터 97
발효식품 248
방향족 알데히드 240
배당체 33

백합과 채소 248
버진 오일 91
버터 97
베타글루코시다아제 174
베타인 232
벤즈알데히드 240, 241
변성 123
변성글로빈헤미크롬 210
변성단백질 116
변패 252
변향 85
복합다당류 22, 41
복합단백질 114
복합지질 70
부제탄소 23
부제탄소원자 23
부티르산 83
부패 250
분산매 95
분산상 95
분지아미노산 101
불건성유 64
불검화물 74
불쾌취 240
불포화 3,4-디데옥시오손 183
불포화지방산 67
뷰렛반응 121
브로멜린 167
블랜칭 254
비누화반응 80
비누화가 80
비린내의 성분 245
비오틴 148
비올라잔틴 198
비중 78
비타머 131
비타민 129
비타민 A 134
비타민 B_1 141
비타민 B_2 143
비타민 B_5 146
비타민 B_6 147
비타민 B_7 148
비타민 B_9 149
비타민 B_{12} 150
비타민 C 151
비타민 C 산화효소 152
비타민 D 137
비타민 E 138
비타민 F 69
비타민 H 157
비타민 K 139
비타민 L 153
비타민 M 149
비타민 P 153
비타민 결핍증 131
비환원당 27
비효소적 갈변 177

ㅅ

사과산 229
사상균(곰팡이) 255
사이클라메이트 223
사카린 220
사후강직 261

산가 81, 84
산당화법 172
산성 식품 158
산성아미노산 101
산성프로테아제 258
산스훌 231
산패 81, 253
산화방지 88
산화환원효소 165
산화효소 171
살메닉산 214
상대적 특이성 168
색소단백질 117
색소원 190
샐러드유 90, 92
생전분 55
서당 35
선광 24
선광도 24
설탕 35
설탕지방산에스테르 59
설포라펜 244
섬유상단백질 114
섬유소 48
성장촉진인자 143
세균 256
세다놀리드 240
세라미드 72
세레브로닉산 72
세레브로시드 72
세레브론 72
세린 70, 101
세린프로테아제 258
세사몰 89
세사몰린 91
세사미놀 91
세사민 91
세팔린 70
셀로비오스 48
셀룰라아제 171
소당류 21, 22, 34
솔비탄 모노 스테아릭산 59
솔비톨 31
쇄상구조 24
쇼가올 231
쇼트닝 96
수분활성 17
수분활성도 17
수산기 22
수산화라디칼 263
수소라디칼 85
수용성 비타민 131, 140
수중유적형 95
수지향기 238
수화현상 55
숙성 127
슈크랄로오스 223
스카톨 245
스쿠알렌 76
스타키오스 40
스테로이드 74
스테로이드핵 74
스테롤 74, 75, 76
스테비오사이드 223
스테아르산 64, 66
스테아릴 젖산칼슘 59

스트렉커 분해반응 184
스티그마스테롤 76
스핑고미엘린 71
스핑고신 71
스핑고인지질 71
시날빈 231
시니그린 32, 231, 250
시부올 234
시스테인 101
시스테인 설폭시드 분해효소 248
시스틴 101
시스형 68
시아노코발아민 150
시클로덱스트린 37
시클로덱스트린 합성효소 37
시토스테롤 76
시트룰린 106
식물성 색소 190
식물성 스테롤 76
식물유지 90
식이섬유 48
식품 9
식품외인자 252
신남알데히드 231, 241
신맛 228
썩은 냄새 238
쓴맛 227

ㅇ

아그마틴 127
아글리콘 33
아데노신삼인산 260
아데노신이인산 261
아데닌 233
아데닌경로 261
아데닐산 260
아라비노오스 28
아라비아 검 53
아라키돈산 69
아르기나아제 104
아린맛 235
아마도리전위 183
아미노 말단 109
아미노 발레르알데히드 245
아미노기 100
아미노당 32
아미노발레르산 245
아미노산 100, 101
아미노산 약호 109
아미노산 잔기 109
아민 230
아밀 부티레이트 240
아밀 포르메이트 239
아밀 프로피오네이트 239
아밀라아제 258
아밀로덱스트린 47
아밀로오스 43, 44
아밀로펙틴 45
아세설팜칼륨 222
아세토인 240, 246
아세트산 229
아세트알데히드 디메틸 메르캅탄 243
아세틸-CoA 합성효소 166
아세틸가 83, 84
아세틸뉴라미닉산 73

아세틸코엔자임 A 146
아세틸화 83
아스코르브산 151
아스코르브산 산화 182, 188
아스코르브산 산화 반응 177
아스타신 214
아스타잔틴 214
아스파라긴 101
아스파탐 222
아스파트산 101, 164
아스퍼질러스 니제르 38
아이코사펜타에노산 67, 94
아조기 189
아크로덱스트린 47
아크롤레인 86
아피올 240
안토시아닌 202
안토시안아제 171
안토잔틴 190
알긴산 50
알데히드기 22
알도오스 22
알돈산 33
알돌형 축합반응 185
알라닌 101
알리신 142, 231, 248
알리이나아제 248
알리티아민 142
알릴 이소티오시아네아트 231
알부미노이드 115
알부민 115
알지닌 101, 104
알칼리맛 235
알칼리성 식품 158
알파히드록시너보닉산 72
암모니아 240, 241
액상기름 90
야자유 92
양성 이온형 100
양성전해질 108
에놀화 186
에루카산 90
에르고스테롤 76, 137
에리트로덱스트린 47
에탄올 241
에탄올아민 70
에틸 부티레이트 240
에틸 아세테이트 239
에틸 포르메이트 239
에틸-β-메틸-메르캅토프로피온산 246
에틸렌 259
에틸렌기 189
에피갈로카테킨 178
에피카테킨 179
에피카테킨 갈레이트 206
엑소펩티다아제 258
엑스트라 버진 오일 91
엔도펩티다아제 258
엘라지산 234
역치 216
연소점 79
연쇄반응 85
연쇄정지제 264
열화 인자 253
염기성아미노산 101, 104
염석 119

염화마그네슘 228
염화칼슘 225
엽산 149
영양 9
영양소 9
오르니틴 104
오손 183
오프플레이버 260
옥수수유 64
옥시미오글로빈 209
올리고머단백질 112
올리고펩티드 109
올리브유 90
왁스 69
완전효소 163
요소 148
요오드-전분 반응 45
요오드가 81, 84
용해성 61
우론산 32
우선성 24
유게놀 241
유기산 226
유도단백질 114
유도지질 73
유도체 31
유리라디칼 85
유리수 16
유중수적형 95
유지의 성질 77
유향물질 238
유화 95
유화제 95
융점 77
응고단백질 116
이노시톨 32
이노신 261
이노신산 260
이눌린 51
이력현상 18
이미다졸 고리 208
이미다졸 핵 104
이미드기 111
이보텐산 233
이성체 23
이성화효소 166
이소루이신 101, 104
이소아밀 이소발러레이트 240
이소아밀 포르메이트 239
이소옥타데칸 76
이소티오시아네이트 231
이소프렌 242
이소플라본 199
이오논핵 195
인공감미료 222
인공항산화제 89
인단백질 117
인돌 102, 245
인돌핵 102
인산에스테르 147
인조버터 96
인지질 70
인화점 79
일중항산소 263

ㅈ

자기소화 127
자당 35
자동산화 85
자멘 76
자유수 16
자일로스 28
잔탄검 53
잔토필 190
재생 123
저급지방산 239
저메톡실 펙틴 259
저밀도지단백질 73
적합용질 270
전분 41
전이효소 165
전화당 35
절대적 특이성 168
점도 77
정미성아미노산 106
정색반응 121
정유 242
정제라드 97
젖당 36
젖산 229
젖산간균 255
제1제한아미노산 105
제거효소 165
제닌 33
제아잔틴 198, 214
제한아미노산 105
젤라틴 116
조단백질 99
조미단 221
조색단 189, 266
조효소 129, 130, 163
조효소 CoA 146
졸 16
좌선성 24
주석산 229
중간 사슬 지방산 65
중성아미노산 101, 102
중성지질 63
중조 193
중합반응 85
지단백질 73, 117
지방산염 80
지방족탄화수소 101
지용성 비타민 133
지질 61
지질운반체 73
진게론 231
진게롤 231
진기베렌 243
질소계수 99
짠맛 225
짧은 사슬 지방산 65

ㅊ

차비신 231
천연감미료 222
천연유지 64
천연항산화제 88
철-클로로필 194

철-클로로필린 194
초과산화이온 263
초기 변패 82
초산칼슘 194
초저밀도지단백질 73
최대빙결정대 125
최적 pH 169
최적 온도 169
침투압내성 257

ㅋ

카놀라유 90
카다베린 127
카로티노이드 136, 190, 195
카로틴 196
카르노신 233
카르니틴 233
카르보닐 화합물 245
카르보닐가 82, 84
카르보닐기 111
카르복실 말단 109
카르복실기 100
카이모신 172
카일로미크론 73
카탈라아제양성 255
카탈라아제음성 255
카테킨 179, 199, 205
카테킨 갈레이트 205, 206
카프로산 83
카프릭산 83
카프릴릭산 83
칸타잔틴 198
칼시페롤 137
캄펜 242
캐러멜 59
캐러멜화 59, 186
캐러멜화 반응 177, 186
캡사이신 230
캡산틴 198
케라신 72
케르세틴 273
케토오스 22
케톤기 22
코발아민 150
코프라 92
콜레스테롤 74
콜로이드 16
콜린 233
쿠르쿠민 231
쿠마린 268
쿠쿠르비타신 227
퀴닌 227
크레아틴 232
크리밍성 95
크립토잔틴 136, 197, 214
크산틴 233
크실로손 188
클로로겐산 207
클로로필 271
클로로필리드 271
클로로필린 193
키토산 51
키틴 50
킬레이트제 262, 265

ㅌ

타우린 233
탄 냄새 238
탄닌 89, 205, 234
탄산마그네슘 193
탄수화물 21
탄화수소 76
탈염 121
테르펜 238
테아닌 233
테아플라빈 179, 205
테오브로민 227
테트라코산 76
토코트리에놀 138
토코페롤 88, 138
투존 227
튀김유 92
트랜스형 68
트레오닌 101, 104
트리글리세리드 63
트리메틸아민 245
트리메틸아민 옥시드 233
트리크롬산 233
트리펩티드 109
트립신 167
트립토판 101, 104
티라민 127, 232
티로시나아제 180
티로신 108
티아미나아제 131
티아민 141
티아졸핵 141
티오글루코시다아제 250
티오당 32
티오펜 148
티올프로테아제 258

ㅍ

파르네솔 243
파파인 173
판토텐산 146
팔미토일 젖산나트륨 59
팔미트산 64
팜유 91
팽윤 55
퍼옥시라디칼 85
페놀라아제 262
페닐알라닌 101, 104
페오포비드 191
페오피틴 191
페이스트리 97
펙티나아제 171
펙티닌산 49
펙틴 49
펙틴분해효소 259
펙틴산 49, 259
펜탄올 241
펠릴라르틴 224
펩신 166
펩톤 116
펩티드 109, 116
펩티드결합 109
포도당 22, 29
포도당발효성 255

포도당비발효성 255
포르피린 191
포스파티딜세린 70
포스파티딜에탄올아민 70
포스파티딜콜린 71
포스포릴라아제 258
포접화합물 45
포화지방산 65
폴라신 149
폴렌스케가 83, 84
폴리옥시에틸렌 스테아릭산 59
폴리페놀옥시다아제 179, 205, 262, 273
푸라노오스 26
푸르푸랄 244
푸르푸릴 메르캅탄 244
푸르푸릴 알코올 241
푸코잔틴 198
퓨어 오일 91
퓨젤유 102
프락토올리고당 38
프로비타민 130
프로비타민 A 136
프로비타민 D 137
프로비타민 D_3 137
프로타민 115
프로테안 116
프로테오스 116
프로토펙틴 49
프로판올 241
프로피온산 239
프로필 메르캅탄 243, 247
프로필 알릴설피드 231
프롤라민 115
프롤린 101
프리스탄 76
프토마인 127
프티알린 166
플라바노놀 199
플라바논 199
플라보노이드 89, 190
플라보놀 199
플라본 199
플라빈 모노뉴클레오티드 143
플라빈 아데닌 디뉴클레오티드 143
플라빌리움 202
피라노오스 26
피라진 244
피롤핵 191
피리독사민 147
피리독살 147
피리독살인산 148
피리독신 147
피리미딘핵 141
피페리딘 245
필로둘신 223
필로퀴논 139
필수아미노산 104
필수지방산 69

ㅎ

하이포크산틴 261
한계 덱스트린 47
한천 50
함유황 화합물 243
함질소이환상화합물 245

합성효소 166
항괴혈병 인자 141
항불임 인자 138
항비타민 130
항악성빈혈 인자 150
항안구건조성 인자 136
항야맹성 인자 136
항펠라그라성 인자 145
항흑설병 인자 145
해산동물유지 64
핵단백질 117
핵산계 조미료 232
향미강화제 232
향미증진제 232
헤닝 238
헤모글로빈 208
헤모시아닌 262
헤미셀룰로오스 49
헤미아세탈 25
헤민 210
헤스페리디나아제 171
헤에너가 83, 84
헤테로 올리고당 39
헤테로다당 265
헥산알 241
헥센올 241
헴 208
호냉성효모 257
호모겐티스산 235
호박산 229, 233
호박산나트륨 232
호정 59
호정화 59
호화 55
호화전분 55
홍조류 50
홍화유 91
화학조미료 228
환상구조 24
환원당 27
황화수소 243
회분 155
효모 253, 255
효소 163, 258
효소당화법 172
효소반응 억제 175
효소적 갈변 177
효소적 산화 85
후물렌 243
후물론 227
휩트버터 97
히드록시너본 72
히드록시메틸 푸르푸랄 186
히드록시안트라닐산 126
히드록시프롤린 108
히스타민 127
히스톤 115
히스티딘 101, 104
히포크산틴 233

A

Aw 17

B

BHA 88
BHT 88

C

CGTase 37
cis형 68

D

D-형 23

E

EP 89

F

Fehling's test 27
FFase 38

L

L-류신산 224
L-아미노산 100
L-형 23

N

NDGA 89

O

O-퀴논 179
O-퀴논화합물 180

P

PG 89

S

S-메틸 시스테인 설폭시드 243
S-알릴 시스테인 설폭시드 244

T

trans형 68

V

Van't Hoff법칙 24

기타

1,2-엔디올 186
1-옥텐-3-올 241
1차 구조 111
2당류 22

2차 구조 111
3당류 22
3중항산소 263
3차 구조 112
3탄당 22
4당류 22
4원미 216
4차 구조 112
4탄당 22
5-메틸-3,4-디히드록시테트론 188
5원환 26
5탄당 22
6원환 25
6탄당 22, 29
α-L-아미노산 100
α-limit dextrin 54
α-나선구조 111
α-맥아당 35
α-아미노산 100
α-아밀라아제 53
α-전분 55
α-카로틴 136
α-펠란드렌 242
α-형 26
α화 55
β-fructofranosidase 38
β-limit dextrin 54
β-맥아당 35
β-메틸 메르캅토프로필 알데히드 244
β-메틸 메르캅토프로필 알코올 243
β-병풍구조 111
β-셀린넨 243
β-아미노산 100
β-아밀라아제 54
β-알라닌 106
β-전분 55
β-카로틴 136
β-형 26
β화 57
γ,δ-데카락톤 240
γ,δ-옥타락톤 240
γ-부티로락톤 240
γ-아미노부티르산 106
γ-아미노산 100
γ-아밀라아제 54
γ-카로틴 136
γ-카프로락톤 240

■ 저자 소개

주향란

· 일본 규슈대학교 Ph. D.
· KIST Brain Pool 연구원
· 현) 한국관광대학 호텔조리과 교수

조리 · 영양 입문자를 위한 **식품학**

2020년 2월 3일 초판 인쇄
2020년 2월 10일 초판 발행

지 은 이 • 주향란
발 행 인 • 김홍용
펴 낸 곳 • 도서출판 효일
디 자 인 • SDM
주 소 • 서울시 중구 다산로 46길 17
전 화 • 02) 928 – 6643
팩 스 • 02) 927 – 7703
홈페이지 • www.hyoilbooks.com
e – mail • hyoilbooks@hyoilbooks.com
등 록 • 2001년 10월 8일 제2019–000146호

값 16,000 원

ISBN 978–89–8489–478–5

이 도서의 국립중앙도서관 출판예정도서목록(CIP)은 서지정보유통지원시스템 홈페이지(http://seoji.nl.go.kr)와 국가자료종합목록 구축시스템(http://kolis-net.nl.go.kr)에서 이용하실 수 있습니다.(CIP제어번호 : CIP2020003143)